木结构材料与设计基础

谢力生　编著

科学出版社

北　京

内 容 简 介

本书以木材和木质材料的特性为主线,汲取以日本为主的国内外有关木结构材料与设计的研究成果,结合国家现行有关木结构的设计、施工和试验标准,对木质住宅的结构设计,强度性能,防腐、防虫、防火及防劣化等维护设计和温度、湿度、感觉与声音等室内环境设计进行论述,重点阐述木材和木质材料的特性与木结构强度、维护和环境设计的关系。全书共4章,分别为木材与木质材料、木质住宅的结构与强度性能、木材防护与木质住宅的耐久性和木质住宅的可居性。

本书可作为木结构建筑领域工程技术人员、土木工程专业木结构建筑方向师生参考用书,也可作为木材科学与工程专业木结构材料与工程方向的教材使用。

图书在版编目(CIP)数据

木结构材料与设计基础/谢力生编著. —北京:科学出版社,2013.2
ISBN 978-7-03-036651-1

Ⅰ.①木… Ⅱ.①谢… Ⅲ.①木材②木结构-结构设计 Ⅳ.①S781
②TU366.204

中国版本图书馆 CIP 数据核字(2013)第 022359 号

责任编辑:牛宇锋 / 责任校对:张怡君
责任印制:张 倩 / 封面设计:陈 敬

科学出版社 出版
北京东黄城根北街 16 号
邮政编码:100717
http://www.sciencep.com

北京凌奇印刷有限责任公司 印刷
科学出版社发行 各地新华书店经销

*

2015 年 7 月第 一 版 开本:B5(720×1000)
2015 年 7 月第一次印刷 印张:21
字数:413 000
POD定价: 80.00元
(如有印装质量问题,我社负责调换)

前　　言

　　木材是来自于树木的生物材料，材色和木纹自然而又富于变化，材质软硬适当，质轻而具有高的强度和隔热性能，并且容易加工，让人感到亲切、自然、安心和方便。自古以来木材就被广泛作为建筑、家具和工艺品用材使用。木质材料继承了木材的许多特性，在其生产、使用、再利用和废弃的整个生命周期中能源消耗少、无公害，是一种可再生、可持续生产的环境友好型材料（生态材料）。

　　过去人们大多认为木结构建筑强度不高，易腐朽、易燃烧，耐久性能差。其实，木结构建筑只要设计合理，切实采取科学的防腐/防蚁、防火和维护等措施，各种性能将十分优异。现代木结构建筑在日本经受住了 7 级强烈地震，木结构公路桥可以承载大型卡车通行，木结构房屋燃烧 1h 也不倒塌，建于公元 1056 年的山西应县木塔至今仍巍然屹立。正确认识、理解并正确运用有关木材、木质材料的保护与耐久性及木结构的知识，具有重要的意义。

　　我国木结构建筑研究停止了近 30 年，进入 21 世纪才开始复苏，木结构建筑设计理论、方法和建造、维护、保养等技术都已明显落后于世界先进国家，因此学习国外先进的技术和理论方法是非常有效的手段。日本是我国的近邻，地理、气候、环境相似，隋唐时期从我国学习了房屋建造技术，至今仍保留了传统的梁柱结构，并得到了改良与发展，同时也引进了西方的木结构构造技术，其木结构设计理论和构造研究都处于世界先进水平。特别是日本的生活习惯和审美观等与我国相同或相近，因此学习日本的木结构设计理论和构造技术非常符合我国的国情。

　　为此，本书参考了大量日本有关木结构的资料和研究成果，着眼于正确认识作为建筑材料的木材及木质材料的特性和木质住宅的特点，并反映于建筑设计与施工中。希望本书可以为从事相关木结构建筑方面工作的工程技术人员提供帮助，若能成为土木工程专业对木结构建筑有兴趣的学生或木材科学与工程专业木结构方向学生的参考书，将是作者的荣幸。

　　本书在撰写过程中得到了向仕龙教授和唐忠荣教授的指导与帮助，本书的出版得到了中南林业科技大学木材科学与技术学科的资助，在此深表感谢！

　　由于作者水平有限，书中难免存在疏漏和不足之处，敬请读者批评指正。

谢力生

2012 年 3 月 22 日

目　　录

第1章 木材与木质材料

木材与其他结构材料相比，质量小，纤维方向强度大，容易加工，具有优良的保温、隔热性能，自然的木纹无与伦比，作为建筑材料具备许多优越的特性。但由于节子和斜纹等缺陷，材质不均，各向异性，干燥时易开裂和变形，管理不当时易遭虫害和腐蚀等问题，限制了木材在工程上的利用。

最近，人们已普遍认识到森林与地球环境保护问题密切相关，破坏森林就是破坏地球环境，节约木材资源已越来越引起人们的重视。世界各国都在谋求包含木材加工企业边角废料和废旧木结构房屋解体材再利用系统在内的木质资源的更有效利用。木材在制造时的资源和能源消耗小，废弃时易腐烂返回大自然或作为燃料利用，对环境的负荷小。在低碳经济的今天，木材作为环境友好材料（生态材料）受到了高度关注。

以小径材和废材为原料，加工成小单元体后对其进行重新组合、胶合成形为所需尺寸的板材或方材，这不仅是对资源的有效利用，而且由于分散或去除了节子和腐朽等缺陷，可以制造出整体强度偏差小、材质均匀的材料。现在已开发了不少以小径材为原料的各种高性能木质材料，有的已实现机械化和工业化生产。最近以人工速生林木材为原料的各种高性能木质材料正在开发之中。

随着木质材料的开发，其利用技术也取得了大的进展。在结构强度领域，木材和木质材料的强度分等和许用应力的确定工作已完成，木结构的强度计算已成为可能，现正在开展木质系材料强度特性的概率和统计工作。过去都采用"许用应力设计法"进行木结构设计，现正在探讨向"可靠性设计法"或"临界状态设计法"转移的可能性。

在装饰用途方面，除了以前的涂饰加工外，发展了后成形、包裹、真空成形、誊印和直接印刷等曲面立体表面装饰技术应用于家具和木结构构件。表面装饰材料，除以氯乙烯薄膜为代表的树脂薄膜外，装饰纸的印刷加工技术也得到了显著发展。

本章在概述作为木结构材料的木材的基础性质后，对最近得到了显著发展的木质材料建立其体系，并概述其制造工艺及二次加工工艺，然后阐述作为结构用材的木材和木质材料的强度特性，论述其许用应力的确定方法。

1.1　作为建筑材料的木材特性

1.1.1　木质资源的现状

1. 对地球环境问题和世界森林资源所做的努力

1992 年在里约热内卢召开的"联合国环境开发会议（地球高峰会议）"，其目的是应对严峻的气候变暖、臭氧层破坏、酸雨、热带森林减少、野生物种减少和沙漠化等地球环境问题。关于应对森林的减少和老化，在《关于森林的原则声明》中就有关森林的保护和可持续经营达成了最初的世界性共识。*Agenda* 21 总结了所有领域对地球环境问题的行动计划，在其第 11 章"森林减少对策"中记载了关于森林的行动计划，并被采纳。

以热带森林为首的森林减少和老化已处于极其严重的状态，面向可持续的森林经营活动非常活跃，即以各地区的森林为对象开展了把握和验证森林经营的可持续性的标准和指标的制定工作。特别是关于热带森林，国际热带木材组织（ITTO）在地球高峰会议以前就制定了面向"到公元 2000 年只以从可持续经营的森林生产的木材作为贸易对象"（公元 2000 年目标）的行动计划，1992 年"为达成公元 2000 年目标的指标——可持续的热带森林经营的定义及标准和指标"达成了共识。

国际社会对森林吸收二氧化碳的汇聚作用越来越重视。2001 年《波恩政治协议》和《马拉喀什协定》将造林、再造林等林业活动纳入了 1997 年签订的《京都议定书》确立的清洁发展机制（CDM），鼓励各国通过绿化、造林来抵消一部分工业源二氧化碳的排放；原则上同意将造林、再造林作为第一承诺期合格的清洁发展机制项目，这意味着发达国家可以通过在发展中国家实施林业碳汇（从大气中清除二氧化碳的过程、活动和机制称为碳汇）项目抵消其部分温室气体排放量。

清洁发展机制下的造林、再造林碳汇项目，是《京都议定书》框架下发达国家和发展中国家之间在林业领域内的唯一合作机制，是指通过森林固碳作用来充抵减排二氧化碳量的义务，通过市场实现森林生态效益价值的补偿。根据规定，发达国家通过向发展中国家提供资金和技术，帮助发展中国家实现可持续发展，同时发达国家通过从发展中国家购买"可核证的排放削减量"以履行《京都议定书》规定的义务。进入 21 世纪以来，造林、再造林碳汇项目得到了迅速开展，有力地推动了发展中国家森林的可持续发展。2005 年我国东北地区内蒙古敖汉旗防治荒漠化青年造林项目，是在我国的第一个碳汇造林项目，分 5 年完成荒沙地造林 3000hm^2。

2. 世界森林和木质资源

世界各国的森林面积和森林覆盖率如表 1.1 所示。森林资源占有量居前十位的国家总共占据了全球森林面积的三分之二以上。这些森林资源相对丰富的国家和地区包括澳大利亚、巴西、加拿大、中国、刚果、印度、印度尼西亚、秘鲁、俄罗斯和美国（排名不分先后）。全球超过 50% 的森林资源集中分布在 5 个国家，分别为俄罗斯、巴西、加拿大、美国和中国。森林覆盖率最高的国家为芬兰，达 73.9%，其次为日本、瑞典和马来西亚，都在 60% 以上。人均森林面积最高的国家为加拿大，达 9.7hm²，其次为澳大利亚（8.1hm²）、俄罗斯（5.7hm²）和芬兰（4.2hm²），世界人均森林面积为 0.6hm²。

表 1.1　世界各国的森林面积和森林覆盖率

国　名	土地面积 /×10³ hm²	森林面积 /×10³ hm²	人工林面积 /×10³ hm²	森林覆盖率 /%	人均森林面积 /hm²	国　名	土地面积 /×10³ hm²	森林面积 /×10³ hm²	人工林面积 /×10³ hm²	森林覆盖率 /%	人均森林面积 /hm²
芬兰	30459	22500	0	73.9	4.2	安哥拉	124670	59104	131	47.4	4.2
法国	55010	15554	1968	28.3	0.3	刚果	226705	133610	—	58.9	2.4
德国	34895	11076	0	31.7	0.1	苏丹	237600	67546	5404	28.4	2.0
俄罗斯	1688850	808790	16962	47.9	5.7	赞比亚	74339	42452	75	57.1	4.0
西班牙	49944	17915	1471	35.9	0.4	非洲合计	2962656	635412	13171	21.4	0.7
瑞典	41162	27528	667	66.9	3.1	柬埔寨	17652	10447	59	59.2	0.8
欧洲合计	2260180	1001394	27641	44.3	1.4	中国	932742	197290	31369	21.2	0.1
阿根廷	273669	33021	1229	12.1	0.9	印度	297319	67701	3226	22.8	0.1
巴西	845942	477698	5384	57.2	2.7	印度尼西亚	181157	88495	3399	48.8	0.4
智利	74880	16121	2661	21.5	1.0	日本	36450	24868	10321	68.2	0.2
哥伦比亚	103870	60728	328	58.5	1.3	马来西亚	32855	20890	1573	63.6	0.8
厄瓜多尔	27684	10853	164	39.2	0.8	缅甸	65755	32222	849	49.0	0.6
秘鲁	128000	68742	754	53.7	2.5	亚洲合计	3097913	571577	64896	18.5	0.1
委内瑞拉	88205	47713	—	54.1	1.8	加拿大	922097	310134	—	33.6	9.7
南美洲合计	1753646	831540	11357	47.4	2.3	墨西哥	190869	64238	1058	33.7	0.6
澳大利亚	768230	163678	1766	21.3	8.1	美国	915896	303089	17061	33.1	1.0
新西兰	26799	8309	1852	31.0	2.0	北美洲合计	2143910	705849	18842	32.9	1.4
大洋洲合计	849116	206254	3865	24.3	6.3	世界共计	13067421	3952025	139772	30.3	0.6

资料来源：联合国粮农组织 *The Global Forest Resources Assessment* 2005。

注：1. 以经济合作与发展组织加盟国且森林面积和森林覆盖率较大的国家为对象。

2. 土地面积（除内部水面面积）和森林面积为 2005 年的数值，人口为 2004 年的数值，"—"表示无数据。

根据联合国粮农组织（FAO）2010 年发布的全球森林资源评估主要结果报告，对全球 229 个国家和地区森林资源的权威调查评估显示，到发布之日止，全球陆地上平均森林覆盖率仅为 30%，森林资源总面积约 40Ghm²。世界各国森林状况如表 1.2 所示。

表 1.2　世界各国森林状况

国家或地区	森林平均消失率/%		森林覆盖率/%		国家或地区	森林平均消失率/%		森林覆盖率/%	
	1990～2000 年	2000～2005 年	2000 年	2005 年		1990～2000 年	2000～2005 年	2000 年	2005 年
世界总计	0.2	0.2	30.7	30.4	埃及	−3.0	−2.6	0.1	0.1
高收入国家	−0.1	−0.1	28.8	28.9	尼日利亚	2.7	3.3	14.4	12.2
中等收入国家	0.2	0.2	32.7	32.4	南非			7.6	7.6
低收入国家	0.5	0.7	26.0	25.1	加拿大			34.1	34.1
中国	−1.2	−2.2	19.0	21.2	墨西哥	0.5	0.4	33.7	33.0
孟加拉国		0.3	6.8	6.7	美国	−0.1	−0.1	33.0	33.1
柬埔寨	1.1	2.0	65.4	59.2	阿根廷	0.4	0.4	12.3	12.1
印度	−0.6		22.7	22.8	巴西	0.5	0.6	58.3	56.5
印度尼西亚	1.7	2.0	54.0	48.8	委内瑞拉	0.6	0.6	55.7	54.1
伊朗			6.8	6.8	白俄罗斯	−0.5	−0.1	37.8	38.0
以色列	−0.6	−0.8	7.6	7.9	捷克		−0.1	34.1	34.3
日本			68.2	68.2	法国	−0.5	−0.3	27.9	28.3
朝鲜	1.8	1.9	56.6	51.4	德国	−0.3		31.8	31.8
韩国	0.1	0.1	63.8	63.5	意大利	−1.2	−1.1	32.1	33.9
老挝	0.5	0.5	71.6	69.9	荷兰	−0.4	−0.3	10.6	10.8
马来西亚	0.4	0.7	65.7	63.6	波兰	−0.2	−0.3	29.8	30.0
蒙古	0.7	0.8	6.8	6.5	俄罗斯			49.4	49.4
缅甸	1.3	1.4	52.5	49.0	西班牙	−2.0	−1.7	32.9	35.9
巴基斯坦	1.8	2.1	2.7	2.5	土耳其	−0.4	−0.2	13.1	13.2
菲律宾	2.8	2.1	26.7	24.0	乌克兰	−0.2	−0.1	16.4	16.5
新加坡			3.3	3.3	英国	−0.7	−0.4	11.5	11.8
斯里兰卡	1.2	1.5	32.2	29.9	澳大利亚	0.2	0.1	21.4	21.3
泰国	0.7	0.4	29.0	28.4	新西兰	−0.6	−0.2	30.7	31.0
越南	−2.3	−2.0	37.7	41.7					

资料来源：世界银行《世界发展指标》2009 年。
注：负值表示森林面积增长。

在 2000～2005 年的 6 年间，全球年均因遭受破坏而减少的森林资源面积达 1300 万 hm²，全球范围内的森林资源在考虑人工造林和自然生长面积扩大等补偿因素之后，森林面积年平均仍然减少将近 730 万 hm²，与 20 世纪 90 年代的年均减少 890 万 hm² 相比,森林破坏程度略有降低。尽管在人工植树和自然生长的缓解下,森林覆盖面积净减少量呈现下降趋势,但全球森林资源仍处于十分危险的状态。

在 2000～2005 年,南美洲和非洲地区的森林资源破坏情况最为严重,相比较而言,同期北美洲和大洋洲地区的森林损失较少,而亚洲和欧洲地区则出现逐年增长的趋势。6 年间,南美洲地区其森林资源年均净减少面积为 430 万 hm²,非洲地区则以年均减少 400 万 hm² 森林面积紧随其后。而亚洲的森林资源从 20 世纪 90 年代的年均净减少 80 万 hm²,转而改善为目前的年均净增 100 万 hm² 森林面积,这其中主要得益于我国积极开展大规模植树造林计划。

联合国粮农组织在 2010 年全球森林资源评估主要结果报告中,充分肯定了我国在造林绿化、林业发展和生态建设中取得的成就,高度评价了我国在扭转全球森林资源持续减少中所做的重大贡献。1990～2010 年世界防护林面积增加了 5900 万 hm²,主要归结于 20 世纪 90 年代以来,我国大面积营造防风固沙林、水土保持林、水源涵养林和其他防护林。2005～2010 年世界人工林面积每年增加约 500 万 hm²,主要原因是我国近年来在无林地上实施了大面积造林。2010 年全球森林碳储量达到 2890Gt。

1950 年世界人均森林面积达到 1.6hm²,2002 年下降到 0.6hm²。全球森林面积减少,特别是热带森林面积减少,主要是由于无节制的砍伐和自然灾害导致损失的森林资源无法自主再生。其中,砍伐森林转换农业用地而造成的森林破坏,已经成为全球森林面积逐年减少的重要原因之一;另外,还有过度放牧、过度砍伐薪炭材和森林火灾及商业用采伐等原因。这些直接原因的背景除人口增加、贫困层扩大外,还有森林和林业领域的信息、技术、资金和人才等不足,管理制度和土地的利用计划不完备等。热带森林的减少不仅威胁当地居民的生活基础,也将对地球气候变化、环境保护、生物多样性保护,特别是遗传资源的消失产生重要影响。

表 1.3 为世界木材及其制品的生产量和贸易量。世界的原木消费量为 35.9Gm³。其中,薪炭用材为 18.8×10^9 m³,占原木消费量的 52.5%,特别是非洲,其薪炭用材占原木消费量的 89.7%,作为生活能源占有十分重要的位置。随着人口的增加,这种状态将继续进行下去。全世界产业用材的消费量为 17Gm³,北美洲、大洋洲和欧洲产业用材占原木消费量的比率分别为 91.6%、82.1% 和 79.1%,而亚洲和非洲只占 23.4% 和 10.3%。随着经济的发展,其比率将有所增加。全世界人造板产量达 2.7Gm³,其中亚洲的产量最大,超过 1×10^9 m³,其次为欧洲和北美洲。全世界木质纸浆产量超过 1.7×10^9 t,其中北美洲的产量最大,达 7451 万 t,其次为欧洲和亚洲。

表 1.3　世界木材及其制品的生产量和贸易量

（单位：木材纸浆为 10^3 t，其他为 10^3 m^3）

地区（按大陆）	原木			锯材	人造板（占木材及制品的比例/%）	木质纸浆
	共计	薪炭用材（占原木比例/%）	产业用材（占原木比例/%）			
生产量 世界合计	3591409	1886182 (52.52)	1705227 (47.48)	431042	266170 (6.206)	176986
非洲	672063	603089 (89.74)	68974 (10.26)	9100	2728 (0.399)	2926
北美洲	639910	53602 (8.376)	586308 (91.62)	136648	55736 (6.697)	74512
中南美洲	462112	279198 (60.42)	182914 (39.58)	45116	15390 (4.530)	18205
亚洲	1026646	786648 (76.62)	239999 (23.38)	81547	104508 (8.618)	27486
欧洲	728885	152604 (20.94)	576281 (79.06)	149036	83713 (8.705)	51147
大洋洲	61793	11041 (17.87)	50752 (82.13)	9595	4095 (5.425)	2711
出口量 世界合计	136067	4537 (3.334)	131530 (96.67)	131509	89212 (25.00)	47421
非洲	4228	4 (0.095)	4223 (99.88)	1825	847 (12.28)	1093
北美洲	13711	190 (1.386)	13521 (98.61)	37565	12912 (20.12)	16816
中南美洲	3314	8 (0.241)	3306 (99.76)	7913	6206 (35.60)	10663
亚洲	8063	14 (0.174)	8048 (99.81)	7406	29544 (65.63)	3028
欧洲	96659	4318 (4.467)	92341 (95.53)	74537	38298 (18.28)	14943
大洋洲	10093	2 (0.020)	10092 (99.99)	2264	1405 (10.21)	877
进口量 世界合计	137206	3688 (2.688)	133518 (97.31)	124282	79822 (23.39)	46905
非洲	878	1 (0.114)	877 (99.87)	5355	1237 (16.56)	449
北美洲	7667	271 (3.535)	7397 (96.48)	33857	19065 (31.47)	6870
中南美洲	433	6 (0.924)	426 (98.38)	6077	2691 (29.25)	2051
亚洲	62158	362 (0.582)	61796 (99.42)	28095	20303 (18.36)	17487
欧洲	66053	3046 (4.611)	63007 (95.39)	50174	35889 (23.59)	19674
大洋洲	17	2 (11.76)	15 (88.24)	725	637 (46.19)	374

资料来源：联合国粮农组织"FAOSTAT 2009"。

注：1. 进、出口量中的产业用材，包含木片和枝桠材。

2. 锯材中含枕木。

3. 人造板为单板、胶合板、刨花板和纤维板，占木材的比例＝人造板/（原木＋锯材＋人造板）×100%。

4. 合计与内部数相加不一致是由于四舍五入的缘故。

5. 表中数据为 2007 年的数值。

全世界年进、出口原木超过 1.3×10^9 m^3，其中欧洲的出口量最大，达 9666 万 m^3，但进口量也很大，达 6605 万 m^3，纯出口原木量为 3606 万 m^3。亚洲的原木进口量接近欧洲，但出口量很小，纯进口原木量达 5410 万 m^3。亚洲的木质纸浆进口量也很大，纯进口木质纸浆达 1446 万 t，而北美洲和中南美洲为主要木质纸浆出口地区，纯出口木质纸浆分别为 9946 万 t 和 8612 万 t。

表 1.4 为世界产业用木材、锯材、人造板和木质纸浆的主要生产和进、出口国。美国为产业用木材、锯材和木质纸浆的最大生产国，其次为加拿大，巴西也是其生产大国之一；我国为人造板生产最大国，其次为美国、德国和加拿大；俄罗斯是产业用木材的主要生产国之一，同时是产业用木材的最大出口国；加拿大

为锯材和木质纸浆的最大出口国；美国为锯材和人造板的最大进口国，我国为产业用木材和木质纸浆的最大进口国。

表 1.4　产业用木材、锯材、人造板和木质纸浆的主要生产和进、出口国

（单位：纸浆为 10^3 t，其他为 10^3 m^3）

产品类型	主要生产国	生产量	主要出口国	出口量	主要进口国	进口量
产业用木材	美国	393313	俄罗斯	49100	中国	38669
	加拿大	192995	美国	9949	芬兰	12942
	俄罗斯	162000	德国	6661	日本	8973
	巴西	105131	新西兰	5979	奥地利	8722
	中国	94665	马来西亚	4909	瑞典	7364
	世界合计	1705227	世界合计	131530	世界合计	133518
锯材（含枕木）	美国	84363	加拿大	33184	美国	32213
	加拿大	52284	俄罗斯	17277	英国	8403
	中国	29202	瑞典	11347	中国	8131
	德国	25170	德国	9565	意大利	8031
	巴西	24414	奥地利	7842	日本	7354
	世界合计	431042	世界合计	131509	世界合计	124282
人造板	中国	70955	中国	15166	美国	16213
	美国	41091	加拿大	10686	日本	4641
	德国	18185	马来西亚	7087	中国	4200
	加拿大	14645	德国	6313	德国	4114
	俄罗斯	9813	巴西	3770	英国	3891
	世界合计	266170	世界合计	89212	世界合计	79822
木质纸浆	美国	52277	加拿大	10619	中国	9283
	加拿大	22235	巴西	6577	美国	6163
	芬兰	12856	美国	6197	德国	5477
	瑞典	12588	智利	3859	意大利	3489
	巴西	12083	瑞典	3504	韩国	2569
	世界合计	176986	世界合计	47421	世界合计	46905

资料来源：联合国粮农组织"FAOSTAT 2009"。

注：1. 表中数据为 2007 年的数值。

2. 产业用木材的进、出口量中包含木片和枝桠材。

3. 人造板为单板、胶合板、刨花板和纤维板。

4. 生产量和进、出口量计入的分别为前 5 位的国家及世界合计。

木材被认为是可再生的资源或可持续供给的资源，但如何合理地利用是极其重要的。从过去的城市盛衰和森林消失的历史，我们可以得到很多经验和教训。地球环境问题是超越国境和地区的问题，并且日益深刻，木材资源的科学利用对保护全球环境有着十分重要的作用。

3. 我国的森林和木质资源

从表 1.4 可以看出，我国产业用木材生产量居世界第 5 位，但其进口量居世界第 1 位；我国锯材产量居世界第 3 位，同时其进口量也居世界第 3 位；我国是人造板生产和出口大国，其生产和出口量居世界第 1 位，生产和出口量最大的品种是纤维板和胶合板，同时人造板进口量位居世界第 3，主要进口优质树种的单板等产品；我国木质纸浆进口量居世界第 1 位，同时每年还进口大量纸张和纸板。国内木质资源供不应求，进口总量逐年增加，进口木质资源占国内总供给的比例越来越大，现已达到或超过 60%。我国的森林资源状况、造林面积和木材生产量如表 1.5、图 1.1 和图 1.2 所示。我国近 20 年来的森林面积、森林覆盖率、活立木蓄积量和森林蓄积量都在稳步增加。根据第六次全国森林资源清查（1999～2003 年）与第七次清查（2004～2008 年）的结果，我国森林资源变化呈现以下几个主要特点。

表 1.5　全国森林资源状况

年　份	森林面积/万 hm²		森林覆盖率/%	活立木总蓄积量/Gm³	森林蓄积量/Gm³
	总面积	其中人工林			
1989～1993	13370	—	13.92	117.85	101.37
1994～1998	15894	—	16.55	124.90	112.70
1999～2003	17491	5365	18.21	136.18	124.56
2004～2008	19545	6169	20.36	149.13	137.21

数据来源：国家统计局中国统计年鉴。

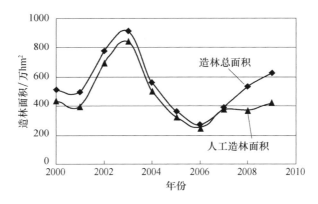

图 1.1　我国近年的造林面积（根据我国统计年鉴的数据做成）

一是森林面积蓄积持续增长，全国森林覆盖率稳步提高。森林面积净增2054.30 万 hm²，全国森林覆盖率由 18.21% 提高到 20.36%，上升了 2.15%。活立木总蓄积净增 11.28Gm³，森林蓄积量净增 11.23Gm³。二是天然林面积蓄

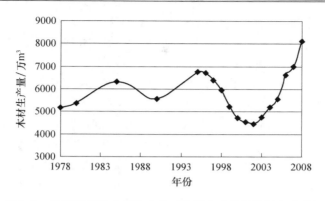

图 1.2　我国近年的木材生产量（数据来自我国统计年鉴的）

积量明显增加，天然林保护工程区增幅明显。天然林面积净增 393.05 万 hm²，天然林蓄积量净增 6.76Gm³。天然林保护工程区的天然林面积净增量比第六次清查多 26.37%，天然林蓄积净增量是第六次清查的 2.23 倍。三是人工林面积蓄积快速增长，后备森林资源呈增加趋势。人工林面积净增 843.11 万 hm²，人工林蓄积净增 4.47Gm³。未成林造林地面积 1046.18 万 hm²，其中乔木树种面积 637.01 万 hm²，比第六次清查增加 30.17%。四是林木蓄积生长量增幅较大，森林采伐逐步向人工林转移。林木蓄积年净生长量 5.72Gm³，年采伐消耗量 3.79Gm³，林木蓄积生长量继续大于消耗量，长消盈余进一步扩大。天然林采伐量下降，人工林采伐量上升，人工林采伐量占全国森林采伐量的 39.44%，上升 12.27%。

　　第七次全国森林资源清查结果表明，我国森林资源进入了快速发展时期。重点林业工程建设稳步推进，森林资源总量持续增长，森林的多功能、多效益逐步显现，木材等林产品、生态产品和生态文化产品的供给能力进一步增强，为发展现代林业、建设生态文明、推进科学发展奠定了坚实基础。但我国森林资源保护和发展依然面临着以下突出问题。

　　一是森林资源总量不足。我国森林覆盖率只有全球平均水平的 2/3，排在世界第 139 位。人均森林面积 0.145hm²，不足世界人均占有量的 1/4；人均森林蓄积 10.151m³，只有世界人均占有量的 1/7。全国乔木林生态功能指数 0.54，生态功能好的仅占 11.31%，生态脆弱状况没有根本扭转。二是森林资源质量不高。乔木林每公顷蓄积量 85.88m³，只有世界平均水平的 78%，平均胸径仅 13.3cm，人工乔木林每公顷蓄积量仅 49.01m³，龄组结构不尽合理，中幼龄林比例依然较大。森林可采资源少，木材供需矛盾加剧，森林资源的增长远不能满足经济社会发展对木材需求的增长。三是林地保护管理压力增加。清查间隔五年内林地转为非林地的面积虽比第六次清查有所减少，但依然有

831.73 万 hm²，其中由林地转为非林地面积 377.00 万 hm²，征（占）用林地有所增加，局部地区乱垦滥占林地问题严重。四是营造林难度越来越大。我国现有宜林地质量好的仅占 13%，质量差的占 52%；全国宜林地 60% 分布在内蒙古和西北地区。今后全国森林覆盖率每提高 1%，都需要付出更大的代价。

我国原木进口量及其来源地如图 1.3 和表 1.6 所示。原木进口量近年增长较快，特别是针叶树材，但 2008 年由于受金融危机的影响，降到了 2005 年的水平。原木进口地近 10 年虽有所变化，但主要为俄罗斯，占总进口量的 60% 以上，其余的为巴布亚新几内亚、马来西亚、新西兰、加蓬和所罗门群岛[1]。我国锯材进口量近年逐步稳定上升（图 1.4），其中阔叶树材的进口量有所下降，针叶树材的进口量增长迅速，2008 年已超过阔叶树材的进口量。

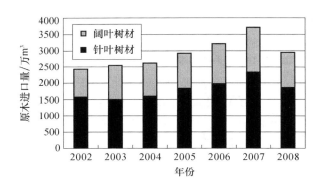

图 1.3　我国原木进口量

表 1.6　我国进口原木来源地

1997 年		2002 年		2005 年		2007 年		2008 年	
国别	占比/%	国别	占比/%	国别	占比/%	国别	占比/%	国别	占比/%
加蓬	22.95	俄罗斯	60.86	俄罗斯	68.25	俄罗斯	68.47	俄罗斯	63.12
俄罗斯	21.27	马来西亚	12.71	马来西亚	6.33	巴布亚新几内亚	6.31	巴布亚新几内亚	7.54
马来西亚	16.43	新西兰	11.45	巴布亚新几内亚	6.25	马来西亚	3.59	新西兰	6.54
朝鲜	7.97	巴布亚新几内亚	9.98	缅甸	3.86	新西兰	3.43	所罗门群岛	3.92
喀麦隆	5.10	刚果	5.32	加蓬	2.77	加蓬	3.10	加蓬	3.64

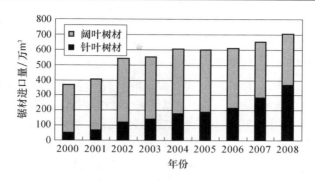

图 1.4 我国锯材进口量

1.1.2 木质材料的环境友好性

1. 生态环境材料的条件

生态环境材料（environment conscious materials，ecomaterials），是指那些具有良好的使用性能和优良的环境协调性的材料[2]。良好的环境协调性是指资源、能源消耗少，环境污染小，再生循环利用率高。生态环境材料是人类主动考虑材料对生态环境的影响而开发的材料，是充分考虑人类、社会、自然三者相互关系的前提下提出的新概念，这一概念符合人与自然和谐发展的基本要求，是材料产业可持续发展的必由之路。生态环境材料是由日本学者山本良一教授于 20 世纪 90 年代初提出的一个新的概念，它代表了 21 世纪材料科学的一个新的发展方向。山本良一教授对开发生态环境材料的目的进行了总结：①发挥优越的性能（开拓性）；②对地球环境的负担低，对枯竭资源完全循环利用（环境友好性）；③适用于人类（舒适性）。

人类的生产过程，从材料的生产—使用—废弃的过程来看，可以说是将大量的资源提取出来，又将大量废弃物排回到自然环境的循环过程，人类在创造社会文明的同时，也在不断地破坏人类赖以生存的环境空间。传统的材料研究、开发与生产往往过多地追求良好的使用性能，而对材料的生产、使用和废弃过程中需消耗大量的能源和资源，并造成严重的环境污染、危害人类生存的严峻事实重视不够。

生态环境材料是在人类认识到生态环境保护的重要战略意义和世界各国纷纷走可持续发展道路的背景下提出来的，是国内外材料科学与工程研究发展的必然趋势。

生态环境材料的评价，目前通常采用生命周期评价（LCA）的基本概念、原则和方法对其进行环境行为评估。国际标准化组织（ISO 14040）对 LCA 的定义为：通过确定和量化与评估对象相关的能源消耗、物质消耗和废弃物排放等来评估某一产品、过程或时间的环境负荷。评价的过程包括产品原材料的提取与加工、制造、运输和销售、使用、再使用、维持、循环回收，直至最终的废弃。

生物降解材料（指在一定条件下、一定时间内能被细菌、霉菌、藻类等微生物降解的一类高分子材料）、长寿命高分子材料和仿生物材料（人工制造的具有生物功能、生物活性或者与生物体相容的材料）等都属于生态环境材料。

生态（eco-）就是指一切生物的生存状态，以及它们之间和它与环境之间环环相扣的关系。讲到生态，人们自然就会想到生态学（ecology）。生态学是研究动植物及其环境间、动物与植物之间及其对生态系统影响的一门学科。如今，生态学已经渗透到各个领域，"生态"一词涉及的范畴也越来越广，人们常常用"生态"来定义许多美好的事物，如健康的、美的、和谐的等事物均可冠以"生态"修饰。生态环境材料就是意识到了生态系统的材料。作为生态环境材料的必要条件如下：

（1）材料生产所要的能源量少；

（2）材料生产过程中的环境污染少；

（3）材料的原材料能再资源化；

（4）不过度消费资源；

（5）使用后或解体后的废材能再利用；

（6）废材最终处理时的环境污染少；

（7）原材料可持续生产；

（8）不给使用人的健康带来不良影响。

2. 木材作为生态环境材料的范围

对照上述生态环境材料的必要条件，木材基本上满足作为生态环境材料所具备的特性。木材被公认为是可再生的资源或可持续供给的资源，那么是否可以认为所有木材都属于生态环境材料呢？这需要从生态环境的观点来进行说明。

树木通过光合作用，吸收大气中的 CO_2，以木材的形式将大气中的碳转换为固体，放出 O_2。树木生产 1t 的木材物质（纤维素、碳水化合物等），需吸收 1.6t 的 CO_2 和水分，在阳光下进行光合作用，可以产生 1.2t 的 O_2。木材的主要元素组成，不管哪个树种，其值大体都在一定的范围内，碳约占 50%。因此，储藏在木材中的碳可以说是木材绝干质量的 50%。

无论木材是作为原料还是产品（如各种家具、板材、建筑材料等），在整个使用期内及后续的循环利用中，都继续储存着碳，增加木材和木制品的使用就是扩大碳储库（carbon store）的储量。因此，木材利用即是对树木生长过程中所储存碳的有效利用，相当于在时间和空间上扩大了森林的储碳作用。

另外，如果在采伐地进行"伐则植"的森林管理这一基本的、正确的林业活动，新的树木又会再次固定 CO_2。木材或木质材料虽然最终通过焚烧或腐朽等方

式以 CO_2 返回到大气中，但从采伐到焚烧的时间越长（即耐用年数长，或将解体材以碳的保存状态再作为资源利用），就等于给予了森林的树木生长的时间，如果焚烧木材的量不超过生长量，大气中的 CO_2 就会由于木材的利用向减少的方向发展。木材资源是真正可再生的资源，之所以是对环境保护极其有利的资源，其原因就在于此。

尽管如此，但木材利用总是伴随着森林的采伐。森林具有多方面的机能：①生产木材；②保持水土；③保护动植物；④保持风景；⑤防止气候变化；⑥防止大气污染等。特别是天然林或热带雨林对生态环境具有十分重要的意义，一旦被采伐就很难恢复，有可能造成土地沙漠化，给野生动植物物种和当地居民的生活带来重大影响，必须慎重考虑。因此，从生态环境的观点来看，作为生活资源使用的木材，应该是以人工造林木为主要对象。只有从人工造林中获取的木材才是生态环境材料，来自天然林或热带雨林的木材算不上真正的生态环境材料。

3. 木质资源的阶梯形利用

如图 1.5 所示，木质材料的原料形态分别为原材料—锯材—木板—木片—纤维—木粉，基本呈阶梯形，也可以转换为木炭或燃料。在物资不足的时代，垃圾中根本找不到木材的截头，这是由于燃料不足而使木截头成了贵重的资源。即使是现在，在发展中国家的垃圾处理场，不要说是木材，就连木屑也很难发现，即木材作为重要的生活资源，可以进行阶梯形利用，直到最后作为燃料燃烧返回大气，具备作为生态环境材料的必要条件。因此，只要木质资源中没有混入异物，木质材料的生产就可以实现阶梯形利用，即刨花板工厂用胶合板或制材厂的边角、废料作为刨花原料，纸浆工厂也经常从制材废料中获得原料。胶合板、刨花板和纤维板等木材加工企业的截头、锯屑能够作为其工厂内的补充能源被利用处理。现在树皮和截头等在木材加工企业中已得到了越来越充分的利用。

柱材	集成材	LVL	PSL					
板材		胶合板		华夫板	OSB	刨花板	碎料板	纤维板
构成单元	薄板	单板	单板条	大片刨花	长条刨花	刨花	碎料	纤维
大小	大							小
原料选择性	小							大
出材率	小							大
制造能源	小							大
自动化/省劳动力	难							易
强度/刚度	大							小
异向性	大							小

图 1.5　木质材料的种类与特征

木质材料被用于建筑物、家具或造纸这些木材工业范围之外的领域时，即使使用后被废弃，如果能以木材工业的原料形态进行集中、再生，则其利用上几乎是不存在问题的。例如，木造建筑物等被拆除、解体时被排出的木材，在去除异物后可以作为解体木片用于刨花板或作为木质燃料进行利用，这样的实例很多。

这样，只要原料具备一定形态，废、旧木质材料就能够作为再生资源被循环利用。若被利用的条件不具备，则丢弃或焚烧。因此，木质材料的循环利用在技术上可以说不存在问题，问题在于人们对生态环境的认识及制度和社会体制的机能。

4. 材料生产因能源消费所产生的 CO_2 排放

生态环境材料的必要条件之一，就是材料生产所需要的能源量少。材料生产需要消费能源，首先从化石燃料枯竭（资源枯竭）的角度会想到石油危机；另外，消费能源同时会产生 CO_2 等温室效应气体，带来全球气候变化和酸雨等问题，破坏生态环境。

材料生产所需要的能源量的计算，有根据制造工艺进行分析和根据投入产出表进行分析等几种方法。能源量对环境的负荷表示，可以用得到单位质量或单位体积的材料所排放的 CO_2（或换算成碳量 C）来表示。表 1.7 所示为日本学者根据投入产出表分析计算得出的几种建筑材料生产的功能单位（碳排放量）。可以看出，人工干燥单位质量的木材所排放的碳量只有生产单位质量的铝所排放的碳量的 1/79，制造单位质量的胶合板所排放的碳量也只有生产单位质量的铝所排放碳量的 1/14。

表 1.7　由日本的投入产出表求得的几种建筑材料的功能单位（碳排放量）

材　料	人工干燥材	胶合板	铁	铝	混凝土
功能单位/(kgC/kg)	0.0078	0.0443	0.515	0.616	0.0522

如图 1.5 所示，木质材料因其加工程度不同，原料形态越远离木材（即越小），能源的使用量就越多。但从另一角度来看，原料的形态越小，原料的选择性就越大、越广泛，边角废料和解体材等就越能得到充分的再利用，因此会减轻废弃物所产生的负荷。

表 1.8 在性能相同的条件下对各种建筑材料生产所需的能源进行了比较，并用碳排放量表示[3]。生产具有相同强度性能的长 1m 的大截面集成材梁和钢梁的制造能源分别为 115MJ 和 1400MJ，其碳排放量分别为 9.1kg 和 28kg；生产具有相同性能的 1m² 胶合板外墙和钢板外墙的制造能源分别为 72MJ 和 165MJ，其碳排放量分别为 1.7kg 和 3.3kg。由此可见，用木质材料生产具有相同性能的建筑材料，其 CO_2 排放量与其他材料相比要少得多。另外，如前所述，由于木材

是把大气中的 CO_2 作为碳水化合物固定下来，可以将其用碳储量（设木材的相对密度为 0.5，碳为其绝干质量的 1/2）表示。对于木制品，如果碳储量超过其排放量，则在使用期间就会减少大气中的 CO_2。废弃后因燃烧该储藏的碳又将作为 CO_2 被排放，制造时因能源消费的排放量和其废弃时的排放量相加，木制窗的总排放量不到铝窗的 1/10。木质檩材和外墙材若加上废弃时的排放量，则 CO_2 排放会稍微增大。但这里有一点很重要，如果在木材采伐地及时植林，那里就会重新开始固定 CO_2，即木制品的使用年数给予了森林成长的时间。人工造林木"伐则植"的可持续生产的意义就在于此。

表 1.8　木制构件和钢制构件等的制造能源与碳素排放量比较

制造能源·碳素储藏量	檩材（长 1m）		大截面梁（长 1m）		外墙材（1m²）		1m² 的窗框	
	钢材 BP200 /19	锯材[1] 300mm× 50mm	钢材 910UB40	集成材[2] 550mm× 135mm	钢板 0.5mm	胶合板 12mm	铝制窗	木制窗
质量/kg	5.6	7.5	40	37	4.7	6.0	11.2	11.2
能源功能单位/(MJ/kg)	35	1.5	35	3.1	35	12	435	3.1
制造能源/MJ	196	11.3	1400	115	165	72	4872	34.7
碳排放量/kg[3]	3.9	0.24	28	9.1	3.3	1.7	97	2.8
碳储藏量/kg	0	3.75	0	18.5	0	2.7	0	5.8
净储藏量/kg	−3.9	3.51	−28	9.4	−3.3	1.0	−97	2.8
碳排放量之差/kg	7.4		37.4		4.3		99.8	
由木材替代所减少的碳排放量/(kg/kg)	1.3		0.9		0.9		8.9	

1 假设使用天然干燥材。
2 集成材的制造能源与人工干燥防腐处理材相同。
3 木制部件考虑了因原料燃烧所产生的碳素排放量。木制窗假设使用人工干燥防腐处理材。

随着我国森林资源的增长，年吸收 CO_2 的数量在逐年增加。按木材平均相对密度 0.5 计算，1m³ 木材可固定 0.25t 碳，需要吸收 0.92t 的 CO_2。2005 年我国 CO_2 排放总量达到 55.9Gt。目前我国现有森林的年生长量约为 5Gm³，年净吸收约 5Gt 的 CO_2，相当于全国 CO_2 气体排放总量的 8%。人工林木材的合理利用可以提高植树造林的经济效益，有利于增加森林面积，提高森林年生长量，吸收更多的 CO_2 气体。

5. 木质制品的资源储存和使用年限

木质制品（包括木结构建筑）具有把森林中的树木所固定的大气中的 CO_2 以碳资源（木质资源）的形式保存下来的意义，即木质制品，虽然不像树木那样吸收大气中的 CO_2，但起到了将山上的木材向城市移动，并将碳保存下来的作用。可以说，木质制品就是碳的储存库。当然，木质制品是有其使用寿命的，使用一定时期后将被更换或废弃，但废旧木质制品在被解体时，被排出的木材绝大部分能作为再生资源被再利用而发挥作用。这样，就延长了其返回到 CO_2 的时间，即增加木质制品的使用年数和再利用，意味着在时间上给予了森林生产木材、吸收 CO_2 的余地。

只要确立了"伐则植"的林业基本方针，在被采伐的森林中再次种植树木，新的生命活动就会继续吸收 CO_2，进行固碳工作。一方面，如果木材采伐量不超过其生长量，在森林中的树木的碳储量就会增加；另一方面，从向大气中排放 CO_2 的观点来看，如果在林地或使用地因木材腐朽和燃烧所产生的 CO_2 排放量，不超过树木生长所吸收的 CO_2 量，则森林之外的木质资源的碳储量也将增加。木质制品的腐朽或燃烧主要取决于其使用寿命和再利用情况，因此木质制品的使用年限和循环利用决定森林之外的木质资源的碳储量。

2009 年我国原木产量为 6938 万 m^3；生产人造板 13750.79 万 m^3，其中纤维板 3307.71 万 m^3、胶合板 6578.93 万 m^3；此外，还进口了原木 2805.9 万 m^3 和锯材 986.3 万 m^3。这些木材和木质材料主要用于制作木地板、家具和用于室内装修。2009 年我国生产实木地板 10456.53 万 m^2、复合木地板 30041.88 万 m^2 和木质家具 20501.06 万件。这些木质制品储存碳量达约 7500 万 t。设木质制品的平均使用年限为 20 年，则森林可以用这 20 年来生长木材、固定空气中的 CO_2。木质制品的使用年限越久，森林用来固碳的时间就越长，其固碳量就越有可能超过木质制品的储碳量，木质资源的总储碳量就会增加。

以人工种植的杨木及其制品为例，2009 年我国约生产杨木胶合板 4600 万 m^3，其储碳量约为 1100 万 t。我国目前一般使用树龄为 6～10 年的人工林速生杨木生产胶合板，设平均采伐树龄为 8 年，若杨木胶合板制品的使用寿命也为 8 年，则杨木及其制品的碳储量将达到平衡；若杨木胶合板制品的使用寿命为 16 年，则第 8 年后总的碳储量将逐渐增加，到第 16 年时将增加 1 倍。由此可以看出增加木质制品使用年限的积极意义。

我国人民自古以来就十分喜爱木结构建筑，直到 20 世纪 60 年代所建住房绝大部分都还是木结构或砖木结构，到了 70 年代由于森林遭受严重破坏，木材变得十分短缺才不得不放弃木结构建筑。进入 21 世纪，由于人们生活水平的提高，木结构建筑在我国又悄悄兴起。我国《木结构设计规范》（GB 5005—2003）[4] 和《民用建筑设计通则》（GB 50352—2005）都规定，纪念性建筑和特别重要建筑的设计使用年限为 100 年，普通建筑和构筑物为 50 年，易于替换的结构构件为 25 年，临时性结构 5 年。木结构建筑的使用寿命并不比其他结构差，只要注意适当防护，完全可以在 50 年以上，并且由于容易进行维护和保养，后续寿命可以很长。100 年以上的木建筑并不少见。

我们再从 CO_2 排放和碳储存的角度来看木结构住宅建设的意义。日本学者根据投入产出表算出了不同结构住宅单位面积的 CO_2 发生量，其比较如图 1.6 所示[5]。正如由材料的制造能源可以预计到的那样，木结构建筑物的 CO_2 发生量相当少，特别是作为骨架材料的木材所占的 CO_2 发生量，只占全部材料 CO_2 总发生量的 6% 左右。另外，据估计，以柱、梁等木材的形式储藏在木结构住宅中的碳储量约 $50kg/m^2$（设单位使用面积的木材使用量为 $0.2m^3/m^2$，木材相对密度为 0.5，C 为其 1/2）。因此，木结构建筑是很好的碳储库。木结构建筑被解体时还可以被当作再生资源或燃料利用。

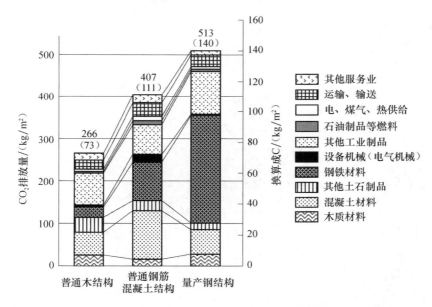

图 1.6　住宅建设时排放的 CO_2 质量（按结构）

确保木材资源的持续和合理利用是十分必要的。木材从被采伐到焚烧的时间越长，就越能给予森林中的树木充分的生长时间。因此，尽可能地提高木材及其制品的使用年数或将其解体材作为再生资源进行利用非常重要。木材与其他材料不同，很容易再生资源化利用，最终填埋时其量很小，通过焚烧可以缩小到只剩下几乎无害的灰分，并且排放的气体主要为 CO_2，几乎没有硫化物 SO_x 和氮化物 NO_x 这些与酸雨有关的物质，这意味着废弃物对生态系统的影响小。可见，木材和木质材料基本上处于生态循环，是一种生态环境材料。

1.1.3　木材的组织构造与材性

1. 木材的种类

树木可以分为针叶树和阔叶树两大类，由树木生产的木材也分为柏木、杉木、松木等针叶树材和栎木、榉木、橡木、水曲柳、椴木等阔叶树材。表1.9为结构用主要木材。我国早期结构用木材大多为优质针叶树材，随着优质针叶树材资源的日益短缺，逐步扩大树种，开始利用有某些缺点的针叶树材和阔叶树材。现列入我国《木结构设计规范》的结构用木材，有红松、松木、落叶松、云杉等18种国产针叶树材和桦木、水曲柳及椆木等6种国产阔叶树材及北美花旗松、俄罗斯红松、欧洲云杉等20余种进口木材。

表 1.9　结构用木材的树种

分　类		树　　种
针叶树材	国产材	柏木、长叶松、湿地松、粗皮落叶松、东北落叶松、铁杉、油杉、鱼鳞云杉、西南云杉、油松、新疆落叶松、云南松、马尾松、扭叶松、红皮云杉、丽江云杉、樟子松、红松、华山松、广东松、五针松、西北云杉、新疆云杉、冷杉、速生杉木、速生马尾松
	进口材	南方松、西部落叶松、欧洲赤松、俄罗斯落叶松、花旗松、南亚松、北美落叶松、西部铁杉、太平洋银冷杉、欧洲云杉、海岸松、俄罗斯红松、新西兰辐射松、东部云杉、东部铁杉、白冷杉、西加云杉、北美黄松、巨冷杉、西伯利亚松、小干松
阔叶树材	国产材	青冈、椆木、石栎、栎木、柞木、锥栗、红锥、米槠、栲树、甜槠、桦木
	进口材	门格里斯木、卡普木、沉水稍、克隆、绿心木、紫心木、李叶豆、塔特布木、达荷玛木、萨佩莱木、苦油树、毛罗藤黄、黄梅兰蒂、梅萨瓦木、红劳罗木、深红梅兰蒂、浅红梅兰蒂、白梅兰蒂、巴西红厚壳木、小叶椴、大叶椴

一般来说，优质的针叶树材具有树干高大挺拔、纹理通直、材质均匀、材质较软而易加工、干燥时不易开裂、扭曲等变形、有一定的抗腐能力等特点，是理想的结构用木材。其主要包括红松、杉木、云杉和冷杉等树种。而落叶松、马尾松及云南松等针叶树材和一般的阔叶树材强度较高、质地坚硬，但不易加工、不吃钉、易劈裂，干燥时易开裂、扭曲等变形。

由于我国常用树种的木材资源已不能满足需要，过去一些不常用的树种木材，特别是阔叶材中的速生树种，如槐木、乌墨、木麻黄、柠檬桉、隆缘桉、蓝桉、檫木、榆木、臭椿、枱木、杨木和拟赤杨等，在今后的木材供应中将占越来越大的比例。我们应该积极开展研究，合理地使用这些速生树种木材，以促进我国木结构的发展。

2. 木材的切面与宏观构造

木材是树木砍伐后，经初步加工，可供建筑及制造器物用的材料。不管是结构用材还是装修用材，作为建筑用材的木材，一般取自树木的树干部分，指包含在树干的树皮里面的木质部分。

木材根据从原木锯切的位置，可出现各种各样的切面。图1.7中通过树干中心（髓）的纵切面叫做径切面，离开髓的某处的纵切面叫做弦切面。径切面和弦切面之间的纵切面叫做近径切面，是实际上经常出现的面。原木的横截面叫做横切面。

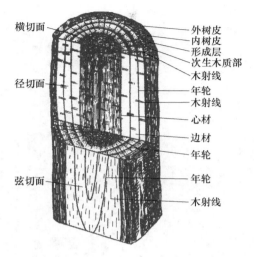

图 1.7　木材的三个切面

　　许多木材，靠近中心（髓）的内侧部分与靠近树皮的外侧部分相比颜色较深。我们将外侧颜色淡的部分叫做边材，内侧颜色深的部分叫做心材。树木的边材部分（外层初生部分）将树液从根部运送至树冠，而心材部分的细胞逐渐老化，停止了运送功能。树木伐倒后边材的含水率较高，而心材的含水率较低。心材系边材老化而成，二者强度相差不大。像柳杉那样心材颜色为深红色的木材，有时将边材叫做白材，将心材叫做红材。心材根据树种呈现特有的色调，与边材相比耐腐性较强。大部分树种的心材中含有填充物，导致其渗透性显著降低，某些树种（如松木）的心材实际上几乎不能渗透，因此当木材需要进行防护剂处理时，首选边材。

　　除热带产树种木材外，几乎在树干的横切面上都能看到同心圆状的年轮。这是由于四季的生长情况不同，形成了性质不同的木材层。从春到初夏生长的叫早材（春材），之后生长的称为晚材（秋材）。在横切面上并列的同心圆状年轮，在径切面上基本平行，在弦切面上呈抛物线状或不规则的并行线。年轮的宽度是显示其树木成长速度的尺度，与木材的材质有密不可分的关系，有时将木材的平均年轮或其倒数的年轮密度作为材质的评价尺度。对于大多数针叶树材，其密度随年轮宽度的增加而降低，这就是目前在欧洲的木材目测定级标准中将年轮宽度包括在定级参数之中的原因。但应该注意的是，对于给定年轮宽度的密度值取决于土壤的类型、气候条件及造林技术等，用年轮宽度预示针叶树材的密度并没有任何根据。

　　针叶树材的 1 个年轮由淡色的早材和深色的晚材组成。而阔叶树材根据在端面可见的管孔（管胞的切口）的呈现方式，如图 1.8 所示分为环孔材、散孔材和放射孔材等类型[3]。柳桉类这种在热带多雨地区生产的木材一般没有年轮。榉木、栎木等在 1 个年轮的内侧（早材部）管孔沿年轮边缘 1～3 列并排的叫做环孔材，年轮清晰。白桦、槭木等木材由于较小管孔基本均匀分散，故称为散孔材，有的年轮不明显。散孔材中，热带产的柳桉和龙脑香等也有大的管孔散布。另外，常绿的橡木类（白橡、红橡）则与年轮无关，由于管孔由髓向树皮方向排列，故称为放射孔材。

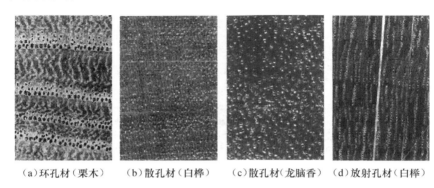

（a）环孔材（栗木）　（b）散孔材（白桦）　（c）散孔材（龙脑香）　（d）放射孔材（白榉）

图 1.8　阔叶树材横切面的放大照片

在橡木类和山毛榉、栎木的横切面上，可以看到从木材的中心附近横穿年轮向外周呈辐射状的条纹，称为木射线。木射线在弦切面上呈长纺锤形或线状条纹，在径切面上呈带状条纹。木射线在树木生长期间起横向输送和储存养分的作用，由薄壁细胞组成，质地软而强度低，木材干燥时常沿木射线开裂。木射线在什么木材里都有，但在许多树种里肉眼很难看到。

纤维和管胞等组织的排列方式叫做纹理。纹理与树干或锯材的轴线平行的叫做直纹，这种木材易加工，不易变形，是作为承载构件的好材料。若树木在生长过程中纤维或管胞的排列与树干轴线不平行，则在原木上产生斜纹。有些树种因遗传性影响常出现扭转纹或螺旋纹，如云南松，这种带扭转纹的原木剖解成方材或板材时，其弦切面上会出现天然的斜纹。直纹的原木沿平行于树干轴线方向锯解时，锯出的方材或板材与年轮不平行时也会产生斜纹，这类斜纹称为人为斜纹。树干在木节或夹皮附近使年轮弯曲，纹理呈旋涡状，锯解出的木材存在局部斜纹。斜纹导致锯解出的木材纤维不连续，对其力学性能影响较大，也是产生逆纹切削、干燥时变形的重要原因。另外，还有纹理起伏的波浪状纹理和在南洋材经常可以看到的因成长层木纹倾斜程度不同产生的交错纹理等。

在绝大部分目测定级的规定中都对斜纹有限制，高质量木材其木纹偏移不得大于 1/10，而对于低质量木材限制不得大于 1/5 或更低一些。

3. 木材的显微构造

树木是生物，木材也由细胞组成，但作为材料使用的木材只残留了细胞壁，其内部已成为空腔。

图1.9为针叶树材之一的扁柏木材的电子显微镜照片。针叶树木材的细胞组成简单，排列规则，故其木材质地较均匀。其主要成分为轴向管胞、木射线和薄壁组织及树脂道等。在该照片中由木材实质壁所围成的一个一个的空隙为细胞，大部分为沿树干轴线方向呈细长中空的纤维状形态的管胞。轴向管胞占总体积的90%以上，是决定针叶树种木材物理力学性能的主要因素。管胞为两端封闭的管状细胞，形状细长，两端呈尖削形，平均长度3～5mm，是其宽度的75～200倍，相邻细胞的内腔间由具有液体容易通过的纹孔相连（图1.10）。早材管胞壁薄而空腔大，略呈正方形；晚材细胞壁比早材约厚一倍，腔小而略呈矩形。管胞在发挥支承树体作用的同时，在树木成长期间起着将从根部吸上来的水分和养分运送到枝和叶的作用。

图1.9　扁柏木材的电子显微镜照片

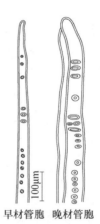

早材管胞　晚材管胞

图1.10　管胞末端（马尾松）

纹孔能让水自由地出入（依靠毛细管作用），但能阻止空气进入充满树液的细胞，具有阀门的作用。倘若空气进入，从根部伸展到树冠的水柱就会断裂而导致树木最终死亡。针叶材中占优势的纹孔类型为具缘纹孔，其纵切面如图1.11所示，具有纹孔膜及纹孔塞[6]。由此可以理解水从细胞腔通过纹孔的毛细管作用。纹孔膜及纹孔塞能有效地起到密封纹孔的作用，这不仅阻止了木材的干燥，对木材的防护处理也带来了很大影响。

木射线约占总体积的7%。另外，有的具有分泌树脂的树脂道和树脂细胞。

图1.12为作为阔叶树种木材的榉木的电子显微镜照片[7]。阔叶树材与针叶树材相比，细胞的种类多，树种不同其形状和大小的差别很大。阔叶树材的组成成分

为木纤维、导管、管胞、木射线和薄壁细胞等。其中，木纤维是一种厚壁细胞，比针叶树材的管胞稍短，起着加强和支承树体的作用，占总体积的 $50\% \sim 70\%$，是决定阔叶树种木材物理力学性能的主要因素。导管是轴向一连串细胞组成的粗的管状结构，约占总体积的 20%，为水分和养分的流动通道。导管直径大的，肉眼可见。木射线约占 17%。木射线和薄壁组织担负着储藏和分配营养物的作用。

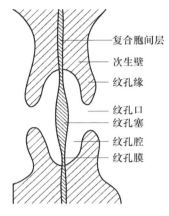

图 1.11　具缘纹孔的纵切面

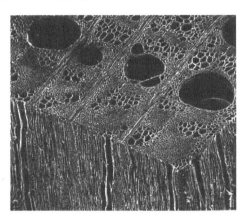

图 1.12　榉木的电子显微镜照片

由图 1.9 和图 1.12 可知，构成木材的细胞大部分是由与树干轴线方向平行排列的管状细胞组成，成为像由无数根管子包裹起来的管束结构，这种结构被称为蜂窝结构。木材细胞壁上有纹孔，是轴向细胞及横向木射线细胞间水分和养分的输送通道，也是木材干燥或防护药剂处理时水分和药剂的进出通道。

形成木材细胞壁的物质，即木质的主要成分为纤维素、半纤维素和木质素，这 3 者占了 95% 以上。其中，以纤维素为主，在针叶树材中含量约占 53%。纤维素的化学性能稳定，不溶于水和有机溶剂，弱碱对它几乎不起作用，这是木材本身化学稳定性好的主要原因。针叶树材中的木质素含量为 $26\% \sim 29\%$，半纤维素含量为 $23\% \sim 25\%$。它们的化学稳定性较差。阔叶树材的半纤维素含量较多，纤维素和木质素含量较少。除此之外，木材中有的还含有精油和树脂等抽提成分。特别是心材中含有的抽提成分也决定木材的颜色和耐腐性能。

纤维素分子能聚集成束，形成细胞壁骨架，而木质素和半纤维素一起构成结合物质，包围在纤维素外边。图 1.13 表示将细胞壁放大所显示的标准模型。筒状细胞的细胞壁由初生壁、次生壁外层、次生壁中层和次生壁内层组成。在各层，由纤维素束（微纤维）组成的微纤丝以各种角度倾斜围绕着内腔。其中，次生壁中层的厚度最大，为细胞壁的主体，其微纤丝紧密靠拢，与纤维轴呈 $10° \sim 20°$ 的螺旋状排列，这是木材顺纹强度高且呈各向异性的根本原因。其他各层中的微纤丝与轴向呈很大角度，且由于其厚度小，对顺纹强度的作用小。各层的微纤丝之间填充着半纤维素和木质素物质，起到加固细胞壁的作用。这种微纤丝呈螺旋状排列的构造叫做螺旋缠绕结构。另外，木质素在细胞间层中起到相互连接细胞的作用。

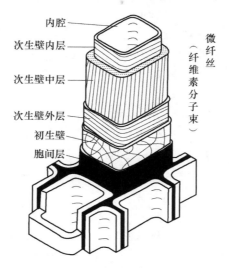

图 1.13　纤维细胞的细胞壁构造模型图

木材的这种管束蜂窝状结构和细胞壁微纤丝的螺旋排列结构，是植物材料特有的结构。这两个特点决定了木材的一系列特性。

4. 密度（重度）

密度是单位体积内所含物质的质量，用 ρ 表示；而重度是单位体积内所含物质的重量，用 γ 表示。密度为木材极为重要的物理性质，大多数木材力学性质都与密度正相关，如连接的承载能力。通常木材含有水分，木材的质量和体积都随含水率而变化，因此密度也随含水率而变化。木材的密度可分为气干密度 ρ_w、绝干密度 ρ_0 和基本密度 ρ_r，分别由下列各式计算：

$$\rho_w = m_w / V_w \tag{1-1}$$

$$\rho_0 = m_0 / V_0 \tag{1-2}$$

$$\rho_r = m_0 / V_{max} \tag{1-3}$$

式中，m_w、m_0 分别为木材在气干和绝干状态下的质量；V_{max}、V_w 和 V_0 分别为木材在湿材（纤维饱和点以上）、气干和绝干状态下的体积。

多数情况下，我们使用木材长时间放置于大气中的密度值，即气干密度 ρ_w。为便于比较，在木材学和木结构中，绝干密度 ρ_0 和含水率为 12% 时的密度 ρ_{12} 经常使用。气干密度值 ρ_w 应根据温度为 20℃ 和相对湿度为 65% 的平衡条件下的质量和体积给定。

　　木材的气干密度因树种而异，轻木只有约 0.1g/cm³，而愈疮木（又名铁梨木）达约 1.3g/cm³，密度范围分布很广。即使同一树种也因个体而异，另外因树干内的部位不同，其平均值在±20％左右变动。将木材的密度与其他材料进行比较，如图 1.14 所示。同体积比较来看，木材比聚苯乙烯泡沫和聚氨酯泡沫重，但与钢铁、铝、混凝土和多数塑料等相比属轻的材料。

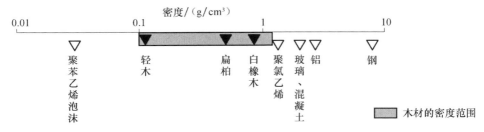

图 1.14　木材与其他材料的密度比较

　　木材的密度值是包含木材中孔隙的值。不包含孔隙的木材实质（细胞壁物质）的密度，不管什么树种都几乎是为 1.50g/cm³ 的定值，称为木材的实质密度。因此，木材的密度取决于孔隙率，即细胞腔体积的百分率，密度高的木材其实质（细胞壁物质）的比例高，密度低的木材其孔隙的比例高。不管怎样，木材是极多孔性的材料，结构用木材的干密度值为 0.30～0.50g/cm³，在干燥条件下孔隙率为 63％～80％。木材中的实质（细胞壁）给予承载力，孔隙具有隔热性。由此可知，密度作为决定木材性质的因子，非常重要。图 1.15 表示几个树种的密度与强度和木纹垂直方向导热系数的关系[3]。

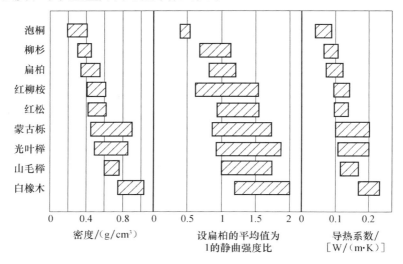

图 1.15　主要木材的密度与强度、导热系数的关系

5. 木材各向异性与不均匀性

树干是由伸长生长和直径生长形成的，加上前述木材的管束结构和细胞壁中的微纤丝的螺旋状排列，木材在许多性质上显示各向异性（方向性）。

通常，木材是作为具有树干轴线方向（纤维方向，L 方向）、树干横切面半径方向（放射方向，R 方向）及圆周方向（切线方向，T 方向）的垂直 3 轴各向异性材料来使用。特别是纤维方向和其垂直方向的各种性质非常不同，这是木材所具有的特征。木材的表面，以与这 3 轴垂直的 3 个面（横切面 TR、弦切面 LT 和径切面 RL）为基本面。

木材不仅因树种不同显示出独特的性质，即使相同树种也因个体不同，或各个体内的采取部位不同而性质不同。同一树种的材质变动，一般品质的木材为其平均值的±（20%～50%）。因此，在使用有关木材的数值时不仅仅是平均值，也必须考虑其变动值。

任何树干截面最初 5～20 个年轮（靠髓心，初生木或称幼龄材）的性质与树干外侧部分（成熟的木材）不同。这是针叶树材的显著特点。初生木中的管胞相对比较短且壁薄，次生壁中间层的微纤丝的坡度较缓。因此，初生木表现出较低的强度和刚度，且与成熟木材相比有很大的纵向收缩。心材往往都是初生木，材质偏低主要反映在力学性质上。因此，在具有高比例初生木的快速生长幼龄树上，心材材质偏低。在木结构常规的应用中一般不会涉及初生木的问题，但随着短期更迭的速生树种人工林在工业应用中的比例逐渐增高，初生木的问题将会增加。

木材，只要不是经过特别的精选，作为材料使用时总是包含缺陷组织（如木节）。木节是被包在树干中的残枝部分，根据树枝组织与树干组织的连接方式有活节、死节和漏节等。尺寸大的用材，木节是不可避免的。木节影响木材的均匀性和力学性能，也容易引起变形和开裂，加工也困难，因此多数场合一般都避开木节。

从斜坡地生长的树木中得到的木材，含有应力木。应力木是树木为保持直立而形成偏心生长，在生长迅速的一侧所生成的异常组织结构的木材。在树干断面上应力木的髓心偏向一侧，偏心部分的年轮特别宽，它在解剖构造和材性上与正常材有显著的差异。应力木容易引起开裂和变形。柳桉等热带产木材，有时会出现以髓为中心强度低而脆的木材（脆心材）。另外，还有夹皮、树脂囊、虫眼、腐朽、开裂等生长中或木材加工时形成的缺陷。由于它们会降低作为材料的品质，在木材使用上不希望出现这些缺陷。

1.1.4　木材含水率管理

1. 木材中的水分

不管以什么目的使用木材，所含的水分都会对木材的性质产生很大影响。因此，必须充分掌握有关木材中水分的知识，对其进行管理。

生材即刚采伐后的原木，或刚将其锯解的锯材，即使是使用中的干燥的木材，或多或少也总含有水分。木材中所含的水分分为自由水和结合水两种。自由水为生材等的细胞内腔和细胞间隙中所含有的液态水分，结合水为细胞壁中与木材实质结合着的水分。结合水增加会引起木材膨胀，电阻减小，强度和刚性下降等，其量的变化会给木材的性质带来很大影响。而自由水的量即使变化，除质量增减外，对木材的性质没有太大影响。

细胞壁的结合水饱和且不含自由水时的木材含水率称为纤维饱和点。大多数木材的纤维饱和点含水率平均约为30％，在23％～33％范围波动。生材通常处在纤维饱和点以上，含有自由水和结合水。对生材进行干燥，水分减少，起初仅减少质量，木材的性质不大变化，这是因为只减少了自由水。

木材干燥到纤维饱和点以下时，结合水减少的同时木材开始收缩。大气中长期放置的木材（气干材）所含的水分只有结合水。当然，板材或方材在干燥过程中并非全体均一地干燥，由于是从表面开始干燥，表面即使到了纤维饱和点以下，内部有时还含有自由水。加热到100℃附近对木材进行干燥，则结合水也将被去除而成为绝干状态。这种状态的木材称为绝干木材。图1.16为表示木材干燥和吸湿过程的模型图。

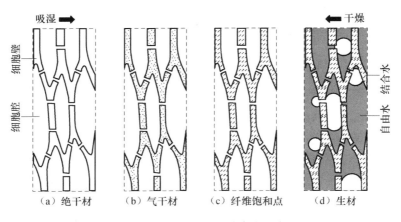

图1.16　木材中的水分存在状态

大量的试验研究表明，木材纤维饱和点是木材属性改变的转折点。当木材的含水率大于纤维饱和点时，其强度、体积、导电性能等均保持不变；当木材的含水率小于纤维饱和点时，其强度、体积、导电性能等均随之变化。含水率降低，强度提高，体积缩小，导电性降低；反之，则强度降低，体积增大，导电性增强[8]。

2. 含水率及其测定方法

木材含水率是指木材中水分的质量与木材绝干质量的比，并用百分比表示，按下式计算：

$$W = \frac{m - m_0}{m_0} \times 100\% \qquad (1\text{-}4)$$

式中，W 为含水率（％）；m 和 m_0 分别为木材含有水分时的质量和绝干状态时的质量。

木材含水率通常采用烘干法测定。首先对木材试样进行称重获得质量 m，然后将试样置于烘干箱内在（103 ± 2）℃的温度条件下烘干。24h 后每隔 2h 用天平称一次质量，当相邻两次的质量差小于规定的限值时即认为已达到绝干状态，此时的质量为 m_0。根据式（1-4）计算木材的含水率。

该方法是从要测定含水率的木材切取 2～3cm 见方的小块来进行测定，因此不能求得加工过程中的构件和制品的含水率。为了在不破坏木材的情况下测定含水率，利用木材含水率与电阻、电容率、介电损失的关系，采用电测法来间接测量木材含水率。由电气性质测定木材含水率的仪器（电气式含水率计）有下面两种类型。

（1）直流电阻式含水率计：它是根据木材含水率在纤维饱和点以下时直流电阻随含水率不同而显著变化这一原理制作出来的。该含水率计的电极多为针状，适于测定气干材的含水率。但它不能测定生材那样含水率很高的木材的含水率，且温度不同时必须进行修正，这是它的缺点。

（2）高频（感应）式含水率计：它是根据在高频领域的感应性和介电损失随含水率而变化的原理制作出来的含水率计，多为押贴式电极。这种含水率计对生材那样的高含水率也能测定，但必须根据密度预先修正读数盘。

采用电测法的含水率计，只要将电极插入或押贴在木材表面就可以测定其含水率，可以快速、简捷地测量加工过程中的木材构件和制品的含水率；但只能测定木材表面层（到 2cm 左右的深度）的含水率，且受木材的树种、密度和环境温度等因素的影响，准确度不高；用于测定板材的含水率时较好，而用于测定柱和梁那样的大截面构件的内部含水率时就不准确。现在，大截面木材梁、柱等的含水率现场测定仪正在开发之中。

3. 木材平衡含水率

几乎所有树种其纤维饱和点的含水率都在 23％～33％ 的范围。因此，含有自由水和结合水的生材其含水率通常在纤维饱和点以上，根据树种、采伐时期、心材还是边材而异，一般在 40％～150％ 的范围。

　　气干材中所含的水分只有结合水，但当外面的湿度增高时就会吸湿，而湿度下降时就会干燥（解湿）。木材的吸湿性和解湿性实质上是由于空气中水分的蒸气压力随空气的相对湿度和温度而变化。当该水蒸气压力大于木材表层水分的蒸气压力时，空气中的水蒸气就向木材中渗入，木材含水率增加，称为木材"吸湿"；反之，当木材表层的水蒸气压力大于空气中的水蒸气压力时，木材中的水分就向空气中蒸发，称为"解湿"。

　　若空气的相对湿度和温度在一定时间内保持相对稳定，则木材表层的水蒸气压最终将与该相对湿度和温度下空气中的水蒸气压平衡，木材的吸湿或解湿过程就会停止，此时的木材含水率称为平衡含水率。木材含水率与外部温度和相对湿度的关系如图 1.17 所示[3]。常温下的木材平衡含水率，其值与木材树种无关，相对湿度 25％时约为 5％，75％时约为 15％，100％（饱和状态）时约为 30％。空气相对湿度和温度随地区和季节的影响而不同，因此木材的平衡含水率在各地区和各季节也有所差异，我国各地的木材平衡含水率为 10％～18％，在供暖的室内由于空气干燥，平衡含水率为 4％～8％。这也是《木结构设计规范》（GB 5005—2003）确定木材强度取值的依据之一。

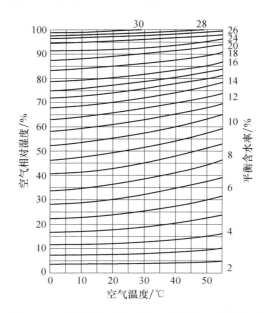

图 1.17　木材平衡含水率与空气温度、湿度关系

　　木材的吸湿性与其他材料相比，如图 1.18 所示。木材的吸湿性基本上与羊毛、丝绢和棉花相同，比硅胶和动物胶等的吸湿性小，但比玻璃纤维、石膏和尼龙等的吸湿性要高得多。

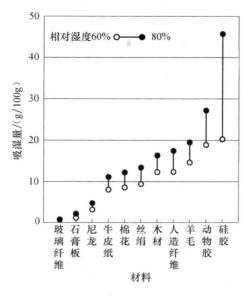

图 1.18　木材与其他材料的吸湿性比较

4. 由含水率变化所产生的收缩/膨胀和变形

木材实质（细胞壁）中的水分——结合水，其量一旦出现增减，木材就会产生收缩或膨胀。一般来说，木材中自由水的增减与收缩或膨胀无关，在理想条件下，如图 1.19 所示，在纤维饱和点以下的范围时，木材的收缩或膨胀率基本上与含水率的变化成正比。

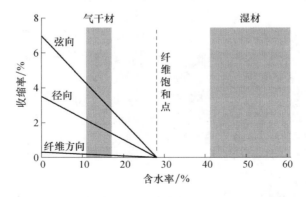

图 1.19　木材含水率与收缩率的关系（以扁柏为例）

含水率变化所产生的木材收缩或膨胀，即使是同一木材，不同方向上的尺寸变化相差很大。木材的收缩或膨胀率在弦切板的宽度方向（弦向）最大，从湿材到气干状态的收缩率，虽然因树种而异，弦向为 3%～8%（含水率变化 1% 时为 0.2%～0.4%）；在径切面的宽度方向（径向）比前者小，约为弦方向收缩率的 1/2；木纹方向（纤维方向）几乎没有收缩或膨胀，约为弦向的 1/10，但应力木显示出较大的收缩。一般来说，密度小的木材其收缩或膨胀率小，密度大的木材其收缩或膨胀率大。主要树种的收缩率如表 1.10 所示[9]。

表 1.10　主要木材的收缩率

树　种		含水率变化 1% 的收缩率/% *（最小—平均—最大）	
		弦　向	径　向
针叶树材	扁柏	0.14—0.23—0.27	0.07—0.12—0.15
	柳杉	0.21—0.25—0.30	0.05—0.10—0.21
	红松	0.26—0.29—0.31	0.14—0.18—0.20
	落叶松	0.19—0.28—0.35	0.10—0.18—0.24
阔叶树材	泡桐	0.13—0.23—0.34	0.05—0.09—0.14
	山毛榉	0.25—0.41—0.55	0.10—0.18—0.25
	光叶榉	0.17—0.28—0.38	0.09—0.16—0.23
	蒙古栎	0.21—0.35—0.51	0.10—0.19—0.30
	白橡木	0.31—0.38—0.52	0.16—0.23—0.34
	红柳桉	0.19—0.26—0.30	0.12—0.15—0.21

＊从生材到气干材的收缩率约为该值的 15 倍。
注：根据日本木材加工技术协会编《日本的木材》制作。

湿材在干燥过程中同时会产生收缩。由于被使用的木材是处于干燥的条件下，如果加工或施工时的构件所采用的是湿材，则施工后或在使用中其尺寸和形状就会发生变化（即变形）。特别是在横切面上，因径向和弦向上的收缩率不同，由湿材切取的各种形状的横切面进行干燥时，因切取的位置不同会发生不同的截面形状变化（图 1.20）。当纹理倾斜或干燥途中局部干燥速度不同时，有时还会发生翘曲、扭曲等变形。

含心材（从端面可以看到髓的木材）因径向和弦向的收缩差异，会从外周向髓心产生径向开裂。为了防止该裂缝在非预期位置产生，如图 1.21 所示，可以预先在木材的背面开一条直达髓心的槽（背面沟槽）。梁和桁那样的大截面木构件，由于很难均匀、充分地干燥，最好使用集成材。

木材的平衡含水率因一天中的湿度变动或由于气象、季节所产生的湿度变动而变动，由此，木材的尺寸也会随之发生变化。但是，由于木材内部的含水率不会马上随外部湿度的变动而变化，根据木材厚度其含水率的变动相差很大，因而木材尺寸的变化也有较大的差别。例如，厚度 2mm 的木板，昼夜湿度变化引起的含水率变化约为 10%，板材宽度变化 1.5%～3%；而厚度 20mm 的木板，含

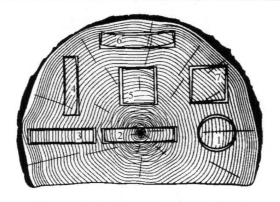

图 1.20 湿材干燥所产生的截面形状变化

1-圆形收缩成椭圆形；2-两头收缩成纺锤形；3-仅尺寸缩小；4-矩形收缩成不规则形；

5-正方形收缩成矩形；6-长方形收缩成瓦形；7-方形收缩成菱形

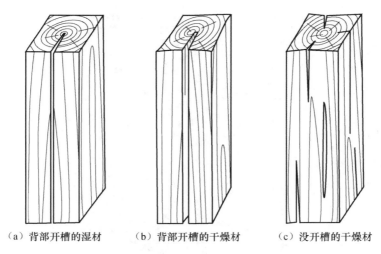

（a）背部开槽的湿材　　（b）背部开槽的干燥材　　（c）没开槽的干燥材

图 1.21 含心材干燥开裂及背部开槽效果

水率变化只有约 1.5%，板材宽度变化 0.2%～0.5%。可见，对于薄的木板，日常的湿度变化所引起的宽度方向的尺寸变化也相当大。为了避免这一点，应使用胶合板、刨花板和纤维板等木质人造板材。特别是被阳光直射的外墙和地板采暖房间的地板，当使用木板时，由于当阳光照射时或在供暖时木材特别干燥，必须选择尺寸稳定性很高的材料。

5. 木材干燥的必要性和木材干燥方法

作为住宅用构件材料，如果使用湿材或干燥不充分的木材，如表 1.11 所示，会出现各种各样的缺陷。为了防止这些缺陷出现，必须使用预先干燥到与使用场所相适应的含水率的木材。含水率比使用场所的平衡含水率还高的制品，使用时会产生开裂或间隙；而含水率非常低的制品，在使用中有时会产生膨胀等损伤。各种用途的木制品的适当含水率通常以使用场所的平衡含水率为基准。《木结构设计规范》（GB 50005—2003）规定，木结构构件制作时的含水率应满足下列要求：原木、方材构件含水率不应大于 25%，板材和规格材不应大于 20%，受拉构件的连接板不应大于 18%，层板胶合木（也称集成材）的层板不应大于 15%。另外，建筑装修材的含水率标准为 15% 左右，家具、地板为 10% 左右。

表 1.11　使用干燥不充分的木材出现的问题

质　量	湿材和未干燥材比干燥材重 50%～80%，木材经干燥而变轻，容易使用
尺寸变化 变形 开裂	木材因干燥而收缩，这是木材变形和开裂的原因。住宅建筑使用湿材或未干燥材出现的主要问题有含心材、梁和桁等大截面材表面开裂、弦切板翘曲、构件间产生间隙、接合部位松弛、地板响动和墙的对角开裂、起皱
挠度	把木材作为长期承受荷载的水平构件使用时，挠度会随时间的增加而稍微增大，但如果使用没有充分干燥的木材，在使用中由于继续干燥，挠度有时会达到最初的 5～8 倍。这种情况下，即使去除荷载也不能恢复到原来的状态
耐腐性	由于未干燥木材中有充足的水分，产生与繁殖腐朽菌、霉菌就有了条件。而干燥的木材只要不用于地板下面、底座、用水周围这些湿气和水分多的场所，基本上不会发生腐朽和霉变
胶合 涂饰性	未干燥木材由于过剩的水分，黏结剂和涂料对表面的吸附力和硬化就不充分。特别是胶合或涂饰施工后，由于木材干燥而收缩，胶合层或涂膜就会从木材剥离而得不到充分的胶合或涂饰效果

为了得到干燥的木材制品，自古以来人们就将木材放在枕木上堆积于雨淋不到、通风良好的场所进行自然干燥（气干法）。该方法是利用自然界中大气的热力蒸发木材的水分，达到干燥的目的。其干燥条件受气象条件的显著影响，所需时间随木材树种、木材截面尺寸不同而不同，大多需要很长的时间。例如，截面为 120mm×180mm 的方材，从含水率 42%～55% 经夏季三个月，表层木材含水率可降至 25%；若全截面平均含水率降至平衡含水率（约 18%），约需 1 年的时间。由于天然干燥到达的含水率为 20%～25%，为了能够迅速且有计划地干燥到最终含水率 10% 或以下，一般采用人工干燥法。

人工干燥是将木材放入干燥装置（干燥室、干燥机）内，通过加热升温使木材在 1～2 周含水率降至要求值。为了防止发生开裂等损伤且尽量缩短干燥时间，在干燥过程中一般需要适时地调整装置内的温度和湿度。目前使用的主要人工干燥法如下所述[8]：

（1）蒸汽（热气）干燥，是目前使用得最多的干燥方法，它是通过水蒸气调节温、湿度，使热气（40～80℃）在木材堆中强制循环，从而使木材中的水分蒸发并被排除到室外。该方法干燥质量好，干燥周期短，干燥条件可以灵活调节，可以干燥到比气干程度低的任何最终含水率；但设备和工艺较复杂，干燥成本较高。

（2）除湿干燥（冷凝干燥），主要用于一般建筑用材的干燥，它是使 40℃ 前后的空气在木材堆中强制循环，用除湿器冷凝从木材中蒸发的水分并去除，湿空气在封闭系统内作"冷凝—加热—干燥"往复循环。除湿干燥能够回收水蒸气的潜热，能量消耗显著低于蒸汽干燥，干燥质量好，容易操作，但干燥速度较慢。特别是在低含水率时的干燥速度非常缓慢，故只适合高含水率木材干燥到含水率为 20% 左右的情况。

（3）真空（负压）干燥，是将木材放入可以密闭的罐内，通过加热和减压使木材中的水分迅速蒸发、排放。加热大多采用高频加热。由于在真空条件下水的沸点降低，木材内部压力较高，因而可以在较低温度下加快干燥速度，缩短干燥周期，保证干燥质量，特别适合透气性好或易皱缩的木材，以及厚度较大的硬阔叶树材的干燥；但设备复杂，容量小，投资大。

1.2　木质材料及其二次加工

1.2.1　木质材料的种类与制造

1. 工程木概念

随着胶合技术的发展，第二次世界大战后新的木质系材料一个接一个地被开发出来。它们是将各种各样不同大小的以木材为原料的单元体进行重组后胶合成型的制品，如将厚度 20mm 左右的木板层叠胶合而成的集成材，将板坯状的木材纤维加压成型的纤维板。

将小径材或废材重组胶合成型，不仅有利于资源的有效利用，而且可以分散或去除木节和腐朽等缺陷，制造出离散度小、材质均匀的材料。其加工过程可以机械化，可以实现由小径材制造又长又大木质材料的工业化生产。当然，想通过各种处理技术给予木材以前所没有的性质时，构成的原料（构成单元）较小时较为有利。木材作为建筑结构材料，生来具有优异的组织构造与机能，木质材料的开发方向应该是充分发挥木材构造上的特性，弥补其缺点。

近 20 年来开发的一些新型木质材料，有时被称为工程木；有时也有人把用于木质结构的结构用柱材或板材称为工程木（engineered wood，EW），目前还没有确切的定义。

工程木是指将天然木材加工成一定形状和尺寸的单元体后经重组然后胶合成型的木质材料，其生产方式高度工业化，制品的品质稳定，且尺寸上的限制小，力学性能可靠性很高。也有人将工程木定义为：强度性能在工程设计上能够得到保证的结构用木材或木质材料制品。其包含机械分级锯材、Ⅰ型胶合梁、结构用集成材、单板层积材和结构用胶合板等结构用木质材料。

2. 木质材料的种类与制造

根据构成单元的大小和排列方式，木质材料分类如表 1.12 所示[10]，表中不仅有目前已出现在市场上的材料，也有将来可望被开发出来的材料（用括弧表示）。

表 1.12　根据构成单元的大小和排列方式对木质材料的分类

构成单元		木质材料			无机木质复合材料
		一维纵向排列	二维纵横交错排列	随机排列	
大 ↑ 构成单元 ↓ 小	薄木板	集成材			
	单板	LVL	胶合板		
	木束条 单板条 网状木束	（木束帘胶合木）单板条层积材 重组木	（木束帘胶合板）		
	大片刨花 长条刨花	OSL LSL	OSB	华夫板	
				长条刨花板	
	刨花		（定向刨花板）	刨花板	石膏刨花板
	木碎料			碎料板	水泥刨花板
	纤维		（定向纤维板）	软质纤维板 MDF 硬质纤维板	石膏纤维板

注：1. LVL 表示单板层积材，OSL 表示大片刨花胶合木，LSL 表示长条刨花胶合木，OSB 表示定向（大片）结构刨花板，木束帘胶合木表示将木束条纵横相连的帘状单板同向层积而成的骨架材料，木束帘胶合板表示将木束条纵横相连的帘状单板和胶合板一样相邻层相互垂直排列层积而成的板材，定向刨花板及定向 MDF 分别表示刨花或纤维定向排列且相邻层互相垂直的板材，MDF 表示中等密度的纤维板。

2. 薄木板表示厚度 20mm 左右的板材，单板表示厚度 3mm 左右的薄板，木束条表示宽 10～20mm 的短栅状（棒状）单板条，大片刨花表示厚 0.6mm×宽 30mm×长 50～70mm 的木片，长条刨花表示厚 0.6mm×宽 30mm×长 100～300mm 的木片，刨花表示比长条刨花更小的木片的总称，纤维表示木材纤维束。

表 1.12 中按照构成单元从上往下由大变小的顺序来对木质材料进行分类，构成单元及其尺寸范围表示在栏下。构成单元的纤维方向按照一个方向排列（称为单向排列）的材料可作为柱、梁等骨架材料使用，双向排列或随意排列的作为墙壁等平面材料使用。

集成材（glued laminated timber，Glulam）又称胶合层积材或层板胶合木，是将薄板或小木方按其纤维方向相互平行在长度、厚度或宽度方向集成胶合而成的材料[11]，即把短而窄的锯材接宽、接长层积成一体来使用。集成材不仅具有木材的优良性质，还弥补了普通锯材的缺点。集成材具有如下特征：能够制造出所要求的截面形状和尺寸的材料，特别是大截面、长尺寸的材料；由于能够去除或分散木节、裂缝和腐朽等缺陷，能够制造强度高、材质变异性小的制品；由于薄板是在充分干燥后胶合，各部分的含水率均一，集成材难以产生像锯材那样的开裂和变形等；通过将品质好的薄板配置在外层等构成方式可以设计集成材的强度等级；能够制造具有拱形材等曲率的弯曲材料；胶合前可以预先将板材进行药物处理，使材料具有优良的防腐、防火和防虫性能。

集成材早在 1907 年德国就已开始生产，并用于建筑行业，在第一次世界大战期间得到了较快发展。1934 年美国开始采用层板胶合的三铰框架；1951 年日本开始建造用层板胶合的圆弧拱；1956～1958 年我国在北京、天津和哈尔滨等地采用了多种形式的胶合木构件，如胶合木屋架和胶合木框架等，积累了宝贵的经验。1959 年曾以 100 天的时间在福建建成了我国第一座大跨径（44m）胶合木公路桥梁（桥面净宽 7m）[12]。1990 年北京亚运村康乐宫嬉水乐园的网状木屋顶就采用了自行研制的胶合梁。

集成材可根据形状和使用方法等进行分类，按形状分为通直集成材和弯曲集成材，按使用环境分为室内用和室外用集成材，按承载能力可分为结构用和非结构用集成材，按表面是否装饰贴面分为素集成材和装饰集成材。日本农林规格（JAS）将宽 150mm 以上、层积方向的厚度 75mm 以上的结构用集成材称为大截面结构用集成材，以示区别；并将宽和厚度都在 150mm 以上、截面积 300cm^{2}以上的大截面结构用集成材称为甲种，没有达到该尺寸的称为乙种。结构用集成材的生产工艺流程如图 1.22 所示[13]。

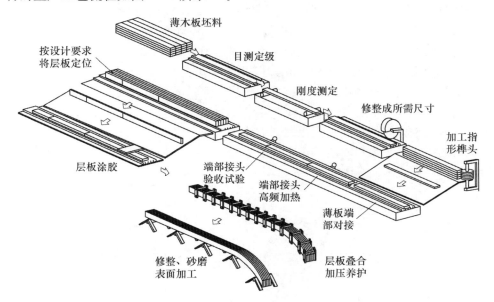

图 1.22　结构用集成材生产工艺流程图

集成材以小径料为生产原料，经过圆木切割成板材，板材烘干，制成板方条、断料、选料，指接，拼接，后续处理等一系列工序而制成具有一定宽度、厚度、长度的木材。结构用集成材对树种有要求，可按表 1.9 选用，常用的有红松、黑松、花旗松、落叶松、罗汉柏、扁柏、柏木、铁杉、西部铁杉、冷杉、鱼鳞云杉、椴松、五针松、柳杉和云杉等针叶树材，以及栎木、山毛榉、榉木、白蜡木、花曲柳、桦木、色木槭、榆木、龙脑香木和柳桉等阔叶树材。非结构用集成材对树种没有要求。木板厚度要求在 50mm 以下，含水率要求在 15% 以下。构成结构用集成材的层板层数，特级和 1 级要求在 5 层以上，2 级要求在 4 层以上。木板的品质等级与配置决定着结构用集成材的强度等级（特级、1 级和 2级）。《木结构设计规范》（GB 50005—2003）规定：层板胶合木构件应采用经应力分级标定的木板制作，各层木板的木纹应与构件长度方向一致；直线形胶合木构件的截面可做成矩形和工字形，弧形构件和变截面构件宜采用矩形截面，胶合木檩条或搁栅可采用工字形截面；木板的宽度不应大于 180mm；弧形构件曲率半径应大于木板厚度的 300 倍，木板厚度不大于 30mm，对弯曲特别严重的构件，木板厚度不应大于 25mm；胶合木桁架在制作时应按其跨度的 1/200 起拱。

制作长的集成材时，木板需要纵向接长；另外，对于去除木节等缺陷而变短的木板也要纵向接长至一定的长度。纵向接长的方法有端面平接、楔面对接和指形榫连接 3 种类型。端面平接难以得到所需要的连接强度，只允许用于非结构用集成材的木板接长。楔面对接和指形榫连接都可用于结构用集成材。制作指形榫时材料的损失较少，且从制作到胶合都采用机械完成，能够得到稳定的连接强度，目前木板的纵向接长基本上都采用指形榫连接。《木结构设计规范》（GB 50005—2003）规定：制作胶合木构件的木板接长应采用指接。用于承重构件，其指接边坡度 η 不宜大于 1/10，指长不应小于 20mm，指端宽度 b_f 宜取 0.2～0.5mm（图 1.23）。胶合木构件所用木板的横向拼宽可采用平接，上、下相邻两层木板平接线水平距离不应小于 40mm（图 1.24）。同一层木板指接接头间距不应小于 1.5m，相邻上、下两层木板间的指接接头距离不应小于板厚的 10 倍。胶合木构件同一截面上板材的指接接头数目不应多于木板层数的 1/4，并应避免将各层木板指接接头沿构件高度布置成阶梯形。

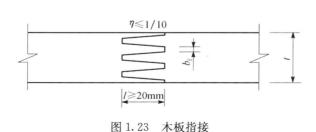

图 1.23　木板指接　　　　　　　　图 1.24　木板拼接

结构用集成材的黏结剂一般采用间苯二酚树脂黏结剂。集成材由于层积方向的厚度大，不能使用热压机那样的热压方法，因此黏结剂固化需要时间，这是集成材制造的一个大问题。当采用夹具进行加压时，夹具应有足够的刚度，并应使用压块及压板使压力均匀分散到胶合层。夹具的间距应尽量小（图 1.25）。加压压力，一般采用针叶树材 $5\sim10\mathrm{kgf/cm^2}$（$1\mathrm{kgf/cm^2}=9.80665\times10^4\mathrm{Pa}$），阔叶树材 $10\sim15\mathrm{kgf/cm^2}$ 比较适当，但应根据树种和黏结剂种类进行必要的增减。

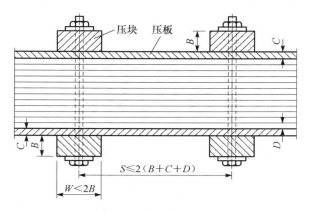

图 1.25　夹具加压方法

集成材是经过精心组坯的重组木材，其弹性模量的变异性（变异系数）一般小于结构用木材，且随截面层板数量的增加而降低。通常层板数超过 6 时其变异系数不大于 0.10。因此，当截面层板数量超过 6 时，变异系数不再按层板定级方法取值，而将集成材取为 0.10。集成材的尺寸稳定性非常好，很少出现变形和开裂。

集成材是工程木的一种，目前已被广泛应用于木结构中，尤其是大型木结构工程。通过大量的试验已经证实大截面集成材具有很强的防火灾性能，因此音乐厅、体育馆和桥梁等大型土木建筑物的骨架也开始使用集成材，集成材本来应有的结构用途受到了关注。集成材还可以用做家具部件材料，也可以在其表面贴装饰薄木作为装饰材料，用于柱、梁、门楣、门槛等建筑构件。

单板层积材（laminated veneer lumber，LVL）也称旋切板胶合木，是将按图 1.26 所示剥萝卜皮的要领从原木剥下的单板在纤维方向平行胶合层积而成的材料[3]。某些特制的 LVL，其中少数几层单板的木纹方向与构件的长度方向垂直搁置，以提高与构件长度垂直方向的强度。北美制造 LVL 的树种或树种组合为花旗松、落叶松、南方松、黄杨、西部铁杉、美国黑松和云杉。单板的厚度为 3mm 左右，从数层到数十层。虽然没有切除缺陷，但由于层积数比集成材多，木材的缺陷更加分散，材料的可靠性更高、变异性更小。单板层积材能有效地利用针叶树种人工林间伐材和根部弯曲材等小径短尺寸材，能够实现自动化生产，生产效率高，出材率也高。LVL 的生产工艺流程如图 1.27 所示[13]。

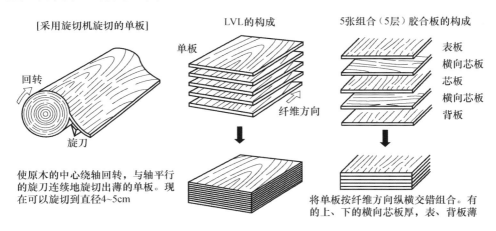

图 1.26　单板层积材（LVL）及胶合板的构成

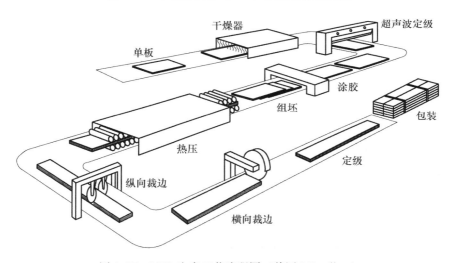

图 1.27　LVL 生产工艺流程图（美国 Microllam）

　　LVL 在生产过程中容易控制材料的特性。单板强度分等，除视觉方法外，也采用机械方法，即通过超声波求取弹性模量来推测强度。制造 LVL 时，单板纵向接口的式样及其分散方法很重要。将 LVL 最初商品化的是在美国从事桁架连接的 Maikuroramu 公司，他们采用在端部铣出斜面的高强度单板配置在上、下表层，芯层单板的端部稍微重叠搭接这种纵向连接法。较高质量的单板位于构件表面可提高构件的承载能力，同时也提高了表面的耐磨性。黏结剂一般采用酚醛树脂黏结剂。组坯时相邻单板的纵向搭接位置按错开 1in(1in＝2.54cm) 进行排列，分散薄弱部分（纵向接口），不让其集中。组坯单板进行热压成形，如果使用连续压机，可以得到很长尺寸的制品。热压如果采用高频加热，则厚 70mm 左右的厚型材料也可以制造。

LVL 由于容易把梁高做得很大，多用于纵向使用（单板呈侧立状态）的梁；在欧洲，也被用做圆球形屋顶立体构架等大型木质结构的构架材料。在北美，以 LVL 为翼、后述针叶树胶合板或 OSB 为腹板做成的 I 型梁多用于住宅和其他建筑物的梁材。此外，以 LVL 为翼、金属管网格为腹板做成的木金复合材料、桁架也已被使用。在日本，过去主要用做窗框、门框、楼梯和间柱等要求尺寸稳定性好的非结构构件材料，现在已广泛利用于 I 型梁、轻型木结构建筑物的构件、底梁、托梁、门楣、脊梁及椽等结构用途。

单板条层积材（parallel strand lumber，PSL；Parallam）又称单板条胶合木或平行木片胶合木，是将宽 20mm 前后的单板条按纤维方向排列用酚醛树脂胶合成形的材料。单板条层积材由加拿大麦克米伦·波洛德尔（MacMillan Bloedel）有限公司发明，1986 年正式成为专利产品，商品名称为 Parallam PSL，该产品在北美木结构中占有重要的市场份额。PSL 的生产工艺流程如图 1.28 所示[13]。

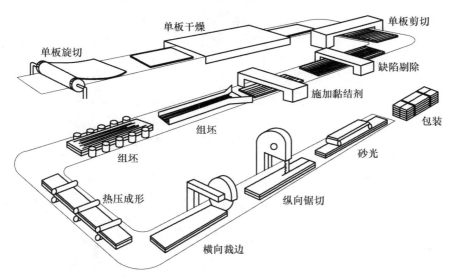

图 1.28　PSL 生产工艺流程图（美国 Microllam）

加拿大和美国采用花旗松、南方松和黄杨的旋切单板为主要原料制作 PSL。单板可以直接从原木旋切获取，也可以从单板工厂获取，单板的标准规格尺寸为 3.2mm×1.2m×2.4m。单板干燥到要求的含水率后，剪切成宽约 19mm 的单板条，其最大长度不超过 2.4m；在剪切过程中不可避免地会产生一些短的单板条，这些短单板条也可以用来制作 PSL。原木刚开始旋切时所产生的不完整的单板，也都可以用来制作 PSL。因此，PSL 提高了原木制作结构构件的利用率。

单板条应有足够的强度且长度不小于 305mm，这由缺陷剔除工段来保证。其原理是：在传送单板条的传送带之间设置间隙，单板条必须逐一跨越这些间隙才能到达下一工序，其中的短单板条则掉落至传送带下面的废料收集器中，强度小的单板条也会因自重而折断掉落。

黏结剂采用酚醛树脂黏结剂，可以采用辊筒式涂胶机进行涂胶，也可以将单板条浸入黏结剂中，多余的胶液可用高压气流去除。施胶后的单板条平行地平铺成连续的板坯，铺装时相邻各单板条的接头要求彼此错开。在单板条的传送过程中，配备了质量监测与控制装置，操作人员可以精确地控制板坯的质量。PSL一般采用微波加热方式的连续热压，可以生产 30cm×60cm 左右大截面、长度不限的材料。产品长度按运输的限制（20m）或工程需要进行锯切，最后进行砂光后包装出厂。

PSL 产品的含水率通常规定为 8%～12%。PSL 的力学性能可优于同树种制造的 LVL，适宜于木结构住宅的横梁和立柱，在轻型木结构中用于各种过梁，在重型木结构中可用于中等或大截面构件。PSL 同样可以进行防护剂处理，并能渗入足够的深度。采用螺栓或钉连接时，PSL 的侧向承载能力和钉的抗拔力均可与密度为 0.5 的花旗松相当。耐火试验表明，PSL 的碳化率和火焰扩展等级可视同锯材。

重组木（scrimber）即为重新组合而成的木材，也称为重组强化木。它是在不打乱木材纤维排列方向、保留木材基本特性的前提下，将小径级木材、枝桠材等低质木材重新组合制成的一种强度高、规格大、具有天然木材纹理结构的新型木材。它不但保留了木材自身的特点，而且消除了木材固有的缺陷，产品性能优于天然木材[14]。木材利用率可达到 85% 以上，具有很好的经济效益。该产品的出现，对缓解木材特别是大径级结构用材的紧张局面开辟了一条新途径。

重组木最早于 20 世纪 80 年代在澳大利亚开始工业化生产，随后在许多国家得到了生产与应用。由于其工艺与设备还不完全成熟，在工业化生产中遇到了许多需要进一步研究解决的难题，但其前景很好。重组木是利用小径级劣质木材、间伐材和枝桠材等经碾搓设备加工成横向不断裂、纵向松散而又交错相连的大木束，再经干燥、施胶和组坯后热压胶合而成的制品。其生产工艺流程如图 1.29 所示。

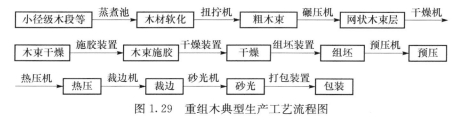

图 1.29　重组木典型生产工艺流程图

　　重组木对木材原料的基本要求是易于裂解分离。原料来源主要为速生小径材（直径一般在 8～16cm 的细长材最佳）、抚育间伐材和制材边角料及枝桠材等。材龄一般要求 4～8 年。辐射松、马尾松、湿地松和杨木等都适合于加工重组木。湿的针叶树材可不经蒸煮直接进行解离，而干材和阔叶树材需蒸煮软化后才能进行解离。带皮木材对产品强度影响不大，但外观颜色较差。

　　小径木碾开的方法多种多样，有扭转、碾压、锤打、冲击和刺穿等，这些方法可以单独使用，也可以结合起来实施。目前辊压因最简单、最实用而备受青睐。小径木反复通过一对单级压辊就可以达到满意的效果，而采用多级压辊可以源源不断地产出"木束"，生产效率高，且效果更佳。为了更好地解离，在辊压之前可采用扭拧装置使木段两端头反向扭转，使木段上的纤维产生滑移而开裂成疏散状的粗木束。评价木材解离方法的好坏，主要看天然纤维破坏程度的大小，即木材原有性能的保留情况，以及网状纤维束分布的均匀程度。

　　含水率过高对施胶效果有不利的影响，因此必须对网状纤维束进行干燥，一般在 100℃下干燥 10～30min 即可满足要求，使含水率控制在 8％～15％范围。

　　制造重组木所使用的黏结剂可以是酚醛树脂、脲醛树脂和间苯二酚树脂黏结剂，也可采用异氰酸酯树脂黏结剂。对网状纤维束施胶的方式有两种，一种是喷雾法，如日本采用旋转圆筒喷胶法；另一种是采用浸胶法，将网状木束在固体含量为 5％～35％的胶液中浸泡 5～20s 即可，浸胶后应采用压缩空气喷除多余的胶液。施胶量一般为 5％～12％。施胶后的网状木束应进行干燥，一般在 35～40℃温度下干燥约 20min，这样既可缩短热压时间，也可防止因水分过高引起鼓泡或分层。

　　干燥后的网状木束经组坯后即可进入热压机进行热压成型。根据重组木的用途不同，组坯时网状木束可以同方向定向铺装，也可以像胶合板一样相邻层垂直定向铺装。板坯铺装质量的好坏直接影响产品的力学性能及其外观，定向性能好且铺装均匀的自动化铺装设备的研究开发，是实现重组木工业化生产的关键之一。目前，网状木束定向铺装机还需进一步研究完善。为了减小板坯的厚度，一般采用预压。热压方式可以采用周期式，也可以采用连续式，若采用高频加热可以显著缩短热压周期，提高产品质量。

　　重组木的机械加工性能良好，几乎不产生任何变形，其密度可人为控制，产品稳定性好。产品用途广泛，可用做屋顶截面桁架、室内可见桁梁及室内装饰材等，也可用于家具制造。重组木是适合我国国情的新型木结构用材，具有很好的发展前景，但需要加大力度开发适合国内原料的碾搓工艺与设备和定向铺装等设备。

　　长条刨花胶合木（laminated strand lumber，LSL）又称层叠木片胶合木，是将厚 0.9～1.3mm、宽 13～25mm、长约 300mm 的长条形刨花（木片）经干燥和搅胶后，刨花按同一个方向铺装成板坯，然后加热、加压而成的制品。它是加拿大麦克米伦·波洛德尔（MacMillan Bloedel）的一项专利产品，20 世纪 90年代以商品名 Timber Strand LSL 进入市场，现由惠好集团的 Trus Joist™公司生产。生产 LSL 的目的是为了使用利用率不高的速生阔叶树种（如白杨）制造结构材来代替某些大截面的锯材。其生产工艺流程如图 1.30 所示[13]。

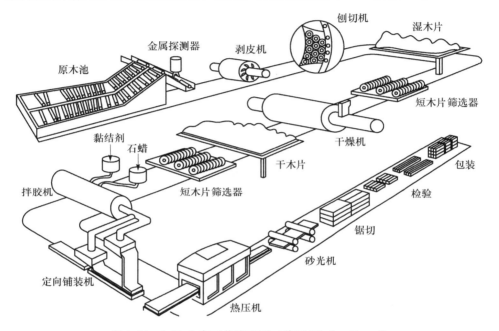

图 1.30　LSL 生产工艺流程图（美国 Timber Strand）

木段应浸泡在热水槽中，使其软化以便剥皮和刨切，减少切削时产生的碎屑；剥皮后的木段进入盘式刨片机，以获得所要求的木片（刨花），尺寸过小的木片及碎屑通过筛选器去除；湿木片进入圆筒式干燥器中干燥至含水率 3%～7%；干木片进入搅拌器（拌胶机）中与黏结剂和石蜡乳液均匀混合，黏结剂一般采用异氰酸脂（MDI）黏结剂；施胶后的木片通过定向铺装机铺装成木片长度方向与板材长度方向一致的宽为 2.4m、长为 10.7m 或 4.6m 的板坯，板坯厚度（或质量）的均匀性由自动检测与控制装置在线监控；板坯进入热压机中在一定的温度和压力下使黏结剂固化成型，为了使厚度较大的板坯其中心层能迅速地达到黏结剂快速固化的温度，通常采用喷蒸热压，这不仅能大大缩短热压时间，而且能使产品的断面密度更加均匀；热压成型的毛坯板材经纵、横裁边后按标准尺寸或工程所需尺寸锯切，然后砂光；最后采用非破坏试验检验合格后包装出厂。

LSL 可以代替某些大截面的锯材，其构件尺寸宜与实际用途相适应，生产时应尽量满足定做尺寸的要求。常规产品尺寸规格为厚 14cm、宽 1.2m、长

14.6m。为了保证 LSL 产品具有稳定的性能，防止出现变形，其含水率应控制在 6%～8%。在轻型木结构中，LSL 适宜于车库大门的横梁、门窗的过梁、墙体中的墙骨及边框板；在传统木结构房屋中，LSL 可替代锯材做立柱使用。

大片刨花胶合木（oriented strand lumber，OSL）又称定向木片胶合木，是将大片刨花按纤维方向排列铺装后用异氰酸脂黏结剂采用喷蒸热压成型的厚型材料。其生产工艺类似于 LSL，但刨花（木片）尺寸比 LSL 的小，刨花厚0.8mm、宽 13mm、长 100mm（只有 LSL 刨花的 1/3）。原料树种为白杨、黄杨或南方松，也可以采用白杨与冷杉和松木小径材混合。这种结构复合木材可制成高厚比较大的构件，厚度可超过 30mm。OSL 构件具有高于实木的剪切与弯曲的强度比，适宜用于短跨度的大门横梁和构成楼盖周边的边框板。

现在，PSL 和 LSL 及 OSL 都已在北美生产。PSL 和 LSL 主要用做建筑物的骨架材料，OSL 主要用做家具、窗框等非结构用材。集成材、LVL 及单板条层积材如图 1.31 所示。这些材料不管是做结构用还是非结构用，都作为骨架材料使用。

（a）集成材　　　　　　（b）LVL　　　　　　（c）单板条层积材

图 1.31　各种结构用木质骨架材料

胶合板（plywood）虽然所使用的原料是和 LVL 相同的单板，但它是单板纤维方向相互垂直组坯层积胶合而成的（图 1.26）。层积数少，一般为 5 张单板组成（5 层），也可以生产 3 层、7 层等。木材的纵向（纤维方向）强度比其垂直方向的强度大十几倍。LVL 是把单板按纤维方向排列发挥其纵向强度的一维定向材料，与此相对，胶合板是给予板面全体具有平均强度的二维定向材料。过去普遍使用的柳桉胶合板，无论作为结构构件材料还是作为二次加工用基材，其强度、尺寸稳定性及表面平滑性都具有非常优异的特性。但现在由于适合胶合板的优质木材基本枯竭及热带雨林保护等问题，从资源和环境两方面考虑，结构用胶合板的生产都将越来越困难。为此，可以预料，今后将逐渐向针叶树胶合板和以下所述木质板材或由它们组合的复合板材转移。我国近十几年来在人工速生林杨木的种植方面取得了可喜的成绩，目前速生杨木胶合板年产量已达 $5000 \times 10^4 m^3$，稳居世界第一。但速生杨木胶合板作为结构用材，还需要更进一步的研究。

定向（大片）刨花板（oriented strand board，OSB）也称定向木片板，是将长度 10cm 前后的大片或长条刨花定向铺装，且表层和芯层垂直配置胶合成型的板材。类似的板材有华夫板（刨花没有采用定向铺装）。OSB 问世于 20 世纪 70 年代末，其生产对原料的要求远低于胶合板，不需要大径级的优质材，直径 8cm 以上的小径材、间伐材和次小薪材均可作为生产原料。其中，以软阔叶材为佳，如新鲜的人工速生林杨木、桉木等，其刨片质量好，生产成本低。OSB 的生产工艺流程如图 1.32 所示[15]。

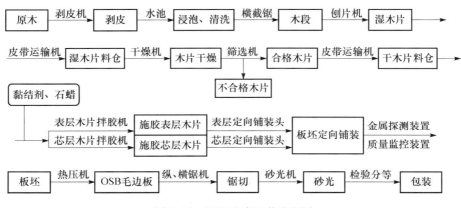

图 1.32　OSB 生产工艺流程图

制造 OSB 的原料以新采伐的原木为佳，原木应浸泡在热水池中进行软化，以减少在切削过程中产生的碎片和细长条的数量。制造 OSB 的木片（刨花）规格约为厚度 0.8mm、宽度 13mm、长度 100mm，一般采用盘式刨片机生产。碎片和微粒由筛选机去除，但在有些工厂将碎片回收用于芯层，在定向木片间掺入一定量的碎片有利于填补木片间的间隙，提高产品的内结合强度。木片在后续工序和运输过程中均应注意尽量不让其产生破损。湿木片进入干燥器中干燥至含水率 3%～7%，最好选择单通道转筒式干燥机，借助于转筒较低的气流速度和转筒旋转的联合作用，使长大刨花形成螺旋式轨迹向前运动。低速气流产生浮力，使刨花间产生软碰撞和摩擦，能确保长大刨花不易破碎。经筛选后的合格干木片储存于干木片料仓。OSB 生产线宜选用高度不大的卧式料仓。

OSB 一般采用三层结构，表层与芯层的厚度比为 60：40～40：60。有些工厂表层使用较大的木片，而芯层使用较小的木片，但也有的工厂表层和芯层使用相同的木片。表层和芯层木片可以使用相同的黏结剂，也可以使用不同的黏结剂。结构用 OSB，一般表层木片采用酚醛树脂黏结剂，而芯层使用异氰酸酯（MDI）树脂黏结剂。芯层木片使用 MDI 黏结剂能够缩短热压时间，提高产品的内结合强度，但 MDI 黏结剂容易黏附于钢板或钢带，不易去除，且价格较高。如果表层和芯层使用不同的木片或采用不同的黏结剂，则表层和芯层的木片需分别施胶。为了改善产品的防水性能，在施胶的同时添加质量比为 1.5％的热石蜡。OSB 的长大木片（刨花）比表面积小，大约为普通刨花板刨花的 1/10，刨花形状大而薄，流动性能差，OSB 施胶方式宜采用中空滚筒式拌胶机，滚筒的速度要小于刨花的临界速度。采用无气雾化方式喷胶最好，筒内无多余气流。

对于 3 层结构的 OSB，板坯铺装采用 3 个定向铺装头，即由前、后配置的两个铺装头分别定向铺装上、下表层的木片，使木片的长度方向与产品的长度方向一致；而置于中间位置的铺装头定向铺装芯层的木片，使木片的长度方向与产品的长度方向相垂直。有的 OSB，其芯层的木片不采用定向铺装，而是采用完全随机铺装。定向铺装的形式有静电定向和机械定向，OSB 板坯定向铺装一般采用机械定向形式中的圆片盘定向装置或旋转叶片定向装置。

铺装好的板坯进入热压机在温度和压力的作用下成型，毛边板经纵、横锯锯切成标准规格尺寸或定制的尺寸，然后堆垛 24h 进行养护，利用板材内积聚的热量使黏结剂充分固化。最后经砂光、检验合格后包装入库。

OSB 具有抗弯强度高、膨胀系数小、握钉力强、有较好的尺寸稳定性且耗胶量低等优点，其力学性能明显高于普通刨花板，与结构胶合板接近，可广泛应用于包装业、建筑业、车船制造业、家具制造业等领域。在北美，OSB 作为替代结构用针叶树胶合板的材料使用，其需求急速增长。OSB 的抗剪强度比胶合板高 2 倍，因此可用于 I 形梁的腹板；剪力墙的强度是由握钉力控制的，因此胶合板和 OSB 均可较好地用于剪力墙构件。我国湖北宝源木业有限公司也已于 2010 年开始利用人工速生林杨木生产 OSB，其产品不但可用于轻型木结构剪力墙的覆面板，也可以作为墙骨材料使用，具有很好的应用前景。

结构用胶合板、OSB 及后述刨花板，用于构成垂直或水平箱形截面的抗剪构件材料、骨架空心板的接头材料、I 形梁的腹板材料、木框架或木桁架的连接板等木质结构的主要承载构件材料。这些结构用板，多用于轻型木结构和木质装配式集成结构（预制结构），最近在梁、柱结构上的使用也有所增加。

预制工字形木搁栅（prefabricated wood I-joist）是用实木或单板层积材（LVL）和长条刨花胶合木（LSL）等结构复合木材做翼缘，定向刨花板（OSB）或结构胶合板做腹板，采用耐水黏结剂胶合而成的工字形搁栅。20 世纪 70 年代，预制工字形木搁栅就已成功地应用于住宅和商业建筑工程中，通常用来取代大截面的实木搁栅。工字形木搁栅的生产工艺因制造商不同而有所不同，其常用的生产工艺流程如图 1.33 所示[16]。

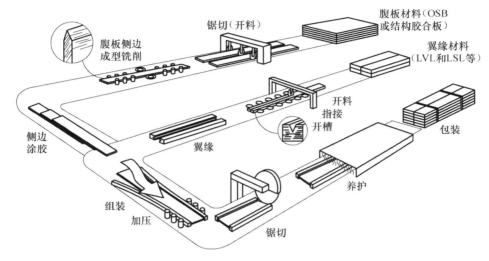

图 1.33　预制工字形木搁栅生产工艺流程图

　　工字形木搁栅的关键部位是翼缘与腹板及腹板长度方向的接头。翼缘与腹板的接头形式多种多样，且出现了不少受专利保护的接头形式。常用的是在翼缘底面沿中线开槽，用以插入腹板，槽的形状和尺寸因制造工艺不同而异，关键在于槽口应有足够的接触面，当构件承载时能通过胶缝将纵向的剪应力从翼缘传递至腹板，而翼缘本身的强度不致过度削弱。腹板表面的木片（刨花）或单板的木纹方向与构件长度方向垂直，腹板长度方向的接头形式主要采用斜接或企口接头，也可以采用对接或指形接头，腹板的上、下边缘应按翼缘与腹板连接的槽口形状和尺寸加工，达到与翼缘的有效配合。当需用的工字形木搁栅较长而翼缘材料不够长时，翼缘可采用指形接头将其接长。预制工字形木搁栅可以做成上、下翼缘平行的等截面工字形搁栅，也可以做成上翼缘为单坡或双坡的变截面工字形搁栅。用于翼缘的锯材、LVL 或 LSL 其含水率应控制在 8%～18%，而用于腹板的 OSB 或结构用胶合板其含水率应控制在 5%～10%。接头所用黏结剂一般采用酚醛间苯二酚树脂或酚醛树脂黏结剂，也可以采用 MDI 黏结剂。接头胶合时应通过加压使构件相互紧密接触，并应置于 21～65℃ 的养护室中养护至黏结剂充分固化。

　　工字形木搁栅由于截面形状合理，具有强重比（强度与重量之比）较高、截面尺寸稳定性较好及力学性能变异性较小等特点，已成为工厂化生产的木质构件产品。

　　刨花板和中密度纤维板。以小木片（刨花）、纤维为构成单元的刨花板和密度为 0.35～0.80g/cm³ 的中密度纤维板（medium density fiberboard，MDF），作为用刨切薄木和浸渍纸或合成树脂膜贴面的装饰用基材，正逐步替代柳桉胶合板。特别是 MDF，由于表面平滑，材质细密，雕刻加工、曲面加工和端面加工质量优良，作为家具用材的基材、门框、装饰条和墙裙板等装修用材，其需求量正急速增加。

这些木质板材的制造，从小木片或纤维的制作→干燥或喷涂黏结剂→组坯→热压成型的一连串工程都能自动进行，在木材工业中最具装备产业化的生产形态。各种胶合板、OSB、刨花板及 MDF 如图 1.34 所示。

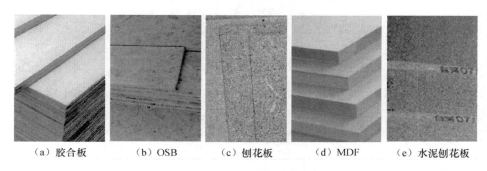

　（a）胶合板　　　　（b）OSB　　　　（c）刨花板　　　　（d）MDF　　　　（e）水泥刨花板

图 1.34　各种木质材料

软质纤维板和硬质纤维板。密度 $0.35g/cm^3$ 以下的纤维板，叫做软质纤维板，除用做榻榻米板外，还作为隔热或吸声材料用于天花板和内墙装饰材料，也可以浸渍沥青后作为隔断板用做地板的垫板。密度 $0.80g/cm^3$ 以上的纤维板，叫做硬质纤维板，常被作为住宅的外墙材料（上涂料）和铺底材料使用，由于容易成型加工，混合长纤维后可做成汽车内装材料。软质纤维板和硬质纤维板过去一般都采用湿法（wet process）制造，即都是以水为介质得到湿的板坯，前者再经干燥而成，后者为对其热压而成。而 MDF 与 OSB 和刨花板一样采用干法（dry process）制造，即采用添加了黏结剂的纤维以空气为介质成型为板坯。硬质纤维板也可以采用干法制造，现在我国越来越多地采用干法制造硬质纤维板（或称为高密度纤维板）。湿法生产纤维板可以不添加黏结剂，但由于产生大量的废水，容易造成对水资源的污染，有被淘汰的趋势。

制造木质材料（我国木材工业行业内部习惯称为人造板）时，为了使各种构成单元很好地胶合成型，对应其用途应使用适合的黏结剂，它是决定木质材料耐水性能和耐久性能的重要因素。结构用集成材过去一般使用可常温胶合的间苯二酚酚醛树脂。近年来，水性高分子异氰酸酯树脂黏结剂由于操作容易，在集成材（含装修用集成材）中得到了越来越广泛的应用。构成单元比单板小的材料使用热固性树脂黏结剂，即结构用木质材料使用酚醛树脂、异氰酸酯树脂和三聚氰胺树脂或其共缩聚树脂，非结构用木质材料使用脲醛系树脂。

无机系复合板中，水泥刨花板因其耐气候性、尺寸稳定性、防腐防虫性及防火性与其他木质板相比特别优越，已广泛地用做外墙材料。作为内装材料，主要开发了石膏刨花板和石膏纤维板，都已正式生产。

3. 木质材料开发方向

木质材料开发，正逐渐向小构成单元的方向发展。一般来说，构成单元越小，缺陷就越分散，材料越均匀，材质越稳定，可靠性就越高。从生产方面来看，构成单元越小，资源利用率就越高，即制品的出材率就越高，且越容易实现工程的自动化，节约劳动力。

因此，今后木质材料的开发，必须满足高出材率、生产自动化、加工能耗少等生产技术上的必要条件；同时，利用低质材、人工林速生材开发品质优越、性能可靠的木质材料。事实上，从近 20 年开发的工程木来看，都主要集中于把从单板到刨花进行定向排列的材料上，即可以说是开发既满足制造加工上的必要条件又满足制品品质上的必要条件的材料。

将来可望开发把单板废料疏解成纵、横相连呈帘状的木束帘单板像 LVL 或胶合板那样层积胶合而成的材料，即木束帘胶合木（stick lumber）和木束帘胶合板（stick plywood）的开发；再者就是定向刨花板（不是 OSB，是对普通刨花或碎料进行定向铺装）、定向 MDF 和定向水泥刨花板等定向性材料的开发。

我国已成为人造板生产大国，2010 年人造板总产量达 $15360.83 \times 10^4 m^3$，接近世界总产量的 50%。其中，胶合板 $7139.66 \times 10^4 m^3$，占总产量的 46.48%；纤维板 $4354.54 \times 10^4 m^3$（其中 MDF$3894.24 \times 10^4 m^3$，占 89.43%），占 28.35%；刨花板 $1264.20 \times 10^4 m^3$，只占 8.23%；其他人造板 $2602.43 \times 10^4 m^3$（其中细木工板占 43.49%），仅占 16.94%。目前胶合板主要采用速生人工林杨木制造，产量虽然很大，但主要用于水泥模板和家具制作与室内装修，结构用胶合板几乎还没有生产；刨花板产量虽然较小，但已有大型生产线利用速生人工林杨木生产 OSB，产品可用于轻型木结构；集成材、LVL 和重组木也已有生产，但规模均还很小；PSL 和 LSL 等我国目前还处于研究阶段，没有实现工厂化生产。随着我国木结构建筑的发展，木质结构用材的需求将不断增加，结构用胶合板、OSB、集成材、LVL、重组木、PSL 和 LSL 等必将得到较快的发展。

1.2.2　木质材料的性质

1. 木质材料的力学性质

木质材料的力学性质，主要受纤维定向度及密度的支配。图 1.35 表示各种木质材料构成单元的纤维排列方向的静曲强度与密度的关系[3]。为了便于比较，图中给出了原料树种木材的静曲强度，但由于其离散度很大，只用直线表示了其平均静曲强度。由图可知，木质材料的静曲强度都随密度的增加而增大；集成材和胶合板等定向材料的静曲强度，与同密度的刨花板和纤维板等非定向材料相比要大好几倍；水泥刨花板和石膏刨花板等无机系复合板的静曲强度，与非定向木质板相比更低。木质材料的弹性模量，大致也有静曲强度同样的倾向。

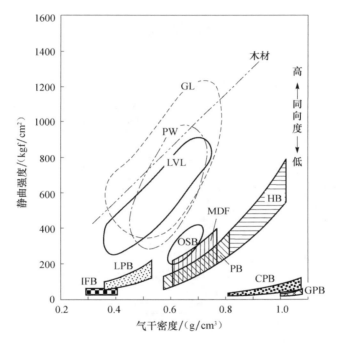

图 1.35　木质材料纤维方向的静曲强度与密度的关系

GL-集成材；LVL-单板层积材；PW-胶合板；OSB-定向长条刨花板；

MDF-中密度纤维板；LPB-低密度刨花板；IFB-软质纤维板；PB-刨花板；

HB-硬质纤维板；CPB-水泥刨花板；GPB-石膏刨花板

　　一般来说，集成材和 LVL 等一维定向骨架材料，与胶合板和 OSB 这些二维定向平面材料相比，静曲强度更大。骨架材料的平均静曲强度按同密度进行比较，大致为锯材≈集成材≥LVL。但如后所述，由于薄木板和单板的层积效果，使得其缺陷被分散、强度值的离散度减小，材料设计强度（95％下限值）的顺序就反过来了，即 LVL≥集成材≥锯材。

　　图 1.35 中，胶合板的静曲强度分布范围之所以大，是由于单板层积数不同其同向度不同的缘故。例如，3 层胶合板由于面板所占比率大，同向度高，结果

纤维方向的强度大；而 7 层胶合板其同向度下降，纤维方向的强度就降低。

　　表 1.13 表示结构用骨架材料之一的 LVL 的力学诸特性。表中显示出 LVL 的高性能数值，如静曲强度的变动系数在 14% 以下，仅为锯材的 2/5 左右。因此，LVL 的许用应力可以为锯材的 2 倍。另外，由表可知，LVL 的静曲强度及纵向抗压强度比纵向抗拉强度大。这表示拉伸破坏对组织上的缺陷敏感。同样的倾向不只是表现在锯材、集成材、LVL 和单板条层积材等骨架材料上，木质板材上也可以看到。

表 1.13　　单板层积材（LVL，花旗松）的力学特性

性　　质	单　　位	方　　向	平均值（变动系数%）
密度	g/cm³	—	0.60(5.6%)
弹性模量	×10³kgf/cm²	水平	149(9.8%)
		垂直	140(8.1%)
静曲强度	kgf/cm²	水平	765(13.7%)
		垂直	637(11.1%)
纵向拉伸弹性模量	×10³kgf/cm²	—	169(9.1%)
纵向抗拉强度	kgf/cm²	—	466(12.2%)
纵向抗压强度	kgf/cm²	—	473(6.0%)
横向压缩弹性模量	×10³kgf/cm²	水平	4.10(16.8%)
		垂直	4.48(14.1%)
比例极限时的横向压缩强度	kgf/cm²	水平	37(16.8%)
		垂直	430(10.3%)
水平抗剪强度	kgf/cm²	水平	53(10.2%)
		垂直	72(8.8%)

　　注：此表引自日本 LVL 协会，1991。

　　一般来说，层积材料的强度分散遵循中心极限定理，其标准离散度与层积数 n 的 1/2 次方成反比，这一点已通过试验得到了证实[17]。

　　木质结构中，剪力墙和楼盖骨架等，大多采用在木材做成的框架上钉面板，构成水平或垂直箱形截面结构来抵抗水平荷载。这时，木质面板所要求的主要性能为面内剪切刚度和与木材框架的钉连接性能；另外，由于楼盖骨架承受垂直荷载，其抗弯性能也很重要。

　　表 1.14 表示了这种结构用板材的力学性能[18]。其中，针叶树材胶合板为 3 层，与 5 层的柳桉胶合板相比，同向度大。胶合板的静曲强度大、弹性模量大、耐水性能好，但抗剪性能较低，只有刨花板或华夫板（OSB）的 1/2 左右。根据由钉接合面（将面板钉在框架上）的抗剪试验所得到的握钉力来看，其值并不一定与剪切弹性模量相关联：柳桉胶合板和刨花板的握钉力都很大，而华夫板的握钉力反而最小，只有柳桉胶合板或刨花板约 1/2 的值。

表 1.14　木质板材的力学性质

性　　质		单　位	柳桉胶合板	针叶树胶合板	华夫板	刨花板
厚度		mm	9	9	12	12
密度		g/cm³	0.78	0.54	0.66	0.83
气干时	含水率	%	12.6	12.0	10.4	10.4
	弹性模量（∥）	$\times 10^3$ kgf/cm²	98.9	84.7	54.3	33.4
	弹性模量（⊥）	$\times 10^3$ kgf/cm²	51.9	10.2	27.4	23.2
	静曲比例极限（∥）	kgf/cm²	407	423	141	113
	静曲比例极限（⊥）	kgf/cm²	331	72	115	74
	静曲强度（∥）	kgf/cm²	748	805	233	165
	静曲强度（⊥）	kgf/cm²	589	116	222	118
	剪切弹性模量	$\times 10^3$ kgf/cm²	7.4	9.5	16.6	13.4
	握钉力	kgf/cm	1149	864	623	1138
湿润时（吸水 24h）	含水率	%	40.8	28.9	28.9	28.6
	弹性模量（∥）	$\times 10^3$ kgf/cm²	58.3	56.7	29.0	16.9
	弹性模量（⊥）	$\times 10^3$ kgf/cm²	34.2	6.1	14.8	12.0
	静曲比例极限（∥）	kgf/cm²	330	194	86	61
	静曲比例极限（⊥）	kgf/cm²	269	42	79	36
	静曲强度（∥）	kgf/cm²	424	437	131	109
	静曲强度（⊥）	kgf/cm²	468	94	158	76
	剪切弹性模量	$\times 10^3$ kgf/cm²	6.0	7.0	9.6	7.0
	握钉力	kgf/cm	518	741	378	482

2. 木质板材的尺寸稳定性

图 1.36 表示了各种木质板材采用 24h 吸水试验的尺寸稳定性。木质板材的吸水厚度膨胀率受板材压缩率（板材密度/原料密度）、黏结剂种类及其添加率等的影响。由图可知，非定向结构的木质板材的吸水厚度膨胀率，与板材的密度基本上为一直线关系，说明板材压缩率对吸水厚度膨胀率的影响很大。图中的 OSB，由于使用了轻质的白杨树材为原料，板材的压缩比大，又由于使用粉末酚醛树脂黏结剂，其添加率低（2%～3%），故其吸水厚度膨胀率最大。但如果使用液体酚醛树脂黏结剂或异氰酸酯树脂黏结剂，并采用喷雾施胶的方法，OSB 的吸水厚度膨胀率可大大减小。而对于胶合板，由于整个面都涂胶，单板间紧密接触，且由于采用层积结构其压缩率不大，其吸水厚度膨胀率可控制到木质板材类的约 1/2。对于无机系复合板材，由于木质部分的压缩率小，且水分不容易进入板材内部，故其 24h 吸水厚度膨胀率极小。

图 1.37 表示各种木质板材表层纤维方向 24h 吸水线膨胀率。由图可以看出定向结构材料的性能优越，胶合板的吸水线膨胀率最小，OSB 次之。这主要是

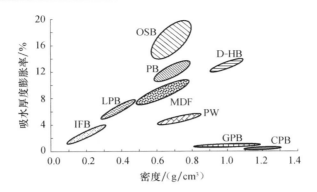

图 1.36　各种木质板材的 24h 吸水厚度膨胀率

PW-胶合板；OSB-定向长条刨花板；PB-刨花板；LPB-低密度刨花板；D-HB-干法硬质板；

MDF-中密度纤维板；IFB-软质纤维板；CPB-水泥刨花板；GPB-石膏刨花板

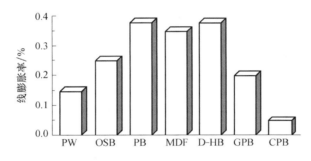

图 1.37　各种木质板材 24h 吸水线膨胀率

由于木材纤维方向的吸水膨胀率远比径向和弦向小（纤维方向只有横向的 1/5～1/10）的缘故。不过需要注意的是，这些值都是表层纤维方向的值。非定向结构的刨花板和纤维板板面长度方向的吸水线膨胀率为 0.35%～0.40%，是胶合板的 2 倍以上。水泥刨花板的吸水线膨胀率，与胶合板相比稍大一点。

1.2.3　木质材料的二次加工

我们在加工和制造木质制品时，根据使用的要求或目的，常常需要对各种木质材料进行各种再加工，即二次加工，常用的有切削、胶合及接合、涂饰和贴面等。近年建筑用构件材料和家具用构件材料等的种类越来越多，同时其形状也多种多样；各种木质材料与装饰纸或氯乙烯膜等装饰材料复合后使用 V 形切削加工方法和包覆技术或真空成型的立体装饰与加工技术等的应用也越来越普及；不用装饰膜而直接在木质材料表面转印图形的技术也得到了开发与应用；过去在基材表面直接印刷的方法也因技术进步而得到了改进。

以胶合板、刨花板和 MDF 等为基材，在其表面以装饰单板、装饰纸（印刷纸）、热固性合成树脂浸渍纸和氯乙烯膜等进行覆面，称为贴面。使用木纹印刷纸的建材用装饰板，有木纹胶合板、高压或低压三聚氰胺装饰板、邻苯二甲酸二丙烯树脂装饰板、聚酯树脂装饰板等，这些都是平面性的装饰板。另外，氯乙烯膜与纸不同，由于容易加工，能够进行各种后加工，从经济成本及加工性能方面考虑，已成为部件材料加工的中心方法。

木质材料二次加工具有美化、保护、强化和封闭等作用，即提高木质材料表面装饰性；防止水分和霉菌等进入板材内部引起膨胀、变形和发霉，防止紫外线等造成的老化；使木质材料表面具有耐磨、耐热、耐烫、耐划和耐污染等理化性能；防止板内甲醛等有害气体的释放。

1）薄木贴面

薄木贴面是将具有美丽木纹的天然薄木或人工薄木贴于木质材料表面的一种装饰方法。直接利用天然珍贵树种经刨切、旋切或锯切制成的薄木叫做天然薄木，将实木单板经染色、集成、组合和复合等手段制作的仿珍贵树种木纹薄木统称为人工薄木。由于薄木保留了木材的优良特性（不破坏木材的微观构造），薄木贴面备受欢迎。

厚度 0.3mm 以下的天然薄木装饰单板（刨切薄木），在湿润状态下粘贴到涂布了脲醛树脂或混合了醋酸乙烯树脂的黏结剂的基材上进行热压；而厚度 0.3mm 以上的刨切单板，则干燥至比基材低的含水率（7%～8%），用黏度较高的脲醛树脂黏结剂热压或冷压胶合到基材表面上。20 世纪 80 年代中期，日本的薄木湿贴技术传入我国。水曲柳贴面曾流行数十年，90 年代中期逐渐被欧洲山毛榉替代，2000 年后又逐渐被白栎木、红栎木、胡桃木、枫木、塞比里等北美、南美及非洲树种替代。2010 年我国装饰单板（薄木）贴面人造板产量为 $5×10^9 m^2$，主要用于家具制造、地板、室内装修、木门制造等方面。

名贵的天然木装饰单板越来越接近枯竭，因此从 20 世纪 30 年代开始就开发了人工木纹装饰用单板，也称为重组装饰材（reconstituted decorative lumber）、人造薄木和科技木。它是经人工林或普通树种木材的旋切（或刨切）单板为主要原材料，采用单板调色、层积胶合、模压成型等技术制造而成的一种具有天然珍贵树种木材的质感、花纹和色调等特性或其他艺术图案的新型木质装饰材料。

我们可以把由装饰单板层积胶合而成的人造木方及其所形成的木纹，看做地图的立体模型及其等高线（图 1.38），通过用 CAD/CAM 进行花纹设计，就可以制作出在刨切的人造单板表面出现所需要的花纹的模型（人造木方），从而再现名贵木材的木纹[19]。即首先使用早、晚材不明显的木材用旋切机制取单板，部分单板用过氧化氢和次氯酸钠对其进行脱色，并

图 1.38　人造木方的木纹

用酸性染料或直接染料染色成所希望的材色；之后，为了形成木纹或花样，将其没染色单板与染色单板或无纺布等进行组合，涂布着色或不着色的黏结剂，在能再现木纹的模型上层积后压缩胶合成方料；然后再对其进行刨切，就得到了人工木纹单板。这些被常用做天花板和楼面板的装饰单板。

我国 20 世纪 80 年代开始研制人造薄木，1994 年苏州维德集团开始大量生产科技木，2000 年后全国已陆续有数十家企业生产人造薄木。2010 年全国产量已达 $100 \times 10^4 \mathrm{m}^3$。

2）装饰纸贴面

装饰纸贴面是将印刷有木纹或图案的装饰纸覆贴于基材表面的一种装饰方法。

用于中密度纤维板或胶合板贴面的木纹装饰纸采用 $23 \sim 40 \mathrm{g/m}^2$ 的薄页纸，有的只印刷了木纹，有的印刷木纹后在其表面涂覆树脂而成为涂膜纸（或称为预油漆纸），以增加其附加价值。只在基材上贴印刷纸时，大多使用脲醛树脂或醋酸乙烯树脂黏结剂，经滚压贴合后采用平板压机热压的方式（快速方式）。使用脲醛树脂黏结剂时，树脂会从装饰纸的里面浸透到表面，性能很好。涂膜纸所用的树脂，使用丙烯聚氨酯树脂和氨基改性醇酸树脂等，采用表面滚涂的方式进行涂覆[20]。

为了使装饰纸印刷的木纹与天然木纹逼真、具有凹凸的材质感，想了许多办法[21]。例如，在纸上将木纹的导管部分用排液性油墨进行印刷，使其上表面涂覆的树脂不进入该部分而出现凹凸感；在单色膜的表面再印刷具有质地的导管部分，使木纹具有凹凸的材质感；或在有管孔的部位涂上能够抑制树脂缩聚反应的化学药剂，使浸胶后的树脂因浸渍深度不同而获得模拟天然管孔凹凸不平的木纹图案。

用于高压或低压三聚氰胺树脂装饰板、聚酯树脂装饰板和邻苯二甲酸二丙烯树脂装饰板的木纹装饰纸，从装饰板制造的适应性和后加工性及耐久性等方面要求具有隐蔽性、耐光性、耐热性和耐药品性等优良性质，采用 $80 \sim 150 \mathrm{g/cm}^2$ 的钛白纸。

3）三聚氰胺树脂板饰面

三聚氰胺树脂板饰面主要是指用三聚氰胺树脂浸渍纸或三聚氰胺树脂装饰板覆贴在木质材料基材表面，对木质材料进行表面装饰的一种方法。目前最常用的三聚氰胺树脂板饰面已走过三个具有代表性的历程，即用高压法生产三聚氰胺树脂装饰板贴面、用低压法生产三聚氰胺树脂浸渍纸饰面和用低压短周期法生产三聚氰胺树脂浸渍纸饰面。

高压三聚氰胺树脂装饰板，是将表层纸、木纹纸和平衡纸等浸渍装饰板用三聚氰胺树脂组合后（表 1.15），在温度 $150 \sim 180 \, ℃$、压力 $80 \sim 100 \mathrm{kgf/cm}^2$ 条件下热压 $30 \sim 40 \mathrm{min}$ 制造而成。从压机取出来之前要进行冷却，其温度越接近室温就越能得到有光泽的镜面（叫 hot-cold 方式）。使用脲醛树脂、醋酸乙烯树脂和橡胶系黏结剂，采用冷压方式将高压三聚氰胺树脂板胶合到基材表面，称为高压三聚氰胺树脂装饰板贴面[20]。

表 1.15　三聚氰胺装饰板的构成

名　称	基　材	单位质量/(g/m²)	树　脂	含脂率/%
表层纸（O）	人造纤维纸浆	15	三聚氰胺	55～70
木纹纸（P）	亚硫酸盐纸浆	80	三聚氰胺	45～60
覆盖纸（B）	牛皮纸浆	160	三聚氰胺	45～55
芯层纸（C）	牛皮纸浆	160	酚醛树脂	45～55
加强纸（S）	牛皮纸浆	160	三聚氰胺	45～55
平衡纸（b）	牛皮纸浆	160	三聚氰胺	45～55

而将三聚氰胺浸渍纸等组合后放置于基材表面，在温度 130～140℃、压力 10～15kgf/cm² 条件下热压 10～15min 的饰面方式，叫做低压三聚氰胺树脂浸渍纸饰面。后来，由于树脂的改良，将单层压机的热压板温度提高到 180℃左右、压力提高到 15～18kgf/cm² 时，只需约 1min 就可以完成三聚氰胺浸渍纸贴面，不需要像过去那样把整个基材的温度升上去，称为短周期低压三聚氰胺树脂浸渍纸饰面。

高压三聚氰胺树脂装饰板的研制始于 20 世纪 50 年代末，90 年代中期美国富美家和威盛亚先后在上海建厂，成功引入后成型高压三聚氰胺树脂装饰层积板，开发了厚型板（抗倍特），2010 年我国产量达 $4 \times 10^9 m^2$；80 年代中期国内开始研制低压三聚氰胺浸渍胶膜纸贴面刨花板，同时多家企业直接从国外引进了低压短周期三聚氰胺浸渍胶膜纸贴面生产技术及生产线，2000 年后同步模压花纹、耐磨表层纸、耐磨装饰浸渍胶膜纸等新产品、新技术相继开发成功，2010 年低压三聚氰胺浸渍纸贴面人造板产量达 $20 \times 10^9 m^2$。

三聚氰胺树脂装饰板具有良好的耐热、耐水、耐磨损、耐药品和耐气候等性能，主要用于桌子面板等。另外，三聚氰胺树脂浸渍装饰板在红外线加热下可稍微塑化进行弯曲胶合，也可以对桌子和柜台的边部曲面进行贴面。低压三聚氰胺浸渍胶膜纸贴面人造板的表面性能与高压三聚氰胺树脂装饰层积板相比略低，这是因为高压板的树脂层更厚，因此低压板更适于制造橱柜类家具。但如果表面增加耐磨表层纸，则可大幅度提高低压板表面耐磨性，也可以用来制造地板。

4）不饱和聚酯树脂饰面

不饱和聚酯树脂饰面装饰，是先将不饱和聚酯树脂和己二烯酰酸酯（架桥剂）混合后在 100℃以上温度下进行热熔解，并将木纹纸浸渍其中，待浸渍纸（常称为宝丽纸）冷却后铺于木质材料基材表面，在 120～150℃温度下进行辊压

（线压 $0.7\sim1.75\text{kgf/cm}^2$）贴合与固化。不饱和聚酯树脂饰面装饰板也称为宝丽板。

由于不饱和聚酯树脂涂膜厚实，透明光亮，宝丽板表面丰满、有光泽，质感好；由于表面涂膜硬度较高，宝丽板的耐磨性、耐冲击性能好，形成的涂膜稳定性好，耐酸性物质和盐类物质的侵蚀。宝丽板常用做家具用材。

5）邻苯二甲酸二丙烯树脂饰面

邻苯二甲酸二丙烯树脂装饰板，是在基本为线状的邻苯二甲酸二丙烯预聚物中加入醋酸乙烯树脂，再加入触媒剂过氧苯甲酰（BPO）、内部脱模剂十二烷酸、溶剂丙酮和过氧化丁酮，将覆面纸或木纹纸浸渍其中后，在 $60\sim80℃$ 温度下热风干燥制作成浸渍纸，再将其置于木质材料基材上，在温度 $130\sim150℃$、压力 $7\sim15\text{kgf/cm}^2$ 下热压 $10\sim15\text{min}$ 制造而成。

邻苯二甲酸二丙烯树脂是 20 世纪 60 年代发展的一种热固性树脂，简称 DAP 树脂。它兼具热固性树脂的坚牢性及热塑性树脂的易加工性。邻苯二甲酸二丙烯预聚物的丙酮溶液浸渍纸，是优良的木质材料表面装饰材料。由于 DAP 树脂的流动性好，各种基材均可在低温、低压下直接压贴；树脂聚合过程中挥发物极少，故热压后不必冷却（hot-hot 方式），而且表面光泽很好；DAP 树脂固化后加工方便。邻苯二甲酸二丙烯树脂装饰板颜色美观，具有优良的耐热、耐气候、耐磨损性能，还可以作为阻燃防火装饰材料，也可以进行木纹同步浮雕加工。可以说 DAP 是一种最适合于木质材料表面装饰的合成树脂。

6）氯乙烯薄膜贴面

氯乙烯树脂是由氯乙烯单体通过聚合而成的大分子物质，用做贴面装饰材料的氯乙烯树脂的平均聚合度为 $800\sim1400$。氯乙烯树脂为热塑性树脂。氯乙烯薄膜由氯乙烯粉末加入增塑剂、稳定剂、润滑剂和着色剂等经混炼、压延或吹塑法制成。氯乙烯薄膜经印刷图案、花纹，并经模压处理后贴在木质材料表面，具有很好的装饰效果。

氯乙烯薄膜中有耐热氯乙烯薄膜（半硬质）、硬板氯乙烯（稍软）和软质氯乙烯等，可用碾压浮雕层合（laminate emboss）、贴合（doubling）和擦拭（wiping）等各种方法进行二次加工。贴合浮雕（doubling emboss）是耐热氯乙烯薄膜的代表性加工方法，是在已印刷了木纹的厚 $0.06\sim1.0\text{mm}$ 的着色氯乙烯薄膜（原板）上一边加热与厚度 $0.8\sim1.0\text{mm}$ 的透明氯乙烯薄膜贴合，一边加工出木纹、导管和斑点等的坑洼形状，可以表现出近似木纹的逼真的凹凸感。擦拭薄膜是在贴合浮雕所形成的凹洼处填入油墨，通过擦拭去除多余油墨，仅留下凹谷处油墨而再现木纹的方法，可表现出更加逼真的木纹感。为了保护表面，常用聚氨酯树脂等进行表面涂饰（图 1.39）。

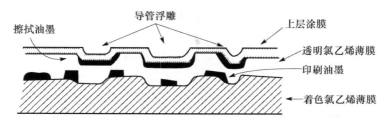

图 1.39 擦拭氯乙烯薄膜的构成

根据增塑剂的添加量，氯乙烯薄膜有各种类型（表 1.16）[21]。胶合氯乙烯薄膜的黏结剂，当基材为胶合板时使用醋酸乙烯树脂黏结剂，基材为刨花板时使用环氧树脂黏结剂，基材为 MDF 时使用聚氨酯系或热熔性黏结剂等。在胶合板和 MDF 等木质材料上胶合氯乙烯薄膜做成的装饰板，用于门等面板材料；由于氯乙烯薄膜装饰板容易进行 V 槽加工，常被用于门框和装修用材等；另外，氯乙烯薄膜可以采用包裹和真空成型等方法给立体形状的部件进行贴面，可用于厨房、组合柜的门和住宅构件材料等。

表 1.16 氯乙烯薄膜的种类和用途

用 途	主要使用部位	使用氯乙烯薄膜		贴面基材	贴面及构件加工方法
		增塑剂份数	厚度/mm		
住宅用室内装饰部件	建筑用品（室内门扇等）门框、框架等装饰材（木线条、窗框）	15～23	0.16～0.20	胶合板 MDF	连续辊贴 包覆贴面 V 槽加工
住宅用室外装饰部件	室外门扇（公馆用等）院门的拉门	20～25 28～30	0.20～0.30	铁板 铝材	连续辊贴 包覆贴面
室内家具	收纳用门扇（折叠门等）橱柜的门扇 洗脸台用门扇	10～23 20～30	0.16～0.20	胶合板 MDF 铁板	连续辊贴 包覆贴面 V 槽加工，真空成型
室内间隔	折门、屏风	30～50	0.15～0.30	织物	连续辊贴
弱电用	AV 用：音箱、TV 柜台；家电用：电冰箱、暖风机等	15～23 28～30	0.16～0.20	胶合板 MDF PB 铁板	连续辊贴 包覆贴面 V 槽加工
楼面材	店铺·高楼用 氯乙烯瓷砖	15～23	0.30～0.40	氯乙烯包装	连续辊贴 加压

三聚氰胺树脂浸渍纸装饰板和邻苯二甲酸二丙酯等热固性树脂浸渍纸装饰板，是将浸渍装饰纸置于木质材料基材上，用平板热压机层积胶合而成；木纹印刷胶合板和氯乙烯薄膜装饰板等是采用辊压贴面方式制造出来的。这些贴面装饰板过去大多是平面状的。现在，印刷薄膜等装饰材料和黏结剂或胶合技术等都取得了很大进步，连续压机、辊压机和真空成型覆面机等胶合机械和二次加工用机

械或装置都已开发，二维和三维曲面形状等立体装饰加工已成为可能。

7）V槽加工

V槽加工最初用于电视机、收录机和音箱等的外壳制造，是由家电机壳制造领域发展起来的。该加工方法是先在MDF和刨花板等基材上胶合厚0.2mm的氯乙烯薄膜，再在基材一侧进行V槽加工，利用氯乙烯的柔软性，通过此V槽连同基材一起折转包覆（图1.40）的一种封边方法[21]。这种包覆式封边的木质材料边角处无拼缝，外观美观。

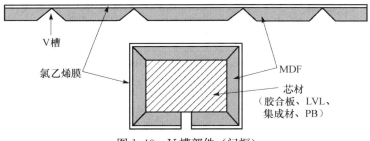

图1.40　V槽部件（门框）

现在不仅在家电领域，装修用的木线条与角线条等住宅构件和家具、整体橱柜或收藏单元的门扇都大量采用V槽加工包覆法，室内房门等建筑构件的加工也大量采用此方法。基材过去多用胶合板，但现在MDF使用得越来越多。另外，V槽加工也出现了一些新的方法，如用梳状细沟取代V槽弯曲成曲面的方法；曲面部分只留下氯乙烯膜，通过插入芯材来制作曲面的方法等。

8）包覆加工

包覆加工可以通过包覆机一次完成包覆材料在型材表面、侧面和底边的贴覆。包覆机的工作原理如下：采用各种成型压轮，模拟手工贴面动作，将表面装饰材料贴附于基材表面，一般选择型材的中心线或最高点或者最低点作为起点，将压轮沿型材表面轮廓逐点、依次固定位置，形成型材轮廓的包络线。当型材按输送方向运动时，已涂胶的装饰材料经过压辊、成型轮的逐点碾压，实现二者的复合工作[20]。

氯乙烯薄膜的包覆加工过程如图1.41所示。首先从装饰膜辊传送氯乙烯装饰膜，在装饰膜上涂布黏结剂，涂胶装饰膜通过装备有热风和加热器的干燥区域后与基材汇合进入包覆加压区，由许多包覆压辊依次加压，沿着基材的形状将装饰膜贴合在基材上[21]。

这样，具有二维曲面的构件就可以包贴装饰薄膜，大幅度增加了构件的用途及使用范围。基材多使用表面及端面平滑、易于刨削加工和铣削加工、材质均匀的MDF。装饰膜大多使用氯乙烯装饰薄膜，但也可以使用油性树脂纸、在23～50g/m² 的薄纸上涂覆聚氨酯树脂的涂膜纸和刨切薄木或厚0.3～0.6mm的指接

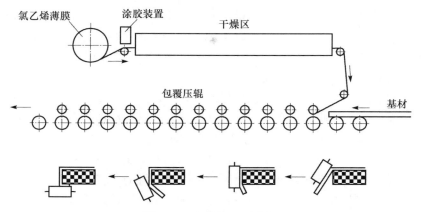

图 1.41　包覆加工示意图

天然木装饰单板等。包覆用黏结剂多使用快速固化的溶剂型聚氨酯系黏结剂，有时也使用醋酸乙烯树脂系黏结剂。与溶剂系相比，醋酸乙烯树脂系黏结剂干燥速度慢，辊筒布局难。目前已开发出了具有优良耐热性、耐久性和辊筒易布局的高性能聚乙烯系热熔性包覆用树脂，涂胶装置和包覆机也作了相应的改进，包覆加工效率和效果都得到了提高。包覆加工主要用于门框、家具及整体橱柜的门扇等框架和住宅构件等，在式样上多用于具有曲面形状的构件加工。

9）柔性加压覆膜加工

柔性加压覆膜加工，也称柔性贴面，是近 20 年来发展起来的一种新型贴面技术，是木质材料二次饰面由平面饰面发展成三维立体装饰的一项新技术。它可将装饰材料（如 PVC 薄膜、低压三聚氰胺装饰纸和薄木等）有效地覆贴于基材的凹凸表面和异形边缘。柔性加压覆膜加工的典型设备有水床式柔性贴面压机和真空加压柔性贴面压机等。

水床式柔性贴面压机的结构工作原理如图 1.42 所示[21]。它以水作为传递压力和热量的介质，可以有效地用醋酸乙烯树脂对镂铣机加工出来的三维曲面形状的材料进行表面覆膜加工。水床式柔性贴面压机是靠压力将贴面材料被动地覆贴于基材的表面，其工作压力较高，约为 1.8MPa，水床的柔性作用可以使贴面的材料深至工件的凹处，并使工件各处受到均匀的压力和温度，因而可以对基材

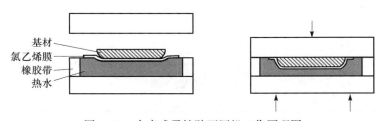

图 1.42　水床式柔性贴面压机工作原理图

厚、深槽等形状复杂的表面进行覆贴，同时适应于形状上高差大、端部曲面形状小时的成型。但由于压力较高，基材上的缺点易出现在装饰材料的表面，故多使用材质比较均匀、光滑的 MDF 作为基材。使用比较厚的氯乙烯膜，0.2～1.0mm，要求加热所产生的变形小。

　　真空加压柔性贴面压机有的使用橡胶膜片来形成上、下密封腔，有的则直接用贴面薄膜替代橡胶膜片。无膜片真空加压柔性贴面压机的结构工作原理如图1.43 所示[20]。热塑性贴面薄膜放于工件（基材）上，上热板下降使上、下密封框紧贴，在贴面薄膜的上方和下方形成两个密封腔；上密封腔抽真空，下密封腔加压，使冷的贴面薄膜紧紧地贴在上热板上受热塑化；待充分塑化后，上密封腔卸真空并加压，下密封腔卸压抽真空，使已经塑化的贴面薄膜紧贴在工件表面。热板采用电加热或导热油加热，也可以不用热板而采用红外线辐射加热。这种压机是靠将贴面材料充分加热塑化后覆贴于基材表面，工作压力较低，为 0.4～0.8MPa。由于贴面薄膜塑化充分，贴面时也容易将基材上很细小的微粒在贴面表面反映出来，且薄膜塑化时因产生纵、横向延伸，贴面时容易形成皱纹。若真空和加压配合不当，贴面时容易出现裂纹。

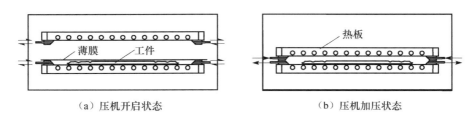

（a）压机开启状态　　　　　　　　　（b）压机加压状态

图 1.43　真空加压柔性贴面压机工作原理图

　　为了提高表面性能，最近常在印刷装饰纸或装饰薄膜进行包覆加工或柔性加压覆膜加工后再进行涂饰加工。例如，光亮如镜的整体橱柜的门扇和组合柜门扇的饰面就进行了如下后加工：首先，为了防止因使用异种材料产生收缩差而使涂膜接触不良，在氯乙烯薄膜上涂抹丙烯系的底涂，中层涂膜使用聚酯树脂涂料；然后，最上层使用硬质 UV 树脂涂料结束（图 1.44）。为了省略中层涂料，节省人力和缩短工期，也可以预先在氯乙烯薄膜的表面涂抹可修复性底涂，覆贴后再涂抹聚氨酯树脂涂料或 UV 涂料。

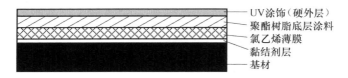

图 1.44　氯乙烯膜与 UV 涂饰

10）直接印刷木纹

印刷木纹装饰是在手工模拟木纹的基础上发展起来的。它比手工模拟生产效率高，劳动强度低，印刷的木纹富有立体感，是木质材料表面装饰方法之一。木纹印刷一般直接在木质材料基材表面进行，也可以在基材表面贴纸以后进行。

木纹印刷前基材要经过打油灰、着色和封底等处理，木纹印刷后还要涂面漆和干燥。基材使用胶合板、无缺陷木材、刨切单板和 MDF 等，胶合板和无缺陷木材能发挥木纹的凹凸感，MDF 通过印刷木纹和涂饰能表现出木材的质感。

由于木质材料基材是不可以挠曲的平板，缺乏弹性，直接印刷木纹要采用凹版胶印。凹版胶印在凹版胶印机上进行。它是先将印刷油墨由油墨供应辊压入版辊的凹槽中，然后利用版辊将油墨转印到胶辊上，再利用胶辊的弹性将油墨转印到基材上。凹版印刷木纹清晰，能得到连续无端的木纹。为了得到层次分明的富有质感的印刷木纹，可用 2 或 3 台凹版胶印机连续进行套色印刷，木纹更加逼真[20]。

直接印刷木纹装饰，成本低，工艺简单，能得到美丽多彩的木纹，因此发展迅速。但与薄木贴面装饰相比，其真实感较差，因此常用于中低档家具、木结构构件及车厢和船舶的内部装修。

直接印刷木纹装饰法很早以前就被采用，随着印刷制版技术的发展和油墨性能的不断改进，印刷的木纹更加逼真，图案构思也更加巧妙，基材通过涂饰更显高级感。另外，利用聚氨酯辊筒也可以对非平面的基材直接进行木纹印刷。

我国 20 世纪 70 年代就引进了一套德国制造的直接印刷生产线，数年后产品即退出市场，宣告停产；2000 年后又有两家企业相继引进了德国的直接印刷生产线，产品基本没有进入市场；2005 年前后地板行业开始采用直接印刷的方法处理板面。

11）转印木纹

相对于直接印刷木纹法，该方法是将准备转印到基材表面的木纹预先采用凹版印刷法印刷在纸或胶片上作为转印用胶片，然后将该转印胶片放置于胶合板或 MDF 等基材表面，通过辊筒或压机等进行贴合后，再将胶片剥离的方法。与在基材上直接印刷木纹的方法相比，由于是把木纹印刷在胶片上，印刷的木纹层次丰富、细密精致、再现性好，能达到图案设计者的要求效果；转印后油墨层与产品表面融为一体，逼真漂亮，大大提高了产品的档次[22]。

对于制作组合胶合构件，如果在剥离转印胶片前先对基材进行 V 槽加工，则构件的端部也有印刷木纹，构件涂饰后木纹与天然木材非常接近。将印刷了细密且具创意的木纹的胶片压贴到胶合板本身的木纹上，剥离胶片后就只剩下油墨层留在胶合板表面，看上去犹如有天然木材的导管孔的凹痕一样，与真的无缺陷木材十分逼真，很难分辨出来。以 MDF 为基材进行转印，有时把端部也转印上木纹，用做高档家具和整体橱柜的门等。

12）涂饰

涂饰是通过在木质材料表面涂施各种涂料而获得装饰效果的饰面方法。涂饰是制品的最后一道工序，其好坏直接影响制品的价值，非常重要。涂饰可直接在木质材料表面进行，也可以在做过其他表面装饰之后进行。涂饰可赋予木质材料表面美观、平滑、触感好、立体感强的装饰效果，涂层可隔离外界潮湿空气、菌类及光和热的侵蚀与污染。涂饰包括透明涂饰和不透明涂饰。

涂料是一类呈流动状态，能在物质表面扩展形成薄层，且能在被涂饰表面牢固黏附固化，形成具有特定性能的连续皮膜的物质。过去称涂料为"油漆"。用于木质材料的涂料主要有聚氨酯漆（PU 漆）、硝基漆（NC 漆）、不饱和聚酯漆（PE 漆）和光敏漆（UV 漆）。木质材料涂饰可采用喷涂、辊涂或淋涂的方法，分别使用喷涂装置、辊涂机和淋涂机进行机械化涂饰作业[20]。

绝大多数液体涂料是由固体分和挥发分组成，涂饰时挥发分将挥发到空气中去。挥发分即为液体涂料的溶剂，主要为破坏环境的挥发性有机化合物（VOC）。从经济性和无公害性的要求考虑，我们必须采用溶剂少的或无溶剂的涂料进行涂饰。但溶剂少则黏度高，便不能使用淋涂机进行淋涂，此时可以使用辊淋机。它是用设置在涂布辊下面的刮刀，将通过分料辊与涂布辊的间隙在涂布辊面上均匀附着的涂料刮落成帘状的涂膜，并使之垂直下流从而直接涂布在木质板材表面。此时其涂布量可根据板材的进料速度、辊筒的回转速度和辊筒间的缝隙等进行调节。辊淋机不仅可用于黏度高的涂料，反过来也可用于黏度低而难以成膜的水性涂料。

1.2.4　木质材料的胶合耐久性

木质材料的胶合耐久性，一般是指材料直到失去本来所具有的功能的时间，通常也可以认为是材料的寿命。木质材料通常是以木材或者纤维状木材为构成单元（element）用黏结剂结合集成的，木质材料的种类不同，其单位胶合表面积的黏结剂固体分量有很大差别（表 1.17）；另外，LVL 和集成材是面胶合，而刨花板（PB）和 MDF 等其构成单元在热压过程中处于点胶合，因此，胶合的耐久性因木质材料的种类不同而有很大差异。

表 1.17　各种木质材料单位胶合表面积的黏结剂固体分量

种　类	单位胶合表面积的黏结剂固体分量/(g/m²)	备　注
集成材	80~130	150~250g/m²
胶合板、单板层积材（LVL）	30~50	110~170g/m²
刨花板（PB）	10~30	施胶量 3%~10%
中密度纤维板（MDF）	1~5	施胶量 8%~12%
硬质纤维板（HB）	0.1~0.5	酚醛树脂（PF）

　　通过对刨花板静曲试验后破坏部分的详细研究，发现破坏不是发生在构成单元的刨花，而是发生在刨花之间的胶合部位，这说明刨花间的胶合力低下对板材的寿命产生很大影响。一般来说，影响耐久性的因素有构成单元自身的老化、黏结剂层的老化及构成单元与黏结剂层之间界面的老化。构成单元自身的老化，有的是木材材质随时间的增加而下降（老化），有的是因胶合时黏结剂的酸或碱所产生的污染或因生物所产生的老化等。黏结剂层的老化是由于黏结剂固化时产生的内部应力和体积收缩而产生的龟裂，或因水分和热等环境因子所产生的水解化学变化。界面的老化，是因水分和热等环境条件变化所产生的木材与黏结剂层间的膨润收缩差而引起的内部应力和外部应力所产生的力学性老化等[3,23]。

　　胶合物的胶合耐久性因使用环境不同而大不相同，应在实际使用条件下进行长期的调查，才能确定或评价其胶合耐久性，但这种做法不适合于新开发材料的耐久性评价。为此，常采用人工加速老化处理来评价其胶合耐久性，其目的有三个：一是突出环境的某个因素来研究这个因素的作用机制；二是在较短的时间内进行选材；三是估算材料的使用寿命。选择人工加速老化的试验方法必须要有针对性。若研究老化机制，则必须采用能尽量突出某一因素而排除其他因素影响的试验方法；若用于选材，则试验方法首先要尽可能地模拟使用环境，并力求简单易行。另外，为了能够进行对比，也要进行室外暴露试验等。人工加速老化处理和室外暴露试验等胶合耐久性试验，与实际使用条件下的结果之间目前还没有明确的关系。如上所述，影响胶合耐久性的因子很多，但水分、温度和生物老化等的影响特别大，下面就这些主要因子对木质材料胶合耐久性的影响进行概述。

　　1）水、热老化

　　水、热等导致材料在使用环境中黏结剂的老化，从而影响木质材料的使用寿命。水对胶层的降解作用是引起木材胶接件老化破坏的一个重要原因。早已证明，血蛋白和大豆蛋白等木材用动植物黏结剂在高湿条件下有明显的水解作用；脲醛树脂和三聚氰胺甲醛树脂等常用木材合成黏结剂也会发生水解，脲醛树脂等黏结剂的水解动力学研究表明，水解时甲醛浓度增加的对数与水解时间成正比。

　　随着含水率的变化，木质材料的构成单元木材产生膨胀或收缩，结果使黏结剂层产生应力的同时，由于黏结剂层的水解等而老化，胶合耐久性下降。特别是PB 等，其构成单元在热压过程中处于被压缩与固定的状态，这样的板材一旦吸湿或吸水其被压缩与固定的单元体就会恢复到原来的尺寸，随之产生内应力破坏胶接结合点，板材即大幅度膨胀。水分对木质板材耐久性的影响大，除有因水解造成黏结剂老化的原因，更重要的是伴随着吸水、吸湿导致的单元体膨胀在胶层上会产生内应力。以前，住宅的楼盖基材、屋顶基材和墙壁基材等结构用板材多使用胶合板，最近有用 PB、OSB 和 MDF 等替代材料的倾向。但这些木质板材经过长期实际使用及户外暴露试验的数据还很少，其耐久性评价方法还没有充分确立，需要积累有关胶合耐久性的数据。

　　在户外使用时，夏季或秋季集成材的温度相当高，有时达 60～70℃，这时胶合层也产生热老化。根据山毛榉集成材在各温度条件下暴露的胶合耐久性研究结果，黏结剂不同其胶合耐久性不同，特别是高温度时的脲醛树脂黏结剂（UF）的耐久性差。另外，屋内暴露时酚醛树脂（PF）、间苯二酚酚醛树脂、环氧树脂和醋酸乙烯树脂等即使经过 20 年其胶合性能也不下降，但 UF 从 10 年左右胶合性能开始下降，在 UF 中混合醋酸乙烯树脂其下降变得缓和。

　　经过长期暴露试验所得到的数据，并不一定能用做预测耐用年数的定量性的直接资料，这是因为数据受暴露地点与当时的气象条件的影响，再现性不强。最影响胶接强度的气象因子为平均相对湿度与降雨量等水分因子，因此必须考虑地域性气候差异、试验用材料的制造条件差异的影响。有人推测潮湿多雨水地区的老化速度与相对干燥地区相比要快 2～3 倍。

　　由于户外暴露试验结果需要很长的时间，与新开发材料的耐久性评价之间存在矛盾。为此，各国都开发了不同的加速老化处理方法供实际使用，这些方法与户外暴露试验之间的关系不一定明确。表 1.18 为各国制定的各种加速老化试验方法。所有方法都采用煮沸与蒸烘、冷冻、干燥等水分及热处理组合的试验方法。美国最常使用的木质板材的老化处理方法为 ASTM D 1037，利用这种处理板材方法的材质老化相当于 3 年的户外暴露试验结果。在表 1.18 的各种加速老化试验方法中，ASTM 标准的处理条件最严格，WCAMA 次之，两者都需要进行 6 个循环周期，板材的老化非常激烈；1 个循环试验的 DIN 及 APA 标准的处理条件，其老化属于同等程度的类别。3 个循环试验的 BS 标准其老化程度最缓慢。

表 1.18　各国有关木质板材的耐久性人工加速老化试验方法

标　准	处理方法	备　注
美国 ASTM D 1037	49℃温水浸渍 1h→93℃蒸汽 3h→−12℃冷冻 20h→99℃热风干燥 18h——作为 1 个循环周期，反复循环 6 周期	P 板材：静曲强度残存率在 50%以上（ANSI A 208.1）
WCAMA	66～71cmHg 条件下在 18～27℃的水中浸渍 30min→煮沸 3h→在 105℃条件下干燥 20h——作为 1 个循环周期，反复循环 6 周期	
APA D-1	66℃温水浸渍 8h→在 82℃条件下干燥到原来的质量→室温冷却 1.5h	
APA D-4	66℃温水浸渍、38.1cmHg 减压 30min→回到常压、浸渍 30min→82℃干燥 16h	

续表

标　准	处　理　方　法	备　注
英国 BS 5669	20℃水浸渍 72h→—12℃冷冻 24h→70℃热风干燥 72h——作为 1 个循环周期，反复循环 3 周期	类型Ⅲ（耐水性）IB，0.25MPa 以上；TS，8%以下
法国 NF B 51-263（V313）	与 BS 5669 相同	
德国 DIN 68763（V100）	20℃水浸渍、1～2h 升温到 100℃→煮沸 2h→用 20℃水冷却 1h	V100（P 板材）IB：0.15MPa 以上
中国 GB/T 17657	与德国 DIN 68763（V100）相同	等同于欧洲标准 EN 1087-1
加拿大 CAN3-0188.0	煮沸 2h→用 20℃水冷却 1h	湿润静曲强度残存率在 50% 以上
日本 JIS A 5908	煮沸 2h→用 20℃水冷却 1h	湿润静曲强度残存率在 50% 以上

注：ASTM 表示美国材料试验协会，ANSI 表示美国国家标准化组织，WCAMA 表示西海岸黏结剂制造协会，APA 表示美国胶合板协会，BS 表示英国标准，NF 表示法国标准，DIN 表示德国工业标准，CAN 表示加拿大国家标准，JIS 表示日本工业标准。IB 表示剥离强度，TS 表示吸水厚度膨胀率。$1mmHg=1.33322 \times 10^2 Pa$。

日本木材学会木质板材研究会的成员，从 1992 年开始组织在岩手、静冈和鹿儿岛进行市售木质板材类的户外暴露试验，同时还采用 ASTM D 1037、WCAMA、V313 和 APA D-5 这 4 种已有的人工加速老化处理方法对供试材料进行了耐久性试验，图 1.45 表示其人工加速老化后的静曲性能的残存率[24]。由图可见，采用人工加速老化处理的残存率，其值有相当大的差异，很明显 WCAMA 及 ASTM 处理过于严格。对于华夫板也有同样的倾向[25]。图中有的数据欠缺，是因为 ASTM 时 UF 胶合板在 2 个周期、UMF 胶合板在 4 个周期时其胶合层就发生了剥离，UF-PB 及 UF-MDF 在 1 个周期、UMF-PB 在 2 个周期中进行蒸汽处理时其表层刨花就发生了剥落；WCAMA 时由于有煮沸处理，胶合板及 PB 都全部发生了剥离。根据对 PB 的静曲性能及剥离强度的影响，总体来看，黏结剂的耐久性能为 PF/PMF（表层酚醛树脂/芯层酚醛三聚氰胺共缩聚树脂）＞UMF＞UF。

图 1.46 表示采用 ASTM D 1037 人工加速老化处理时 PB 的厚度膨胀率（TS）的变化。UF 树脂黏结剂的 PB 板材在最初的蒸汽处理时即破坏；UMF 树脂黏结剂的 PB 板材在第 2 个循环最初的蒸汽处理时则不能继续进行测定；PF 板材在 6 个周期后的 TS 达到 47%，PF/MDI 板材为 27%；使用异氰酸酯系（MDI）树脂的低密度（0.40）PB 的 TS 仅为 8% 左右，低压缩率刨花的膨胀率低；刨花经乙酰化处理的 PB 板材其 TS 在 5% 以下，尺寸稳定性大大改善。对于 PB，用 ASTM 法处理 1 个周期，其表面老化激烈，厚度膨胀率增大，1 个周期后其剥离强度（IB）的降低比率往往就达到了最大[26]。户外暴露试验，其弯曲性能的降低也是在开始的第 1 年为最大，之后其降低比率有变小的倾向[27]。

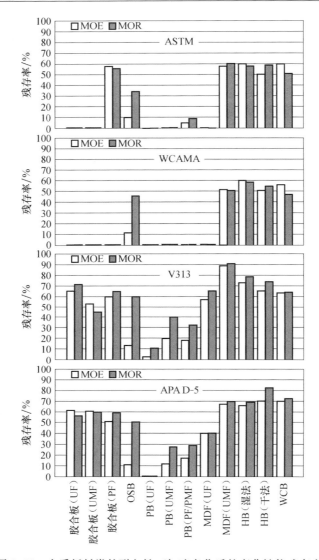

图 1.45　木质板材类的耐久性（加速老化后的弯曲性能残存率）

图 1.47 表示用 5 种不同黏结剂制造的市售的 PB 在德国进行 9 年暴露试验的剥离强度残存率随时间变化的结果。试材为市售板材（密度 0.52～0.82g/m³、厚度为 15～36mm），所用黏结剂有脲醛树脂（UF）、尿素-三聚氰胺共缩合树脂（UMF）、酚醛树脂（PF）和异氰酸酯（MDI）树脂。结果证明，刨花板的老化主要是被胶接单元刨花的压缩恢复引起的膨胀和内结合强度的下降。由图 1.47 可知，UF 黏结剂制造的刨花板经 2 年的户外暴露几乎丧失接合力，而 PF 和 PF/MDI（表层/芯层）黏结剂制造的刨花板即使经过 4～7 年暴露后也还保持

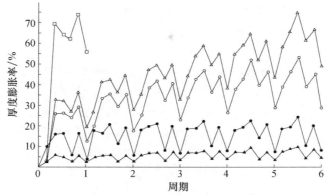

□:市售板材,密度0.75~0.79g/m³(脲醛-三聚氰胺树脂黏结剂)
△:同上(酚醛树脂黏结剂)
○:同上(表层酚醛树脂,芯层异氰酸酯树脂黏结剂)
●:低密度板材,密度0.40g/m³
▲:乙酰化处理低密度板材

图 1.46　ASTM 人工加速老化处理产生的 PB 厚度膨胀率的变化

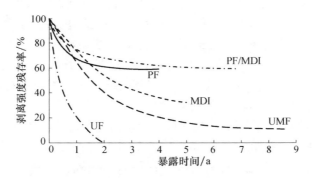

图 1.47　户外暴露所引起的 PB 剥离强度的变化

约 60%的初始强度。可以看出黏结剂的耐久顺序也是 PF/MDI＞PF＞MDI＞UMF＞UF。所有 PB 板材暴露初期 1 年内的强度显著降低;户外暴露 4 年后,使用 PF/MDI、PF、MDI、UMF 和 UF 黏结剂的 PB 板材的剥离强度,相对于初始强度的比例分别不到 65%、60%、40%、20%及 5%。

　　另外,有报道说 ASTM 人工加速老化处理后的材质相当于在北美 3 年间的户外暴露,V313 处理后的材质相当于在欧洲 2 年间的户外暴露。ASTM 人工加速老化处理后及煮沸(10min)—干燥(107℃、225min)循环处理(BD)后的性能,与在美国的麦迪逊进行户外暴露后的材质间有高的相关性,BD 5 周期后的MOR 与户外暴露后的 MOR 的相关系数在 0.9 以上。现正在提出由 BD 5 周期后或者 ASTM 人工加速老化处理后的 MOR、MOE、IB 和 TS（厚度膨胀率）来预测户外暴露后的板材性能的经验式[27]。

2）生物老化

从腐朽所产生的质量减小率来看，通常木质板材类的耐朽和耐蚁性能比木材和胶合板高（参照 3.1.4 小节），但木质板材如果发生腐朽其强度下降显著。今村祐嗣研究了不同黏结剂的刨花板因腐朽导致的质量减小率与其静曲强度之间的关系：UMF 树脂黏结剂 PB 板材的质量减小率为 5％时，短期强度就下降 80％；PF 树脂黏结剂 PB 板材的质量减小率为 10％时，短期强度下降 70％；而素材（木材）质量减小率为 10％时，强度下降 50％～70％。即木质板材仅有少量的质量减小时就会导致很大的强度降低。

采用酚醛树脂制造的板材，与采用脲醛树脂或异氰酸酯树脂制造的板材相比，其耐腐性高。这是由于 PF 黏结剂中含有未反应的游离酚的缘故。对于 UF 及 MDI 板材，在抗腐朽老化的初始阶段其强度下降显著。当腐朽菌侵入板材内部时，菌丝先攻占木材自身，并在刨花之间的微小间隙内繁殖，这是引起胶接老化的原因所在，而游离酚能够抑制腐朽菌的侵入。对于抵抗白蚁，黏结剂的顺序为 UF＞PF＞MDI。MDI 板材对各种生物老化的抵抗性能都较低。

黏结剂用量增加，木质板材的耐腐性提高。这是由于黏结剂抑制了板材的厚度膨胀，限制了菌丝向板材内部的侵入。对于三层结构板材，通常芯层易于腐朽老化，白蚁也有选择性地从内部侵害的倾向。这是由于芯层刨花密度低且粗糙，黏结剂比率也低的缘故。同样的原因，高密度纤维板一般比刨花板的耐腐朽性能、耐白蚁性能优良，而软质纤维板则差。

木质板材类用做楼盖基材，当它们遭受生物老化时，荷载所产生的弯曲就会增大，有时楼盖会有脱落的危险。图 1.48 为在一定的负荷作用下测定的因腐朽老化所产生的弯曲蠕变挠度的变化[28]。该试验利用褐腐菌对各种木质板材进行作用，当施加能产生相当于跨距长度 1/300 的弯曲率（挠度）的荷载（相当于初期静曲强度的约 1/10）时，考虑其弯曲蠕变。承载初期，不管哪种黏结剂的木质板材，没有接种腐朽菌的试件其蠕变挠度极小，而随着腐朽的进行其挠度急速增大。通常，有弯曲荷载作用时试件的上面承受压缩应力而其下面承受拉伸应力，假设为楼板支承材，由于下面的腐朽多，加上弯曲弹性模量也减小因而挠度增大。从板种来看，PB 在刚加上负载时的挠度显著增加，达到破坏的时间比胶合板短。从黏结剂影响来看，UMF 板与 PF 板相比其挠度增加大，达到破坏的时间也缩短了近 40％。MDI 板材耐水性高，施加荷载后弯曲率比其他种类的板材小，但伴随着腐朽的进行，弯曲率急速增加，最先快速达到破坏。对刨花进行乙酰化处理后的 MDI 及 PF 板材的蠕变弯曲率几乎没变化，乙酰化处理后的 UMF 板材到达蠕变破坏的时间比没有处理的板材延迟了 2 倍，耐腐性显著提高。

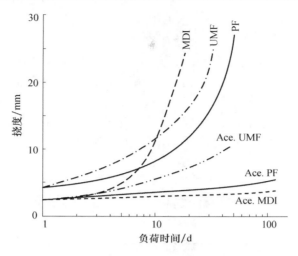

图 1.48　腐朽菌（褐腐菌）作用下的弯曲挠度

3）力学性老化

力学性的老化因子有持久荷载或者反复荷载和由此产生的蠕变与疲劳等。图 1.49 表示楼盖基材 PB 在实际的长期使用中使用年数的对数与静曲强度残存率的关系[29]。根据水分状态和反复荷载等，其使用条件可以分为三类，各类型中的静曲强度残存率与经过时间（年）的对数均呈线性关系。A 类为不受反复荷载的楼盖基材和隔墙材等，长期使用后几乎看不到强度下降，但可以看到 UF 板材在经过 20 年后其强度约下降 5％。B 类为在水分状态良好的环境下（如通风良好的楼板下）且承受反复荷载的楼盖基材，这时其静曲强度随经过时间（年）的对数呈直线下降，但降低不多，经过 10 年后其强度降低约 10％。UF 板材在

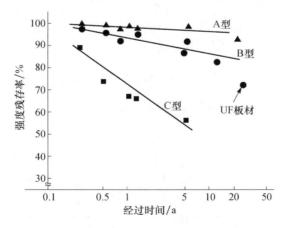

图 1.49　刨花板强度随使用年数的下降

这种条件下经过 24 年后初期强度降低约 25%，故 UF 板材不适合做结构用材；而 PF 板材和 UMF 板材可以认为没有差异，只要充分注意水分条件，这些 PB 板材完全可以作为结构用材使用。C 类为在承受反复荷载的同时还时常处于潮湿、被淋水这种恶劣水分状态条件下的板材，此时其静曲强度呈直线急剧下降，经过 5 年后其静曲强度只剩下 1/2。在这样的恶劣条件下，PB 不适合做结构用材，通常使用结构用胶合板。由此可以看出，木质板材的含水率变化对蠕变的影响很大。这是因为水分的进出致使被压缩的木材单元体恢复尺寸，从而使其胶接结合点遭受破坏。

1.3　结构用木材和木质材料的性质

1.3.1　结构用木材的分类及其力学特征

1. 分类

《木结构设计规范》（GB 50005—2003）[4] 将承重结构用木材分为原木、锯材（方木、板材、规格材）和胶合用材。用于普通木结构的原木、方木和板材及胶合木构件的材质等级分为三级，均可采用目测法分级；轻型木结构用规格材分为目测分级规格材和机械分级规格材，目测分级规格材的材质等级分为七级，机械分级规格材按强度等级分为八级。GB 50005—2003 对承重结构用木材制定了材质标准。按照 GB 50005—2003 的结构用木材的分类如图 1.50 所示。

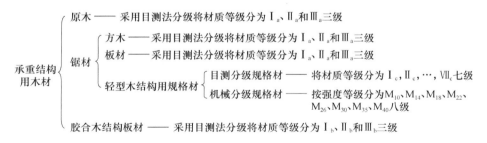

图 1.50　结构用木材的分类

1）原木

原木（log）为伐倒并除去树皮、树枝和树梢的树干。树干在生长过程中直径从根部至梢部逐渐变小，呈平缓的圆锥体，有天然的斜率。选材时要求其斜率不超过 0.9%，即 1m 长度上直径改变不大于 9.0mm，否则将影响使用。原木径级以梢径计，一般梢径为 80～200mm，按 2cm 进级；长度为 4～8m，按 20cm 进级。

GB 50005—2003 采用目测法将原木的材质分为Ⅰₐ、Ⅱₐ和Ⅲₐ三个等级。承重结构原木材质标准如表 1.19 所示。GB 50005—2003 还规定了普通木结构主要用途构件所要求选用的材质等级：受拉或拉弯构件选用Ⅰₐ级材质，受弯或压弯构件选用Ⅱₐ级材质，受压构件及次要受弯构件（如吊顶小龙骨等）选用Ⅲₐ级材质。用于普通木结构的木材，应从表 1.9 所列的树种中选用。主要的承重构件应采用针叶材，重要的木制连接件应采用细密、直纹、无节和无其他缺陷的耐腐的硬质阔叶材。

表 1.19　承重结构原木材质标准

项次	缺陷名称	材质等级		
		Ⅰₐ	Ⅱₐ	Ⅲₐ
1	腐朽	不允许	不允许	不允许
2	木节 （1）在构件任一面任何 150mm 长度上沿周长所有木节尺寸的总和，不得大于所测部位原木周长的 （2）每个木节的最大尺寸，不得大于所测部位原木周长的	1/4 1/10（连接部位为 1/12）	1/3 1/6	不限 1/6
3	扭纹 小头 1m 材长上倾斜高度不得大于	80mm	120mm	150mm
4	髓心	应避开受剪面	不限	不限
5	虫蛀	容许有表面虫沟，不得有虫眼		

注：1. 对于死节（包括松软节和腐朽节），除按一般木节测量外，必要时尚应按缺孔验算；若死节有腐朽迹象，则应经局部防腐处理后使用。
　　2. 木节尺寸按垂直于构件长度方向测量，直径小于 10mm 的活节不量。
　　3. 对于原木的裂缝，可通过调整其方位（使裂缝尽量垂直于构件的受剪面）予以使用。

2）方木与板材

梢径在 20cm 以上的原木，一般被锯成板材或方木。截面宽度为厚度 3 倍或 3 倍以上的矩形锯材称为板材，宽厚比小于 3 的矩形（包括方形）锯材称为方木。板材厚度一般为 15～80mm，方木边长一般为 60～240mm。GB 50005—2003 采用目测法将方木和板材的材质分为Ⅰₐ、Ⅱₐ和Ⅲₐ三个等级。承重结构方木和板材材质标准如表 1.20 和表 1.21 所示。

表 1.20　承重结构方木材质标准

项次	缺陷名称	材质等级		
		Ⅰₐ	Ⅱₐ	Ⅲₐ
1	腐朽	不允许	不允许	不允许
2	木节 在构件任一面任何 150mm 长度上所有木节尺寸的总和，不得大于所在面宽的	1/3（连接部位为 1/4）	2/5	1/2

续表

项次	缺陷名称	材质等级		
		Ⅰ a	Ⅱ a	Ⅲ a
3	斜纹 任何 1m 材长上平均倾斜高度，不得大于	50mm	80mm	120mm
4	髓心	应避开受剪面	不限	不限
5	裂缝 （1）在连接部位的受剪面上； （2）在连接部位的受剪面附近，其裂缝深度（有对面裂缝时用两者之和）不得大于材宽的	不允许 1/4	不允许 1/3	不允许 不限
6	虫蛀	允许有表面虫沟，不得有虫眼		

注：1. 对于死节（包括松软节和腐朽节），除按一般木节测量外，必要时尚应按缺孔验算；若死节有腐朽迹象，则应经局部防腐处理后使用。
　　2. 木节尺寸按垂直于构件长度方向测量。木节表现为条状时，在条状的一面不量，直径小于 10mm 的活节不量。

表 1.21　承重结构板材材质标准

项次	缺陷名称	材质等级		
		Ⅰ a	Ⅱ a	Ⅲ a
1	腐朽	不允许	不允许	不允许
2	木节 　　在构件任一面任何 150mm 长度上所有木节尺寸的总和，不得大于所在面宽的	1/4（连接部位为 1/5）	1/3	2/5
3	斜纹 　　任何 1m 材长上平均倾斜高度，不得大于	50mm	80mm	120mm
4	髓心	不允许	不允许	不允许
5	裂缝 　　在连接部位的受剪面及其附近	不允许	不允许	不允许
6	虫蛀	允许有表面虫沟，不得有虫眼		

注：对于死节（包括松软节和腐朽节），除按一般木节测量外，必要时尚应按缺孔验算；若死节有腐朽迹象，则应经局部防腐处理后使用。

由图 1.51 可见，外观相同的木节对板材和方材的削弱是不同的。同一大

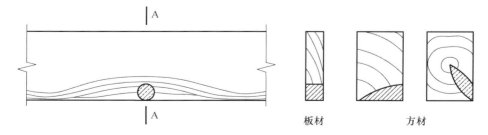

板材　　　　　　方材

图 1.51　板材、方材中的木节

小的木节，在板材中为贯通节，在方木中则为锥形节。显然，木节对方木的削弱要比板材小，方木所保留的未割断的木纹也比板材多，因此，方木木节的限值可在不降低构件设计承载力的前提下予以适当放宽。木节的测量方法如图1.52 所示。

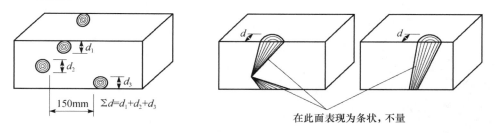

图 1.52　木节的量法

3）胶合木结构板材

以木材为原料通过胶合压制成的柱形材和各种板材称为胶合材。胶合木构件的木材材质，GB 50005—2003 采用目测法将其分为 Ⅰb、Ⅱb 和 Ⅲb 三个等级，其材质标准如表 1.22 所示。胶合木结构构件应根据其主要用途和部位按表 1.23 的要求选用相应的材质等级。

表 1.22　胶合木结构板材材质标准

项次	缺陷名称	材质等级		
		Ⅰa	Ⅱa	Ⅲa
1	腐朽	不允许	不允许	不允许
2	木节 （1）在构件任一面任何 200mm 长度上所有木节尺寸的总和，不得大于所在的面宽； （2）在木板指接及其两端各 100mm 范围内	1/3 不允许	2/5 不允许	1/2 不允许
3	斜纹 任何 1m 材长上平均倾斜高度，不得大于	50mm	80mm	150mm
4	髓心	不允许	不允许	不允许
5	裂缝 （1）在木板窄面上的裂缝，其深度（有对面裂缝用两者之和）不得大于板宽的； （2）在木板宽面上的裂缝，其深度（有对面裂缝用两者之和）不得大于板厚的	1/4 不限	1/3 不限	1/2 对侧立腹板工字梁的腹板为 1/3，对其他板材不限
6	虫蛀	允许有表面虫沟，不得有虫眼		
7	涡纹 在木板指接及其两端各 100mm 范围内	不允许	不允许	不允许

　　注：1. 对于死节（包括松软节和腐朽节），除按一般木节测量外，必要时尚应按缺孔验算；若死节有腐朽迹象，则应经局部防腐处理后使用。

　　2. 按本标准选材配料时，尚应注意避免在制成的胶合构件的连接受剪面上有裂缝。

　　3. 对于有过大缺陷的木材，可截去缺陷部分，经重新接长后按所定级别使用。

表 1.23　胶合木结构构件的木材材质等级

项次	主要用途	材质等级	木材等级配置图
1	受拉或拉弯构件	Ⅰ ь	
2	受压构件（不包括桁架上弦和拱）	Ⅲ ь	
3	桁架上弦或拱，高度不大于 500mm 的胶合梁 （1）构件上、下边缘各 0.1h 区域，且不少于两层板； （2）其余部分	Ⅱ ь Ⅲ ь	
4	高度大于 500mm 的胶合梁 （1）梁的受拉边缘各 0.1h 区域，且不少于两层板； （2）距受拉边缘 0.1h～0.2h 区域； （3）受压边缘 0.1h 区域，且不少于两层板； （4）其余部分	Ⅰ ь Ⅱ ь Ⅱ ь Ⅲ ь	
5	侧立腹板工字梁 （1）受拉翼缘板； （2）受压翼缘板； （3）腹板	Ⅰ ь Ⅱ ь Ⅲ ь	

4）轻型木结构规格材

轻型木结构是用规格材及木基结构板材或石膏板制作的木构架墙体、楼盖和屋盖系统构成的单层或多层建筑结构。规格材是按轻型木结构设计的需要，木材截面的宽度和高度按规定尺寸加工的规格化木材。规格材表面已做加工，使用时不再对截面尺寸锯解加工，有时仅作长度方向的切断或接长，否则将会影响其分等定级和设计强度的取值。

我国规格材截面尺寸如表 1.24 所示。宽度规定为 40mm、65mm 和 90mm 三种；40mm 宽的高度从 40mm 至 285mm，有 8 种，65mm 和 90mm 宽的比 40mm 宽的少前面的一种和两种高度。西方国家因惯用英制度量，其截面标准尺寸与我国标准稍有差别，为使用方便，GB 50005—2003 规定，进口规格材截面尺寸与表列规格材尺寸相差不超过 2mm 时，可与其相应规格材等同使用，但不得将不同规格系列的规格材在同一建筑中混合使用。机械分级的速生树种规格材的截面尺寸，宽度均为 45mm，高度有 75mm、90mm、140mm、190mm、240mm 和 290mm 共 6 种规格。

表 1.24　结构规格材截面尺寸表

截面尺寸：宽(mm)×高(mm)	40×40	40×65	40×90	40×115	40×140	40×185	40×235	40×285
截面尺寸：宽(mm)×高(mm)	—	65×65	65×90	65×115	65×140	65×185	65×235	65×285
截面尺寸：宽(mm)×高(mm)	—	—	90×90	90×115	90×140	90×185	90×235	90×285

注：表中截面尺寸均为含水率不大于 20%、由工厂加工的干燥木材尺寸。

　　轻型木结构用规格材分为目测分级规格材和机械分级规格材，目测分级规格材的材质等级如表 1.25 所示，分为 I_c、II_c、III_c、IV_c、V_c、VI_c 和 VII_c 七级；机械分级规格材按强度等级分为 M_{10}、M_{14}、M_{18}、M_{22}、M_{26}、M_{30}、M_{35} 和 M_{40} 八级，标识中的数字即为该等级木材应有的抗弯强度特征值。GB 50005—2003 要求当采用目测分级规格材设计轻型木结构时，应根据构件的用途选用相应的材质等级：用于对强度、刚度和外观有较高要求的构件选用 I_c 或 II_c 材质，用于对强度、刚度有较高要求而对外观只有一般要求的构件选用 III_c 材质，用于对强度、刚度有较高要求而对外观无要求的普通构件选用 IV_c 材质，用于墙骨柱时选用 V_c 材质，除上述用途外的构件可选用 VI_c 或 VII_c 材质。

表 1.25　轻型木结构用规格材材质标准

项次	缺陷名称[2]	材质等级[1]			
		I_c	II_c	III_c	IV_c
1	振裂和干裂	允许个别长度不超过 600mm，不贯通		贯通，长度不超过 600mm；不贯通，长度不超过 900mm 或 $L/4$	贯通，$L/3$ 不贯通，全长三面环裂，$L/6$
2	漏刨	构件的 10% 轻度漏刨[3]		5% 构件含有轻度漏刨[5]，或重度漏刨[4]，600mm	10% 轻度漏刨伴有重度漏刨[4]
3	劈裂	b		$1.5b$	$b/6$
4	斜纹：斜率不大于	1：12	1：10	1：8	1：4
5	钝棱[6]	不超过 $h/4$ 和 $b/4$，全长或等效材面；如果每边钝棱不超过 $h/2$ 和 $b/3$，$L/4$		不超过 $h/3$ 和 $b/3$，全长或等效材面；如果每边钝棱不超过 $2h/3$ 和 $b/2$，$L/4$	不超过 $h/2$ 和 $b/2$，全长或等效材面；如果每边钝棱不超过 $7h/8$ 和 $3b/4$，$L/4$
6	针孔虫眼	每 25mm 的节孔允许 48 个针孔虫眼，以最差材面为准			
7	大虫眼	每 25mm 的节孔允许 12 个 6mm 的大虫眼，以最差材面为准			
8	腐朽—芯材[16a]	不允许		当 $h>40$mm 时，不允许，否则 $h/3$ 或 $b/3$	1/3 截面[12]
9	腐朽—白腐[16b]	不允许		1/3 体积	
10	腐朽—蜂窝腐[16c]	不允许		1/6 材宽[12] 坚实[12]	100% 坚实

续表

项次	缺陷名称	材质等级			
		I c	II c	III c	IV c
11	腐朽—局部片状腐[16d]	不允许		1/6 材宽[12,13]	1/3 截面
12	腐朽—不健全材	不允许		最大尺寸 $b/12$ 和 50mm 长，或等效的多个小尺寸[12]	1/3 截面，深入部分 1/6 长度[14]
13	扭曲，横弯和顺弯[7]	1/2 中度		轻度	中度

项次	缺陷名称 节子和节孔[15] 高度/mm	健全，均匀分布的死节/mm		死节和节孔[8]/mm	健全，均匀分布的死节/mm		死节和节孔[9]/mm	任何节子/mm		节孔[10]/mm	任何节子/mm		节孔[11]/mm
		材边	材心		材边	材心		材边	材心		材边	材心	
14	40	10	10	10	13	13	13	16	16	16	19	19	19
	65	13	13	13	19	19	19	22	22	22	32	32	32
	90	19	22	19	25	38	25	32	51	32	44	64	44
	115	25	38	22	32	48	29	41	60	35	57	76	48
	185	29	48	25	36	57	32	48	73	48	70	95	51
	185	38	57	32	51	70	38	64	89	51	89	114	64
	235	48	67	32	64	93	38	83	108	64	114	140	76
	285	57	76	32	76	93	38	95	121	76	140	165	89

项次	缺陷名称	材质等级		
		V c	VI c	VII c
1	振裂和干裂	不贯通—全长；贯通和三面环裂—$L/3$	材面—长度不超过 600mm	贯通—长度不超过 600mm；不贯通—长度不超过 900mm 或 $L/4$
2	漏刨	任何面中的轻度漏刨中，宽面含 10% 的重度漏刨[4]	轻度漏刨—10% 构件	轻度漏刨[5] 占构件的 5%，或重度漏刨[4]，600mm
3	劈裂	$2b$	b	$3b/2$
4	斜纹：斜率不大于	1:4	1:6	1:4
5	钝棱	不超过 $h/3$ 和 $b/4$，全长或等效材面；如果每边钝棱不超过 $h/3$ 和 $3b/4$，$L/4$	不超过 $h/4$ 和 $b/4$，全长或等效材面；如果每边钝棱不超过 $h/2$ 和 $b/3$，$L/4$	不超过 $h/3$ 和 $b/3$，全长或等效材面；如果每边钝棱不超过 $2h/3$ 和 $b/2$，$L/4$
6	针孔虫眼	每 25mm 的节孔允许 48 个针孔虫眼，以最差材面为准		
7	大虫眼	每 25mm 的节孔允许 12 个 6mm 的大虫眼，以最差材面为准		

续表

项次	缺陷名称	材质等级		
		V_c	VI_c	VII_c
8	腐朽—芯材	1/3 截面[14]	不允许	$h/3$ 或 $b/3$
9	腐朽—白腐	无限制	不允许	1/3 体积
10	腐朽—蜂窝腐	100% 坚实	不允许	$b/6$
11	腐朽—局部片状腐	1/3 截面	不允许	$L/6$[13]
12	腐朽—不健全材	1/3 截面，深入部分 $L/6$[14]	不允许	最大尺寸 $b/12$ 和 50mm 长，或等效的小尺寸[12]
13	扭曲，横弯和顺弯	1/2 中度	1/2 中度	轻度

项次	节子和节孔高度/mm	任何节子/mm		节孔[11]/mm	健全，均匀分布的死节/mm	死节和节孔[9]/mm	任何节子/mm	节孔[10]/mm
		材边	材心					
14	40	19	19	19				
	65	32	32	32	19	16	25	19
	90	44	64	38	32	19	38	25
	115	57	76	44	38	25	51	32
	185	70	95	51	—	—	—	—
	185	89	114	64	—	—	—	—
	235	114	140	76	—	—	—	—
	285	140	165	86	—	—	—	—

注：1. 目测分等应考虑构件所有材面以及两端。表中，b 表示构件宽度，h 表示构件厚度，l 表示构件长度。

2. 除本注解已说明，缺陷定义详见国家标准《锯材缺陷》(GB/T 4832—1995)。

3. 深度不超过 1.6mm 的一组漏刨、漏刨之间的表面刨光。

4. 重度漏刨为宽面上深度为 3.2mm、长度为全长的漏刨。

5. 部分或全部漏刨，或全部糙面。

6. 离材端全部或部分占据材面的钝棱，当表面要求满足允许漏刨规定，窄面上破坏要求满足允许节孔的规定（长度不超过同一等级最大节孔直径的 2 倍），钝棱的长度可为 300mm，每根构件允许出现一次。含有该缺陷的构件不得超过总数的 5%。

7. 顺弯允许值是横弯的 2 倍。

8. 每 1.2m 有一个或数个小节孔，小节孔直径之和与单个节孔直径相等。

9. 每 0.9m 有一个或数个小节孔，小节孔直径之和与单个节孔直径相等。

10. 每 0.6m 有一个或数个小节孔，小节孔直径之和与单个节孔直径相等。

11. 每 0.3m 有一个或数个小节孔，小节孔直径之和与单个节孔直径相等。

12. 仅允许厚度为 40mm。

13. 假如构件窄面均有局部片状腐，长度限制为节孔尺寸的 2 倍。

14. 不得破坏钉入边。

15. 节孔可以全部或部分贯通构件。除非特别说明，节孔的测量方法同节子。

16a. 材心腐朽是指某些树种沿髓心发展的局部腐朽，用目测鉴定。心材腐朽存在于活树中，在被砍伐的木材中不会发展。

16b. 白腐是指木材中白色或棕色的小壁孔或斑点，由白腐菌引起。白腐存在于活树中，在使用时不会发展。

16c. 蜂窝腐与白腐相似但囊孔更大。含有蜂窝腐的构件较未含蜂窝腐的构件不易腐朽。

16d. 局部片状腐是柏树中槽状或壁孔状的区域。所有引起局部片状腐的木腐菌在树砍伐后不再生长。

2. 力学特征

1）足尺试件与标准试件

我国现行《木结构设计规范》（GB 50005—2003）规定原木和方木（含板材）采用清材小试件的试验结果作为确定结构木材设计强度取值的原始依据。对于规格材，尚未规定测定强度的方法，但倾向于采用"足尺试件"的试验方法，有关部门正在开展相关的研究工作。与此相比，国外一些木结构技术发达国家，木材设计强度取值的原始依据主要是足尺试验结果。

清材是指无木节、纤维走向无倾斜、无开裂等任何缺陷的木材。木材物理力学试验要求采用清材制作顺纹受拉、顺纹受压、受剪和横纹承压等小尺寸的标准试件（clear wood 或者 small clear specimen）。我国规定的各类清材小试件的几何形状及其尺寸如图 1.53 所示，拉、弯弹性模量试件形式与其强度试件相同，抗压弹性模量试件为 20mm×20mm×60mm 的棱柱体。试件制作时采用气干木材，制作好后保持含水率在 12% 左右。大量的清材小试件的试验结果表明，其强度和弹性模量等基本符合正态分布，因此可以用正态分布的统计参数来描述它们的特征[30]。

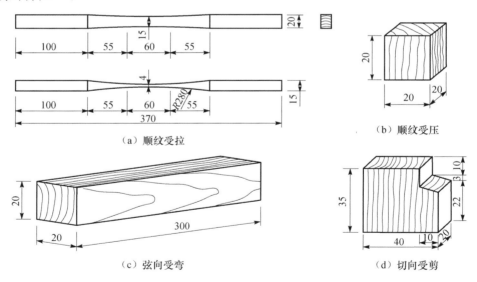

（a）顺纹受拉　　　　　　（b）顺纹受压

（c）弦向受弯　　　　　　（d）切向受剪

图 1.53　木材标准试件的形状尺寸（单位：mm）

足尺试件（lumber 或者 timber）直接来自结构材料，截面尺寸与实际构件一致。特别是对于规格材，直接用规格材做试件，截面尺寸不做改动，以期试验结果能尽可能地反映木材制品的最终使用条件。直接用规格材做试件来获得其各种强度值的试验，被定名为结构木材定级试验（in-grade testing）。结构木材定级试验已被世界许多国家所接受，成为当前测定结构木材强度方法的主流。清材小试件试验方法，由于其结果不能反映存在缺陷的实际木材真实情况，在木结构领域内有被淘汰的趋势，这是木材产品标准化生产的结果，也是解决清材小试件不能很好地反映结构木材特点的一个对策。

大量的足尺试验结果表明，结构木材的强度（拉、压、弯）符合韦伯分布（极值Ⅲ型分布），接近对数正态分布。因此，与清材小试件的强度符合正态分布相比，在相同的保证率（95%）下其强度取值有较大的差别。例如，对截面为 38mm×140mm、长 3.66m 的 240 块花旗松二等材按 3.0m 跨度三分点对称加载进行弯曲试验求得的弯曲强度平均值为 35.8MPa，标准差为 18.7MPa。若按正态分布计算，其 0.05 分位值（在随机分布的许多值中概率分布为 5% 的值，也即保证率为 95% 的值）为 5MPa；如按韦伯分布计算，其 0.05 分位值为 13.3MPa。

2）木材的力学特征

木材具有各种各样的力学性质，其中，与其他材料相比最具特征的是"异向性"和"黏弹性"。

所谓异向性，是指材料的力学性能因负荷的作用方向不同而异的性质，即力学性能各向异性。黏弹性，是指木材同时具有弹性和黏性的性质。例如，在持久荷载（应力一定）作用下，木材的变形随时间而持续增大，这就是木材所发生的蠕变。

这些特征都与木材组织结构密切相关。即决定木材诸性质最重要的细胞是"纤维"，纤维按木材的长度方向排列，且具有各自不同的性质和形状，它们与其他生物组织进行有机的组合。这些决定了木材（清材）是一种正交各向异性的黏弹性材料（viscoelastic materials）。

木质结构设计时，必须考虑木材所具有的这些力学特性。

3）各向异性

木材通常被看成是 3 轴垂直相交的各向异性材料，正如在 1.1.3 小节 5）中所述，可以按纤维（L）方向、半径（R）方向和弦切（T）方向这 3 条基本轴线来进行力学分析（图 1.7）。把 LR、LT 和 RT 面分别叫做径切面、弦切面和横切面。但对于足尺材，由于截面尺寸和长度尺寸较大，年轮呈明显的圆弧状，通常有木节和纤维走向倾斜或扭曲等缺陷，特别是含心材（包含髓的木材），很难看成是纯粹的 3 轴正交各向异性材料。为此，实际上大多将纤维方向称为"纵向"，而将半径和弦切这 2 个方向统称为"横向"。例如，对弹性模量分别称为"纵向弹性模量"和"横向弹性模量"。

4）应力与应变的关系及破坏类型

对木材施加荷载时的应力与应变的关系，如图 1.54 所示可以分为脆性和韧性 2 种类型。不管是哪种类型，当应力在某水平以下时木材只产生弹性变形，不会产生不可恢复的永久变形，即当应力去除后其变形就会恢复。在该范围内木材可作为线性弹性体使用。

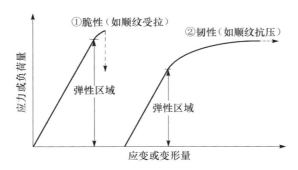

图 1.54　应力与变形的关系及破坏的类型

　　木材的标准清材小试件具有很高的顺纹抗拉强度，其应力-应变曲线如图 1.54 中的曲线①所示。木材被拉断前无明显的塑性变形，应力-应变几乎为线性关系，破坏是脆性的。

　　木材受剪时，其破坏也具有明显的脆性特征，即在无明显变形的情况下突然发生破坏。

　　木材顺纹受压时，木纤维可能受压屈曲，破坏时试件表面因此出现皱折并呈现明显的塑性变形特征（图 1.54 中的曲线②）。应力在抗压极限强度的 20%～30%以前，应力-应变基本呈线性关系，之后呈非线性关系，变形量不断增大。

　　木材弯曲时，由于上表面一侧的木材受压而下表面一侧的木材受拉，其破坏时的特征处于图 1.54 所示的曲线①和曲线②的中间状态。对于足尺锯材弯曲时应力与应变的关系，通过对取自同一原木的干燥锯材（平均含水率约 18%）与未干燥锯材（平均含水率约 30%）的静曲强度试验的结果比较，发现湿材的比例极限强度低于干燥材；对不同材质等级的木材进行静曲强度对比试验，发现材质等级低的木材一般强度较低，看不到明显的比例极限[3]。

　　足尺材的弯曲破坏形式多为伴随纤维倾斜的拉伸型，特别是有节材几乎都是在木节部位破坏；对于长跨距木梁，当梁高较大时，有时会产生端部水平剪切破坏。

　　5）最大应力与应变量

　　木材具有很高的顺纹抗拉强度，清材标准小试件长度方向（纤维方向）的最大拉伸应力为 70～200MPa，此时的应变为 1%～2%（约为钢材的 1/10）；比例极限应力约为最大应力的 3/4，比例极限应变为 0.8%～1.2%。木材顺纹压缩时，其最大应力为顺纹拉伸时的 40%～50%，而最大应力时的应变为 1%～2%，几乎与拉伸时相同；比例极限应力为最大应力的约 2/3，比例极限应变为 0.3%～0.4%。

木材横纹（径向和弦向）抗压和抗拉强度均很小，横纹压缩时的最大应力只有顺纹压缩时的 1/10～1/20；横纹抗拉应力更小，只有顺纹拉伸时的 1/40～1/100。但木材横纹压缩和拉伸时的最大应变与顺纹时基本相同。因此，木结构中要特别注意避免可能发生木材横纹受拉的情况。

6）弹性模量

材料在弹性变形阶段，其应力和应变成正比例关系（即符合胡克定律），其比例系数称为弹性模量（elastic modulus）。为了了解木材在弹性区域内的应力与应变的关系，常需要知道木材的静曲弹性模量(E)、剪切弹性模量(G)和泊松比(ν)。泊松比（Poisson ratio）是指材料在单向受拉或受压时，横向正应变与轴向正应变的绝对值的比值。

木材各方向的静曲弹性模量(E)、剪切弹性模量(G)和泊松比(ν)，可以通过木材纤维方向的静曲弹性模量 E_L 进行估算[31]。E_L 为 3～20（多为 6～14）GPa。

$$E_R = 0.075E_L, \quad E_T = 0.042E_L$$
$$G_{LR} = 0.060E_L, \quad G_{LT} = 0.050E_L, \quad G_{RT} = 0.0029E_L$$
$$\nu_{LR} = 0.40, \quad \nu_{LT} = 0.53, \quad \nu_{RT} = 0.62$$

式中，下标 L、R 和 T 分别表示木材的纵向、径向和弦向。钢材的 E、G/E 和 ν 分别为 2000GPa、0.39 和 0.3，通过比较可知，木材的 E_L 为钢的 1/20 左右，G/E 的值相当小，只有钢材的 1/8～1/135，而 ν 比钢材的大，为钢材 1.3～2.1 倍。木材横截面上的剪切弹性模量 G_{RT} 非常低，是由木材的组织构造所决定的，因为在横截面上剪切荷载正好使管胞处于回转状态，因此特称为"rolling shear（回转剪切）"。

1.3.2　足尺材的强度和许用应力

1. 结构设计法与足尺材强度的关系

与其他结构一样，木结构预期的功能应包括安全性、适用性和耐久性。安全性是指在正常的施工和使用条件下，结构能承受可能出现的各种作用力而不发生破坏，在偶然作用力下结构能保持必要的稳定性；适用性是指在正常的使用过程中，结构能具有良好的功能，如变形不过大，振动等不影响工作和生活；耐久性是指结构在正常的维护条件下，能在预期使用年限内满足上述两项功能。结构的安全与不安全、适用与不适用的界限，可理解为一种"极限状态"，前者通常称为承载能力极限状态，后者通常称为正常使用极限状态[30]。结构设计就是确切地理解和把握这两种极限状态。

随着工程力学、试验技术、结构分析、数理统计和概率论等学科的发展和应用，结构设计逐渐能用数学方法表达结构的安全性和适用性。结构设计理论在经过了很长一段时期的容许应力设计法后，逐步出现了破损阶段设计法、多系数极限状态设计法和基于可靠性理论的极限状态设计法。不管是哪种设计法，通过统计分析来把握结构物的抵抗力分布都是极其重要的。因此，材料的强度评价实际上也是通过观察给足尺材施加负荷时的力学性能为基础来进行的，材料的许用应力和弹性模量就是对它们进行统计处理后推导出来的。

19 世纪以后，以胡克定律为基础的材料力学获得了迅速发展，木结构与其他结构一样，进入了一个容许应力设计方法的阶段，即要求

$$\sigma \leqslant [\sigma] = f_s/k \tag{1-5}$$

式中，σ 为结构构件控制截面上的最大应力；$[\sigma]$ 为容许应力；f_s 为构件材料的弹性极限强度；k 为安全系数，是根据以往经验确定的一个不大于 1 的系数。

可见，容许应力设计法中的"极限状态"或破坏状态是以构件控制截面上的最大应力达到材料的弹性极限为准，即认为构件在外荷载作用下，控制截面上的最大应力不超过 f_s/k，则结构是安全的。这一设计方法的优点是简单易行，但对破坏状态的理解与实际不符。它没有考虑材料具有一定的塑性变形能力，也没有考虑到荷载和材料强度等方面的变异性（不定性），因此称其为定值设计法；另外，对荷载和材料强度的认识不足，安全系数由经验而定，缺乏科学依据。

尽管如此，由于容许应力设计法简便易行，便于工程技术人员理解和掌握，一些国家（如美国）的木结构设计在采用极限状态设计法的同时，也允许采用容许应力设计法。日本则仍然完全采用容许应力设计法，当然，在材料强度取值上已考虑木材的变异性和塑性变形能力等因素的影响。

对于容许应力设计法，作为表示木材强度安全性的指标，使用了"下限强度（lower tolerance limit）"这一概念。通常，该下限强度意味着对有一定离散度的许多试件按照由低往上的顺序排列时（该方法叫做"顺位法（non-parametric method）"）第 5% 的值（即 95% 保证率，0.05 分位值），如果其分布在统计学上有适当的概率密度关系，则可以进行数学计算（把该方法叫做"函数法（para-metric method）"）。

由于求取该值的试验大多是试件数比较少的抽样试验，计算出来的下限强度自身就具有某概率分布。于是设定对应于试件数的可靠度（confidence level，通常取 75%）来对下限强度进行调整。许用应力 $[\sigma]$ 为该下限强度乘以安全系数等（注意，一般将从低开始的第 $n\%$ 的值称为"$n\%$ 下限强度"，因此这里所说的"下限强度"，正确地说是"5% 下限强度"）[3]。

多系数极限状态设计法，明确采用结构的承载力和正常使用两种极限状态，

以满足建筑结构的安全性和适用性要求。在构件承载力计算中采用极限平衡原理，认识到作用效应和结构抗力的不确定性，分别采用了具有一定保证率的标准荷载和材料标准强度的概念，更重要的是，在承载力极限状态下不再采用单一的安全系数，而采用了多系数表达法。在标准荷载基础上考虑超载系数，在抗力方面考虑材料的不均匀系数和工作条件系数，以反映施工质量和使用环境对安全性的影响。

基于可靠性理论的极限状态设计法，在形式上与多系数极限状态设计法类似，但在本质上有极大的不同。该设计法着力于改变对结构安全的观念，从可以接受的与国民经济水准相适应的结构功能失效概率（即结构发生事故的概率）出发，将荷载作用效应和结构抗力的不定性联系起来，把原来仅凭经验确定的安全系数或多系数，转变为结构功能满足不大于该失效概率的各种荷载分项系数、效应组合系数和抗力分项系数（或材料分项系数）等。我国《木结构设计规范》（GB 50005—2003）采用以概率理论为基础的极限状态设计法[4]。

对于极限状态设计法，则使用"强度系数 ϕ"。这与"许用应力"对具有某强度分布的试件集的每一试件不考虑负荷条件、只求出一定的数值不同，是因负荷条件和破坏概率不同而变动的系数。这时，强度系数的计算当然需要试件集的强度分布的平均值、变动系数和分布形状等统计指标。

2. 木材强度的离散度和强度定级方法

木材可以说是离散度很大的材料。以静曲强度为例来看其程度，标准试件的变动系数每个树种在 15%～20%，足尺材超过 30% 并不少见。足尺材静曲强度试验结果如图 1.55 所示，这是从日本的试验研究机构收集到的数据中归纳出来的 4 个树种（截面尺寸没有细分，为 90～120mm 的正方形，含水率 15% 时的修正值）的情况[3]。由图可知，4 个树种中静曲强度的离散系数最小的为柳杉，但也有 20.3%；离散系数最大的为西部铁杉，达 39.9%。静曲弹性模量的离散系数最小的为西伯利亚落叶松，为 18.7%；最大的为柳杉，达 29.4%。

当有这么大的离散度时，为了保证安全，材料许用应力的平均值就不得不设定得相当低，这样就会使许多优质的木材不能充分发挥其作用，即大材小用，浪费木材资源。为物尽其用，使高品质的木材用在关键构件上，低品质的木材用在非关键部位，就有必要对结构用木材进行分等定级。木材材质分等的方法很多，但主要都是通过分析材料离散度的主要因素，根据适当的指标来进行分类，即"强度等级分类法"。按该方法进行分类，木材强度定级方法如图 1.56 所示。

木材材质等级分类的方法主要有"目测等级分类法"和"机械等级分类法"。目测定级是根据每根木材上实际存在的肉眼可见的缺陷（如木节、纤维倾斜和腐朽等）的严重程度将其分为若干等级，而机械定级是根据肉眼不可见的而与强度性能有很高相关性的因子（如弹性模量和硬度等）来对材料进行分等定级。一般

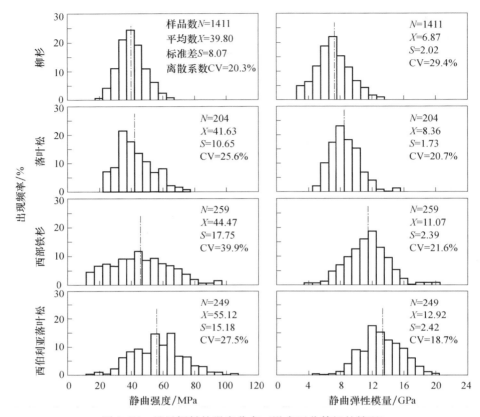

图 1.55　足尺锯材的强度分布（没有区分等级的情况）

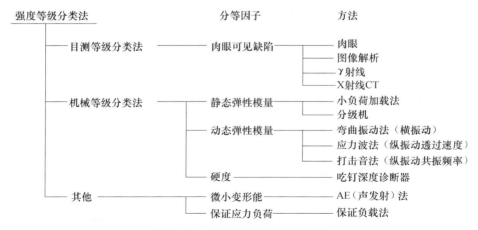

图 1.56　木材强度定级方法分类

来说，后者特别是以弹性模量为指标的机械定级方法，其定级精度较高。但实际上几乎都是采用目测法。

　　如果从统计学的观点来看这些方法，可以用图 1.57 所示的关系来进行分析。即分析足尺材的强度(y) 与解释（影响）强度的变量(x) 间的相关性，设该相关系数为 r，则由 y 的回归直线得到的标准误差基本上为全体标准偏差的 $\sqrt{1-r^2}$ 倍。因此，如果根据与 y 的相关性高的 x 的水平来将足尺材分成几类，则各区间内的足尺材强度的离散度将会比全体的离散度小。举例来说，木材的缺陷（如木节、纤维倾斜、开裂和腐朽等）与其强度有很高的相关性，则缺陷的程度就是影响木材强度的变量(x)，对一批木材进行强度检测，如果不根据缺陷程度对其分等，则这批木材所检测出来的强度值(y) 及所出现的频率包含在图 1.57(a) 的 R 曲线所包络的范围中；而如果根据缺陷程度将这批木材从低到高分成 3 个等级，则这 3 个等级的木材所检测出来的强度值(y) 及其频率将分别包含在 R1、R2 和 R3 曲线所包络的范围中。很显然，R1、R2 和 R3 曲线中强度值(y) 的离散系数都比 R 曲线中强度值(y) 的离散系数小。

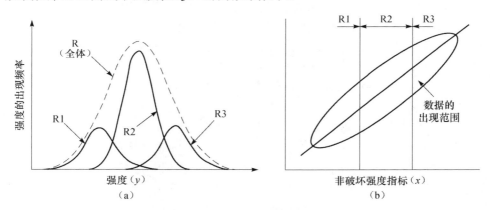

图 1.57　定级的概念

　　强度定级的确立，需要知道足尺材的强度与能够非破坏性预知强度的材质指标间的关系（如目测材质等级与足尺材的强度关系、足尺材通过应力分等机时的应力或挠度与强度的关系等）。于是，必须进行大量的各种强度试验来进行统计解析。结果表明，该 r 对于足尺材的静曲强度目视法为 0.3～0.6，根据弹性模量的机械法为 0.5～0.8，它们合并为 0.6～0.85，自变量采取方法（如缺陷程度、挠度大小等）即定级方法所产生的标准误差的差异相当大。

　　3. 目测定级法

　　目测定级法是一种相当古老的在现场按经验进行定级的方法。美国标准 ASTM D 245 将其进行了体系化，日本 JAS 中的目测法标准也沿用了这种思路。它基于"足尺材的强度为从其中取出的无缺陷材的强度乘以由缺陷的大小和存在位置等所决定的强度降低系数"这样一个重要的假定。即这些国家的目测定级与强度取值联系在一起。我国《木结构设计规范》（GB 50005—2003）对原木和方木采用目测定级，但与强度取值无关，这一差别应予以注意[30]。

缺陷为在木材利用上有某障碍的异常部分的总称，种类很多。其中，GB 50005—2003中的目测法中特别重视的是腐朽、假设在弯曲、压缩和拉伸负载下的"木节"和"斜纹"，及对抗剪产生不利的"裂缝"，其他缺陷有"髓心"、"虫蛀"、"钝棱"和"扭纹"等。GB 50005—2003 将原木、方木（含板材）材质等级分为三级，而将规格材分为七级，并规定了每一个级别的目测缺陷的限值。而木材的强度由这些木材的树种确定，定级后不同等级的木材不再做强度取值调整，但对各等级木材可用的范围作了严格的规定。目测缺陷的限值及各等级木材可用的范围在 1.3.1 小节 1 中已叙述。

4. 机械定级法

机械定级实质上是按某种非破损检测方法，测定结构用木材的某一物理指标，按该指标的大小来确定木材的等级，或最终能以木材的特征强度确定其等级。作为足尺材的强度定级方法，目前最有效且容易实现检测自动化的方法是以弹性模量（主要为静曲弹性模量）为指标的定级方法，许多国家已经或正在标准化。我国开始部分采用机械定级，但其方法尚在研究之中。下面介绍的是日本的主要机械定级方法。

以弹性模量为指标的定级法从系统上可以分为两大方法。

一种方法是对结构用针叶树锯材（包括方木和板材）所采用的"机械管理方式"，即先实测一批材料的弹性模量和强度值，并根据其数据建立起弹性模量与强度的关系式（图 1.58[6]），再以通过机械测定的弹性模量为基准来进行定级。定级材能否满足所设定的强度值，通过抽样检查进行定期检验。该方法适用于对象材料的弹性模量与强度的关系比较稳定的情况，而当其关系显著变化时，如不同树种和产地的木材的弹性模量与强度的关系，就必须通过实测来预先建立。

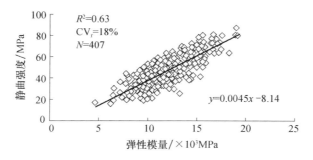

图 1.58　挪威云杉侧立静曲强度与弹性模量的关系

另一方法为适用于轻型木结构用锯材（即规格材）的所谓机械应力定级木材（machine stress rated lumber，MSRL）的"输出管理方式"。这是预先确定所生产材料的弹性模量和强度的高低（基准），通过控制弹性模量的极限值，使由机械定级的材料其弹性模量和强度都能满足所确定基准的方法。该方法适用于任何品质的对象材料，不需要通过实测来预知弹性模量与强度的关系。但定级材的检查方法比机械管理方式更严，需要抽取相当多样本数。

弹性模量的测定方法有"静态测定法"和"动态测定法"两种。

前者是利用对材料的加载速度比较缓慢时的弹性模量（主要为静曲弹性模量）与强度的相关关系；后者也称为振动法，是利用给材料施加冲击荷载（打击等）时发生的共振现象和微小的振动来计算弹性模量的方法[32]。与静态测定法相比，动态测定法的荷载施加方法简单，也容易适用于大的材料，除通常适用于梁、桁材外，也适合于原木，特别是如果方法得当还可以适用于立木，因此有望应用于对原材料的定级。

图 1.56 中被分类到"其他"中的"保证负载法"和"AE"，严格地说，不能列入非破坏性定级法的范围。将在 1.3.3 小节中对它们进行叙述。

5. 定级材的强度性能

根据以上各种方法分等定级的结构用锯材其静曲强度的分布与 5％下限值如图 1.59 所示。图中采用的分等方法是日本农林标准 JAS 中的"结构用针叶树锯

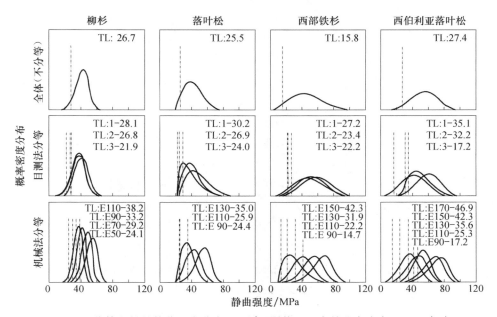

图 1.59　分等木材的静曲强度分布和 5％下限值（日本林业白皮书，1994 年度）

材"。由图可知，分等木材与不分等木材相比，强度值的离散度减小，强度的可靠性更高，即分等木材的使用更安全，同时也更能发挥高等级木材的作用；机械法分等与目测法相比，各等级材的强度分布范围（离散度）更小，其下限值的差也更加明了，由此可见机械法分等木材的强度更可靠，也更能物尽其用。这就是采用机械法进行木材定级的意义所在。

6. 许用应力的推导方法

木材的许用应力由"下限强度"乘以安全系数求得。

对于锯材，日本规定的强度品质数值是《建筑基准法施行令》第 95 条的所谓"材料强度"，一般大多将其视为"下限强度"。许用应力等于材料的下限强度乘以安全系数再乘以荷载持续时间系数。下限强度是根据足尺材和无缺陷材各自的试验结果为基础计算出来的，安全系数取 2/3，荷载持续时间系数 β 在标准中取 0.5，所以许用应力为下限强度除以 3。

对于长期荷载条件下的"长期许用应力"的推导，有"蠕变"和"负荷持续时间效应"两种考虑方法。

蠕变就是给木材施加一定的负荷后应变（塑性应变）逐渐增加的现象。负荷在某水平（蠕变极限，静态强度的 $50\%\sim60\%$）以内时，在此负荷的长期作用下，应变量最终将达到弹性变形的 $1.6\sim2.0$ 倍；当负荷超过蠕变极限时，在此负荷的长期作用下，材料将发生破坏（图 1.60）。日本规定长期许用应力＝短期许用应力/2，就是根据蠕变极限推导出来的。如果是在蠕变极限以内，去除负荷后，其应变将慢慢地恢复。

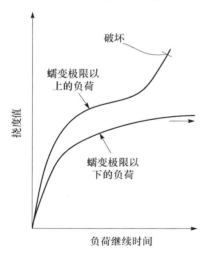

图 1.60　静曲蠕变现象的模型图

与此相对，美国使用了负荷持续时间（duration of load）这一概念。它考虑了负荷连续或累计施加的条件，是一种强度降低系数，该负荷持续时间所产生的强度下降如图 1.61 所示。即设标准强度试验时间为 7.5min，将 10 年间负荷条件（标准荷载）下的值作为标准许用应力（N_f），根据这时的负荷持续时间系数（设 7.5min 为 1 时，取 0.62）和安全率（1/1.3）及 L_F（足尺材的下限强度值），推导许用应力如下所示：

$$N_\mathrm{f} = L_\mathrm{F} \times 0.62 \times (1/1.3) = L_\mathrm{F}/2.1 \tag{1-6}$$

同样，对于风、地震和积雪也可以求得与其负荷持续时间相应的许用应力。

例如，地震负荷的持续时间很短，作为负荷持续时间系数，使用其累计时间。不过请留意，这些只适用于"应力设计"。

我国《木结构设计规范》（GB 50005—2003）将常用普通木结构用木材树种归类，按其抗弯强度设计值划分为若干强度等级。针叶树种划分为 TC17、TC15、TC13 和 TC11 四个强度等级，并按其抗拉、抗压和抗剪能力的不同，每一强度等级又分为 A 和 B 两组（表1.26）；阔叶树种划分为 TB20、TB17、TB15、TB13 和 TB11 五个强度等级（表 1.27）。各强度等级木材的弯、拉、压和剪等强度设计值如表 1.28 所示[4]。

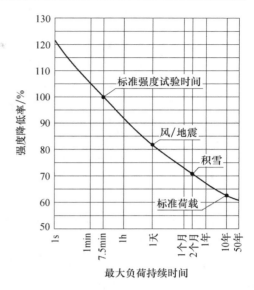

图 1.61　最大负荷持续时间与强度降低率

表 1.26　针叶树种木材适用的强度等级

强度等级	组别	适用树种
TC17	A	柏木、长叶松、湿地松、粗皮落叶松
	B	东北落叶松、欧洲赤松、欧洲落叶松
TC15	A	铁杉、油杉、太平洋海岸黄柏、花旗松-落叶松、西部铁杉、南方松
	B	鱼鳞云杉、西南云杉、南亚松
TC13	A	油松、新疆落叶松、云南松、马尾松、扭叶松、北美落叶松、海岸松
	B	红皮云杉、丽江云杉、樟子松、红松、西加云杉、俄罗斯红松、欧洲云杉、北美山地云杉、北美短叶松
TC11	A	西北云杉、新疆云杉、北美黄松、云杉-松-冷杉、铁-冷杉东部铁杉、杉木
	B	冷杉、速生杉木、速生马尾松、新西兰辐射松

表 1.27　阔中树种木材适用的强度等级

强度等级	适用树种
TB20	青冈、桐木、门格里斯木、卡普木、沉水稍克隆、绿心木、紫心木、李叶豆、塔特布木
TB17	栎木、达荷玛木、萨佩莱木、苦油树、毛罗藤黄
TB15	锥栗（桴木）、桦木、黄梅兰蒂、梅萨瓦木、水曲柳、红劳罗木
TB13	深红梅兰蒂、浅红梅兰蒂、白梅兰蒂、巴西红厚壳木
TB11	大叶椴、小叶椴

表 1.28　木材的强度设计值和弹性模量　　　（单位：N/mm²）

强度等级	组别	抗弯 f_m	顺纹抗压及承压 f_c	顺纹抗拉 f_t	顺纹抗剪 f_v	横纹承压 $f_{c,90}$			弹性模量 E
						全表面	局部表面和齿面	拉力螺栓垫板下	
TC17	A	17	16	10	1.7	2.3	3.5	4.6	10000
	B		15	9.5	1.6				
TC15	A	15	13	9.0	1.6	2.1	3.1	4.2	10000
	B		12	9.0	1.5				
TC13	A	13	12	8.5	1.5	1.9	2.9	3.8	10000
	B		10	8.0	1.4				9000
TC11	A	11	10	7.5	1.4	1.8	2.7	3.6	9000
	B		10	7.0	1.2				
TB20	—	20	18	12	2.8	4.2	6.3	8.4	12000
TB17	—	17	16	11	2.4	3.8	5.7	7.6	11000
TB15	—	15	14	10	2.0	3.1	4.7	6.2	10000
TB13	—	13	12	9.0	1.4	2.4	3.6	4.8	8000
TB11	—	11	10	8.0	1.3	2.1	3.2	4.1	7000

注：当矩形截面尺寸边不小于 150mm 时，强度可提高 10%。

　　木材强度受结构的使用环境影响会有一定的变化，上述木材强度设计值适用于结构处于正常的使用环境，否则需要调整。设计使用年限以 50 年为基准期，少于或多于 50 年时也要作调整。GB 50005—2003 规定了不同设计使用年限时和不同使用条件下木材强度设计值和弹性模量的调整系数，如表 1.29 和表 1.30 所示。

表 1.29　不同设计使用年限时木材强度设计值和弹性模量的调整系数

设计使用年限	调整系数	
	强度设计值	弹性模量
5 年	1.1	1.1
25 年	1.05	1.05
50 年	1.0	1.0
100 年及以上	0.9	0.9

表 1.30　不同使用条件下木材强度设计值和弹性模量的调整系数

使用条件	调整系数	
	强度设计值	弹性模量
露天环境	0.9	0.85
长期生产性高温环境，木材表面温度达 40~50℃	0.8	0.8
按恒荷载验算时	0.8	0.8

续表

使用条件	调整系数	
	强度设计值	弹性模量
用于木构筑物时	0.9	1.0
施工和维修时的短暂情况	1.2	1.0

注：1. 当仅有恒荷载或恒荷载产生的内力超过全部荷载所产生内力的80%时，应单独以恒荷载进行验算。

2. 当若干条件同时出现时，表列各系数应连乘。

对于进口规格材的强度设计值，对应于我国可靠性指标，GB 50005—2003规定可按表1.31和表1.32取用，并应乘以表1.33中的尺寸调整系数。

表 1.31　北美地区目测分级进口规格材强度设计值和弹性模量

名　　称	等级	截面最大尺寸/mm	设计值/(N/mm²)					
			抗弯 f_m	顺纹抗压 f_c	顺纹抗拉 f_t	顺纹抗剪 f_v	横纹承压 $f_{c,90}$	弹性模量 E
花旗松-落叶松类（南部）	Ⅰc	285	16	18	11	1.9	7.3	13000
	Ⅱc		11	16	7.2	1.9	7.3	12000
	Ⅲc		9.7	15	6.2	1.9	7.3	11000
	Ⅳc、Ⅴc		5.6	8.3	3.5	1.9	7.3	10000
	Ⅵc	90	11	18	7.0	1.9	7.3	10000
	Ⅶc		6.2	15	4.0	1.9	7.3	10000
花旗松-落叶松类（北部）	Ⅰc	285	15	20	8.8	1.9	7.3	13000
	Ⅱc		9.1	15	5.4	1.9	7.3	11000
	Ⅲc		9.1	15	5.4	1.9	7.3	11000
	Ⅳc、Ⅴc		5.1	8.8	3.2	1.9	7.3	10000
	Ⅵc	90	10	19	6.2	1.9	7.3	10000
	Ⅶc		5.6	16	3.5	1.9	7.3	10000
铁-冷杉（南部）	Ⅰc	285	15	16	9.9	1.6	4.7	11000
	Ⅱc		11	15	6.7	1.6	4.7	10000
	Ⅲc		9.1	14	5.6	1.6	4.7	9000
	Ⅳc、Ⅴc		5.4	7.8	3.2	1.6	4.7	8000
	Ⅵc	90	11	17	6.4	1.6	4.7	9000
	Ⅶc		5.9	14	3.5	1.6	4.7	8000
铁-冷杉（北部）	Ⅰc	285	14	18	8.3	1.6	4.7	12000
	Ⅱc		11	16	6.2	1.6	4.7	11000
	Ⅲc		11	16	6.2	1.6	4.7	11000
	Ⅳc、Ⅴc		6.2	9.1	3.5	1.6	4.7	10000
	Ⅵc	90	12	19	7.0	1.6	4.7	10000
	Ⅶc		7.0	16	3.8	1.6	4.7	10000
南方松	Ⅰc	285	20	19	11	1.9	6.6	12000
	Ⅱc		13	17	7.2	1.9	6.6	12000
	Ⅲc		11	16	5.9	1.9	6.6	11000
	Ⅳc、Ⅴc		6.2	8.8	3.5	1.9	6.6	10000
	Ⅵc	90	12	19	6.7	1.9	6.6	10000
	Ⅶc		6.7	16	3.8	1.9	6.6	9000

名　称	等级	截面最大尺寸/mm	设计值/(N/mm²)					
			抗弯 f_m	顺纹抗压 f_c	顺纹抗拉 f_t	顺纹抗剪 f_v	横纹承压 $f_{c,90}$	弹性模量 E
云杉-松-冷杉类	I c	285	13	15	7.5	1.4	4.9	10300
	II c		9.4	12	4.8	1.4	4.9	9700
	III c		9.4	12	4.8	1.4	4.9	9700
	IV c、V c		5.4	7.0	2.7	1.4	4.9	8300
	VI c	90	11	15	5.4	1.4	4.9	9000
	VII c		5.9	12	2.9	1.4	4.9	8300
其他北美树种	I c	285	9.7	11	4.3	1.2	3.9	7600
	II c		6.4	9.1	2.9	1.2	3.9	6900
	III c		6.4	9.1	2.9	1.2	3.9	6900
	IV c、V c		3.8	5.4	1.6	1.2	3.9	6200
	VI c	90	7.5	11	3.2	1.2	3.9	6900
	VII c		4.3	9.4	1.9	1.2	3.9	6200

表 1.32　欧洲地区目测分级进口规格材强度设计值和弹性模量

名　称	等级	截面最大尺寸/mm	设计值/(N/mm²)					
			抗弯 f_m	顺纹抗压 f_c	顺纹抗拉 f_t	顺纹抗剪 f_v	横纹承压 $f_{c,90}$	弹性模量 E
欧洲赤松欧洲落叶松欧洲云杉	I c	285	17	18	8.2	2.2	6.4	13000
	II c		14	17	6.4	1.8	6.0	11000
	III c		9.3	14	4.6	1.3	5.3	8000
	IV c、V c		8.1	13	3.7	1.2	4.8	7000
	VI c	90	14	16	6.9	1.3	5.3	8000
	VII c		12	15	5.5	1.2	4.8	7000
欧洲道格拉斯松	I c、II c	285	12	16	5.1	1.6	5.5	11000
	III c		7.9	13	3.6	1.2	4.8	8000
	IV c、V c		6.9	12	2.9	1.1	4.4	7000

表 1.33　尺寸调整系数

等级	截面高度/mm	抗弯		顺纹抗压	顺纹抗拉	其　他
		截面宽度/mm				
		40 和 65	90			
I c、II c、III c、IV c、V c	≤90	1.5	1.5	1.15	1.5	1.0
	115	1.4	1.4	1.1	1.4	1.0
	140	1.3	1.3	1.1	1.3	1.0
	185	1.2	1.2	1.05	1.2	1.0
	235	1.1	1.2	1.0	1.1	1.0
	285	1.0	1.1	1.0	1.0	1.0
VI c、VII c	≤90	1.0	1.0	1.0	1.0	1.0

北美地区目测分级规格材代码和我国 GB 50005—2003 目测分级规格材代码的对应关系如表 1.34 所示。

表 1.34　北美地区目测分级规格材与我国目测分级规格材代码的对应关系

我国规格材等级	I_c	II_c	III_c	IV_c	V_c	VI_c	VII_c
北美规格材等级	select structural	No. 1	No. 2	No. 3	stud	construction	standard

我国机械分级木材强度设计值和弹性模量如表 1.35 所示，与国外产品的对应关系如表 1.36 所示。对于北美机械分级规格材，横纹承压和顺纹抗剪的强度设计值为表 1.31 中相应目测分级规格材的强度设计值。对于那些经过认证审核并且在生产过程中有常规足尺测试的特征强度值，其强度设计值可按有关程序由测试特征强度值（而不是强度相关关系）确定。

表 1.35　机械分级规格材强度设计值和弹性模量　　（单位：N/mm²）

强　度	强度等级							
	M10	M14	M18	M22	M26	M30	M35	M40
抗弯 f_m	8.20	12	15	18	21	25	29	33
顺纹抗拉 f_t	5.0	7.0	9.0	11	13	15	17	20
顺纹抗压 f_c	14	15	16	18	19	21	22	24
顺纹抗剪 f_v	1.1	1.3	1.6	1.9	2.2	2.4	2.8	3.1
横纹承压 $f_{c,90}$	4.8	5.0	5.1	5.3	5.4	5.6	5.8	6.0
弹性模量 E	8000	8800	9600	10000	11000	12000	13000	14000

表 1.36　我国机械分级规格材等级与国外机械分级规格材等级的对应关系

我国采用等级	M10	M14	M18	M22	M26	M30	M35	M40
北美采用等级	—	1200f-1.2E	1450f-1.3E	1650f-1.5E	1800f-1.6E	2100f-1.8E	2400f-2.0E	2850f-2.3E
新西兰采用等级	MSG6	MSG8	MSG10	—	MSG12	—	MSG15	—
欧洲采用等级		C14	C18	C22	C27	C30	C35	C40

当规格材搁栅数量大于 3 根，且与楼面板、屋面板或其他构件有可靠连接时，设计搁栅的抗弯承载力时，可将抗弯强度设计值 f_m 乘以 1.15 的共同作用系数。

1.3.3　木质材料的材料设计和强度保证

1. L-R 模型和结构可靠性

图 1.62 为 L-R 模型，即材料抵抗力（强度）的大小及其出现的概率与作用在材料上的作用力（负载，外力）的大小及其出现的概率的关系模型。L 为负载

(load)，R 为抵抗力（resistance）。对于机械构件，该模型有时也称为 S-S（stress-strength）模型等。

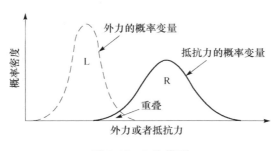

图 1.62　L-R 模型

图 1.62 的横轴表示构件材料的抵抗力（强度）或作用的负荷（外力）的大小。左侧的虚线"山"形为负荷的出现概率密度曲线，右侧的"山"形为抵抗力（构件材料和接头的强度等）的出现概率密度曲线。虽然两者都是用连续的曲线表示的，但不妨将其看做是直方图。即该图的纵轴（概率密度）是某大小的抵抗力或作用力出现的次数或频率，越是"山"上方表示其出现的可能性就越大；反之，"山"的平坡部分表示出现的可能性就低[33]。

L-R 模型有两个重要意义：其一是构件的抵抗力（强度）和作用于构件的负载都并非一定值，都具有离散度；其二为构件的破坏产生于负载比抵抗力（强度）大时。很自然，即使是很弱的构件，如果没有大的负荷作用也不会发生破坏；而即便是大的负荷，如果是很强的构件也不会破坏。发生破坏的只是在偶尔弱的构件上偶尔遇上大的负荷时。

根据 L-R 模型的重要意义，我们再来看图 1.62，可知在表示为"重叠"的附近容易发生破坏。由于"重叠"部分的面积并不表示破坏的概率，故缺乏数学的严密性，但重叠越少破坏的概率就会越小，"结构可靠性"就越高；反之，重叠越多，"结构可靠性"就越低。

2. 从 L-R 模型看木质材料的强度特性

一般来说，木质材料的离散度比锯材的小，设木质材料的抵抗力（强度）的平均值和锯材的相等，锯材和木质材料的 L-R 模型对照如图 1.63 所示[34]。由此图可知，木质材料的重叠部分比锯材的少。因此，木质材料的破坏概率小，可靠性高，强度性能好。

由此可知，要了解木质材料的强度特性，仅求取其平均值是不充分的，求取离散的程度是很重要的。由于木质材料的强度特性大多不是像该图一样呈左、右对称分布，所以必须了解其分布的形状。

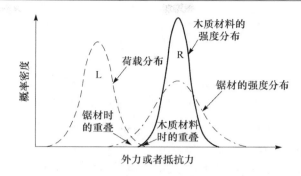

图 1.63　离散度大的锯材与离散度小的木质材料的比较

如上所述，求取木质材料的强度特性，无非就是采用某种方法了解强度的分布或进行推定。同样，木质材料的材料设计，就是探讨材料的组合使其满足制品的强度分布所要求的性能。木质材料的强度保证，意味着排除偏离制品强度分布的部分，或者使其分布向左、右移动。

当然，木质材料有很多种类，其强度特性也有各种各样的类型，要了解它们所有的分布形状，从时间上和费用上都是很困难的。因此，普遍引用理论的形状来进行推定。不过，木质结构设计法的国际趋势，是从过去的许用应力设计法向考虑足尺材强度离散度的结构可靠性设计法移动，因此，最好应尽可能地多收集足尺材试验结果。

3. 层积效应

前面提到"木质材料比锯材的离散度小"，但没有说明"为什么"。在此根据"层积效应"进行解说。

构成木质材料的单元体的特征（如强度）其离散度非常大，如果将其中任意抽取的若干单元体进行层积，则层积后的木质材料的特征将被平均化，其离散度将比单元体的小。进行层积时，混有强度非常低的单元体，相邻单元体将对其进行补强。这样的效果一般称为"层积效应"。

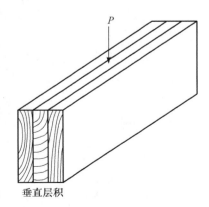

由同一原料的薄板制作如图 1.64 所示的垂直层积材，其 MOE 的分布可作为层积效应最简单的一例。

从原料薄板的母集团（平均值为 μ、标准偏差为 σ 的正态分布）随机抽取 2 块时，设其MOE 分别为 E_1 和 E_2，则层积材的 MOE(E_n)

垂直层积

图 1.64　层积方法

为其两者的平均值，即

$$E_n = (E_1 + E_2)/2$$

同样，当取 3 块时

$$E_n = (E_1 + E_2 + E_3)/3$$

此时，由于 E_1、E_2 和 E_3 都是从同一母集团随机抽取的，E_n 的分布（n 为层积数）平均值为 μ、标准偏差为 $\sigma/\sqrt{n}$ 的正态分布。

将此关系用图表示，如图 1.65 所示[34]。图中的粗实线（1 层）为原料薄板的 MOE 分布曲线；细实线（2 层）表示用该种薄板 2 张进行层积后的层积材的 MOE 的分布曲线；同样，细虚线（3 层）为层积 3 张这种薄板的层积材的 MOE 的分布曲线。正如前面所示关系，由图可知，层积数越多其离散度就越小，可靠性就越高。

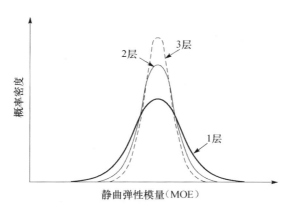

图 1.65　层积效果产生的 MOE 离散度的减小

该例是假设没有对单元体（薄板）进行分等，从中随机抽取进行层积的。如果将单元体分成几个等级，再进行适当的组合，就可以制造出离散度更小的制品。

实际的木质材料，如结构用 LVL 的生产过程中，也要对单元体（单板）进行这样的等级分类。还有，结构用大截面集成材（层板胶合木），《木结构设计规范》（GB 50005—2003）采用目测定级方法将胶合木结构板材划分为 I_b、II_b 和 III_b 三个材质等级，并给出了它们的材质等级标准（表 1.22），要求分等使用材料。

上例中，假定薄板的 MOE 为正态分布。根据统计学的基础定理——中心极限定理，不管原来的分布是什么形式，若层积数 n（薄板的张数）增大，则层积材的 MOE 就更接近平均值为 μ、标准偏差为 $\sigma/\sqrt{n}$ 的正态分布。

对于 MOE 和密度这样的非破坏性因子，大多可以用中心极限定理对其离散度进行量化，但对于强度没有这么简单。虽然这么说，有时也可以预测其分布。举例说明如下。

　　用无缺陷花旗松刨切单板（密度 0.44～0.48g/cm³），并制成单板层积材，从中切取小块进行剪切试验（层数为 5、10、15 和 20 共 4 种），结果如图 1.66 所示[35]，试件数为每个条件 100 个。由图可知，标准偏差随层积数的增加而减小，分布形态变得尖锐。不过，到 15 层为止，前面所述层积数与标准偏差的关系基本成立；而到 20 层左右时，发现有层积效应变小的倾向。这种层积效应达到极限的现象，在其他试验中也得到了证明。

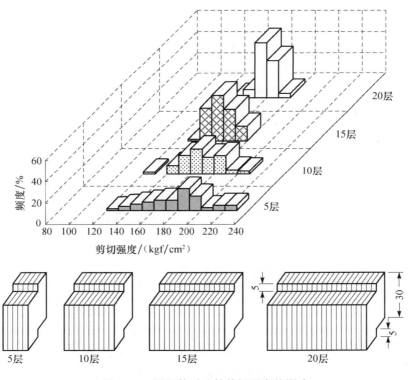

图 1.66　层积数对试件剪切强度的影响

4. 许用应力

　　木质材料是将木材先分解成单元体再重构而成。因此，根据单元体的种类和再构成的方法，其强度特性各不相同。例如，即使都属于刨花板范畴的制品，OSB 和普通刨花板，其静曲强度值大不相同。还有 LVL 和胶合板，虽然采用相同的单元体（单板），但由于构成方法不同，其强度特性完全不同。特别是同一种类的制品，因树种不同其强度特性不同；即使同一树种，也因产地不同而不同。严格地说，即使同一制品，因制造企业或者制造工厂不同，其强度特性的分布也不相同。

这样，木质材料的强度特性，因企业不同和制品不同而不同。按理说，许用应力也应与此对应来进行设定。但若各制品的强度值不同，对木质结构的设计者来说是非常烦琐的，对制造者来说必须对数量很多的每个制品进行大量试验，也是非常不便的。为此，如日本，对每种木质材料都制定了制造标准（日本农林标准 JAS），对于符合标准的制品，给予许用应力值。

我国《刨花板》（GB/T 4897.1—2003）对所有板型的共同要求作出了规定，《刨花板》（GB/T 4897.4～GB/T 4897.7—2003）分别对在干燥状态下和潮湿状态下使用的结构用板和增强结构用板的理化性能指标作出了规定；《定向刨花板》（LY/T 1580—2000）将 OSB 分成四类，并分别给出了物理力学性能指标；《单板层积材》（GB/T 20241—2006）将结构用单板层积材（SLVL）分成三个等级，并分别提出了组坯要求和理化性能指标；《结构用竹木复合板》（GB/T 21128—2007）对其制品提出了外观要求和理化性能指标，但都没有给予许用应力值。

关于许用应力的推导，到现在为止还没有统一的方法，因制品不同而不同。但基本的方法大都是以足尺试件的试验数据为基础，引用理论并参考各国的案例来决定其值。

在日本，法律上要求给予许用应力的木质材料全部为柱材。对于以结构用胶合板和 OSB 为首的木质板材类，虽然 JAS 中有，但没有设定许用应力。这是由于到目前为止，这些材料还没有真正作承载使用，不需要给出许用应力。但随着木质板材类结构利用的进一步推广，将来会有必要给予许用应力。

5. 材料设计与制造

在制造木质材料时，不但要考虑所要求的性能和制品的经济性，同时还必须决定使用什么样的材料和构成什么样的截面，这就是材料设计。我国目前还没有给出木质材料的许用应力值，进行材料设计时就有较大的困难。下面以日本的情况来说明材料设计与制造。

如上所述，日本已建立了这样的系统：如果制品符合制造标准，就会自动给予许用应力，强度就能够得到保证。这样，材料设计就变得简单了。只要研究制造工艺和品质管理的方法，使其能够符合制品的标准和制造基准就可以了。当然，标准范围以外独自开发的制品和 I 形梁那样的复合材料也可以进行材料设计，但此时必须接受建筑基准法 38 条的认定获得许用应力。

只要是满足标准的制品，就给予许用应力。这意味着如果标准发生变化，许用应力也有可能变化。例如，1996 年 2 月结构用集成材的 JAS 标准进行了大的修订，由此许用应力的体系也发生了很大变化。

　　这说明许用应力并非不变，而是有变化的可能，但这并不意味着木质材料的制造和品质管理的要点发生了变化。下面就需要特别注意的关键点进行说明。

　　首先，与制品的种类无关，制造和管理上最重要的是原料木材的品质管理。正如之前反复陈述的那样，由于木材是离散度非常大的原料，有必要以某种形式将单元体分等后再投入制造生产线。如果单元体不进行分等，制品的离散度势必增大，强度的可靠性就会降低。特别是单元体较大的集成材和 LVL，单元体分等是不可缺少的。这些制品中，薄板和单板的分等过去一般采用单纯的目测法，但最近开始使用分等机进行强度等级分类，材料的可靠性变得更高。

　　其次，重要的是胶合工程的管理。由于大部分结构用木质材料都是由单元体胶合而成，如果胶合不充分就达不到所定的强度和耐久性。特别是像端接材，胶合对材料整体的强度产生很大影响，这时，胶合管理远比原材料的选择更重要。

　　为了防止出现胶合不良，严格的作业工程管理是不可缺少的；在制造过程中也必须采取措施，以便一旦出现胶合不良时能够及时检查发现。特别如指接材这种采用目测法不能判断制品好坏的场合，施加验证荷载的方法（图 1.67）是很有效的[33]。

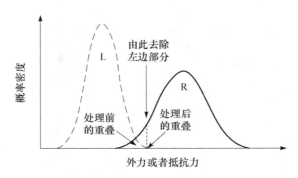

图 1.67　通过施加验证荷载来提高可靠性的概念

　　所谓施加验证荷载，是指在作为制品出厂前，在制品上施加比使用应力更高的应力来确认其安全性。如果制品中有在使用应力以下产生破坏的不良品，通过该处理可以确认将其去除。由图 1.67 可知，通过施加验证荷载，R 的左裙摆部分被去除，破坏概率显著减小，可靠性大大提高。

1.3.4　木质材料的许用应力

　　对于普通层板胶合木（集成材），其强度设计值仍可按表 1.28 取用[4]；对于受弯、拉弯或压弯胶合木构件，表 1.28 的抗弯强度设计值应乘以表 1.37 中的修正系数；工字形和 T 形截面的胶合木构件，其抗弯强度设计值除按表 1.37 乘以修正系数外，还应乘以截面形状修正系数 0.9；对于曲率半径 R 与薄木板厚度 t 之比 $R/t < 240$ 的胶合木弧形构件，除前面的规定外，还应乘以由下式计算的修正系数 ψ_m：

$$\psi_m = 0.76 + 0.001(R/t) \tag{1-7}$$

表 1.37　胶合木构件抗弯强度设计值修正系数

宽度/mm	截面高度 h/mm						
	<150	150~500	600	700	800	1000	≥1200
$b < 150$	1.0	1.0	0.95	0.90	0.85	0.80	0.75
$b \geq 150$	1.0	1.15	1.05	1.0	0.90	0.85	0.80

　　由于我国还没有对结构用木质材料给出许用应力值，只能参考我国有关结构用木质材料的力学性能指标（表 1.38～表 1.42），同时也可以对照国外有关木质材料的许用应力值进行取值。例如，《单板层积材》（GB/T 20241—2006）非等效采用日本农林水产省告示第 237 号《结构单板积层材》，结构用单板层积材按组坯和静曲强度分为优等品、一等品和合格品 3 个等级，按弹性模量分为 10 个级别（表 1.41），按水平剪切强度分为 8 个级别（表 1.42）。结构用单板层积材的许用应力值可以参考日本《结构用单板层积材（LVL）的许用应力》（表 1.43）。

表 1.38　结构用刨花板和增强结构用刨花板的静曲强度和弹性模量

性能	使用条件	板型	单位	公称厚度范围/mm							
				3~4	4~6	6~13	13~20	20~25	25~32	32~40	>40
静曲强度	干燥状态下	结构用	MPa	≥15	≥17	≥15	≥13	≥11	≥9	≥7
		增强结构用	MPa	—		≥20	≥18	≥16	≥15	≥14	≥12
	潮湿状态下	结构用	MPa	≥20	≥19	≥18	≥16	≥14	≥12	≥10	≥9
		增强结构用	MPa	—		≥22	≥20	≥18.5	≥17	≥16	≥15
弹性模量	干燥状态下	结构用	MPa	≥1950	≥2200	≥2300	≥2150	≥1900	≥1700	≥1500	≥1200
		增强结构用	MPa	—		≥3150	≥3000	≥2550	≥2400	≥2200	≥2050
	潮湿状态下	结构用	MPa	≥2250	≥2250	≥2250	≥2400	≥2150	≥1900	≥1700	≥1550
		增强结构用	MPa	—		≥3350	≥3100	≥2900	≥2800	≥2600	≥2400

注：本表根据《刨花板》（GB/T 4897.4～GB/T 4897.7—2003）制成。

表 1.39　结构用竹木复合板的静曲强度和弹性模量

性能指标		单位	A 级	B 级	C 级
弹性模量	顺纹	MPa	≥9000	≥6000	≥3000
	横纹		≥2500		
静曲强度	顺纹	MPa	≥90	≥60	≥30
	横纹		≥20		

注：此表引自《结构用竹木复合板》（GB/T 21128—2007）。

表 1.40　定向刨花板的静曲强度和弹性模量

性能指标		单位	公称厚度/mm											
			6～10				>10～<18				≥18～25			
			OSB/1	OSB/2	OSB/3	OSB/4	OSB/1	OSB/2	OSB/3	OSB/4	OSB/1	OSB/2	OSB/3	OSB/4
静曲强度	平行	MPa	20	22	22	30	18	20	20	28	16	18	18	26
	垂直		10	11	11	16	9	10	10	15	8	9	9	14
弹性模量	平行	MPa	2500	3500	3500	4800	2500	3500	3500	4800	2500	3500	3500	4800
	垂直		1200	1400	1400	1900	1200	1400	1400	1900	1200	1400	1400	1900

注：1. 此表引自《定向刨花板》（LY/T 1580—2000）。
　　2. OSB/1 为一般用途板材和装修材料，适用于室内干燥状态条件下；OSB/2 为承载板材，适用于室内干燥状态条件下；OSB/3 为承载板材，适用于潮湿状态条件下；OSB/4 为承重载板材，适用于潮湿状态条件下。

表 1.41　结构用单板层积材的静曲强度和弹性模量指标

弹性模量级别	弹性模量/MPa		静曲强度/MPa			弹性模量级别	弹性模量/MPa		静曲强度/MPa		
	平均值	最小值	优等品	一等品	合格品		平均值	最小值	优等品	一等品	合格品
180E	$18.0×10^3$	$15.0×10^3$	67.5	58.0	48.5	100E	$10.0×10^3$	$8.5×10^3$	37.5	32.0	27.0
160E	$16.0×10^3$	$14.0×10^3$	60.0	51.5	43.0	90E	$9.0×10^3$	$7.5×10^3$	33.5	29.0	24.0
140E	$14.0×10^3$	$12.0×10^3$	52.5	45.0	37.5	80E	$8.0×10^3$	$7.0×10^3$	30.0	25.5	21.5
120E	$12.0×10^3$	$10.5×10^3$	45.0	38.5	32.0	70E	$7.0×10^3$	$6.0×10^3$	26.0	22.5	18.5
110E	$11.0×10^3$	$9.0×10^3$	41	35.0	29.5	60E	$6.0×10^3$	$5.0×10^3$	22.5	19.0	16.0

注：本表引自《单板层积材》（GB/T 20241—2006）。

表 1.42　结构用单板层积材的水平剪切强度指标

水平剪切强度级别*	65V-55H	60V-51H	55V-47H	50V-43H	45V-38H	40V-34H	35V-30H
垂直加载/MPa	6.5	6.0	5.5	5.0	4.5	4.0	3.5
平行加载/MPa	5.5	5.1	4.7	4.3	3.8	3.4	3.0

* 表示产品垂直加载和水平加载剪切强度的质量水平。

表 1.43　结构用单板层积材（LVL）的许用应力（日本建设省通知）

静曲弹性模量分类	等级	长期荷载下许用应力/(kgf/cm²)			短期荷载下许用应力/(kgf/cm²)			静曲弹性模量分类	等级	长期荷载下许用应力/(kgf/cm²)			短期荷载下许用应力/(kgf/cm²)		
		压缩	拉伸	弯曲	压缩	拉伸	弯曲			压缩	拉伸	弯曲	压缩	拉伸	弯曲
180E	特级	155	120	195	分别为长期荷载下压缩、拉伸及弯曲材质的2倍			120E	特级	105	80	130	分别为长期荷载下压缩、拉伸及弯曲材质的2倍		
	1级	150	100	170					1级	100	65	110			
	2级	140	85	140					2级	95	55	95			
160E	特级	140	105	175				100E	特级	85	65	110			
	1级	135	90	150					1级	85	55	95			
	2级	125	75	125					2级	80	45	80			
140E	特级	120	90	155				80E	特级	70	50	85			
	1级	120	80	130					1级	65	45	75			
	2级	110	65	110					2级	65	40	65			

续表

水平剪切性能	长期荷载下剪切许用应力/(kgf/cm²)	短期荷载下剪切许用应力/(kgf/cm²)	水平剪切性能	长期荷载下剪切许用应力/(kgf/cm²)	短期荷载下剪切许用应力/(kgf/cm²)
65V-55H	13	为长期荷载下剪切材质的2倍	45V-38H	9	为长期荷载下剪切材质的2倍
60V-51H	12		40V-34H	8	
55V-47H	11		35V-30H	7	
50V-43H	10		—	—	

参 考 文 献

[1]　朱光前. 我国木材市场特点及发展趋势[J]. 中国人造板,2010,(4):6—11.

[2]　有馬孝礼. エコマテリアルとしての木材[J]. 材料,1994,(2):127—136.

[3]　今村祐嗣,川井秀一,則元京,等. 建築に役立つ木材・木質材料学[M]. 東京:東洋書店:1997:16—96.

[4]　中华人民共和国国家标准. 木结构设计规范(GB 50005—2003)(2005 年版)[S]. 北京:中国建筑工业出版社,2006:6—25.

[5]　有馬孝礼. 住宅生産におけるCO₂放出と木材利用による炭素貯蔵[J]. 森林文化研究,1992,(1):109—119.

[6]　樊承谋,王永维,潘景龙. 木结构[M]. 北京:高等教育出版社,2009:3—32.

[7]　梶田熙,今村祐嗣,川井秀一,等. 木材・木質材料用語集[M]. 東京:東洋書店,2002:95.

[8]　顾炼百. 木材加工工艺学[M]. 北京:中国林业出版社,2003:127—157.

[9]　日本木材加工技術協会. 日本の木材[M]. 東京:日本木材加工技術協会,1984:10—31.

[10]　佐々木光,川井秀一. 木質材料—開発の現状と方向[J]. 材料,1988,(11):1349—1356.

[11]　喜多山繁. 木材の加工[M]. 東京:文永堂出版,1991:173—178.

[12]　王世锐. 介绍一座大跨径胶合木公路桥梁[J]. 公路,1960,(2):25—27.

[13]　樊承谋,张盛东,陈松来,等. 木结构基本原理[M]. 北京:中国建筑工业出版社,2008:112—128.

[14]　马岩. 重组木技术发展过程中存在的问题分析[J]. 中国人造板,2011,(2):1—5,9.

[15]　盛振湘. 我国定向刨花板生产工艺的选择与探讨[J]. 中国人造板,2007,(10):12—15.

[16]　樊承谋,聂圣哲,陈松来,等. 现代木结构[J]. 哈尔滨:哈尔滨工业大学出版社,2007:45—48.

[17]　王潜,林知行,佐々木光他. サバ産植林木 LVLの複合梁フランジとしての利用-1-LVL化による材質の信頼性向上[J]. 木材学会誌,1990,(8):624—631.

[18]　上田恒伺,平井卓郎. 構造用木質平面材料の強度性能[J]. 北海道大学農学部邦文紀要,1991,(4):489—498.

[19]　飯島邦夫. 人工木目単板の特色・製造法[J]. 木材工業,1993,(11):564—566.

[20]　王传耀. 木质材料表面装饰[M]. 北京:中国林业出版社,2006:110—188.

[21]　高橋富雄. 建装材における木質材料の2次加工の概要-1-[J]. 木材工業,1992,(12):

582—587.

[22]　高橋富雄. 建装材における木質材料の2 次加工の概要-2-[J]. 木材工業,1993,(11)：
　　　　9—12.

[23]　顾继友,胡英成,朱丽滨. 人造板生产技术与应用[M]. 北京：化学工业出版社,2009：
　　　　40—47.

[24]　梶田熙. シンポジウム：新時代を迎えた木質ボード類[J]. 木材保存,1994,(1)：34—38.

[25]　Alexopoulos J. Accelerated aging and outdoor weathering of aspen waferboard [J]. Forest
　　　　Products Journal,1992,(2)：15—22.

[26]　Kajita H,Mukudai J,Yanno H. Durability evaluation of particleboard by accelerated aging
　　　　tests [J]. Wood Science and Technology,1991,(25)：239—249.

[27]　River,Brian H. Outdoor aging of wood-based panels and correlation with laboratory test
　　　　[J]. Forest Products Journal,1994(11/12)：55—65.

[28]　今村祐嗣,西本孝一. 腐朽によるパ-ティクルボ-ドの曲げ性能の変化[J]. 木材学会誌,
　　　　1984,(12)：1027—1034.

[29]　大熊幹章,鴛海四郎,松岡昭四郎. 住宅構成材料としてのパ-ティクルボ-ドの耐久
　　　　性—実際使用と促進試験[J]. 木材工業,1981,(6)：264—271.

[30]　潘景龙,祝恩淳. 木结构设计原理[M]. 北京：中国建筑工业出版社,2009：17—59.

[31]　澤田稔. 木材の変形挙動[J]. 材料,1983,(8)：838—847.

[32]　祖父江信夫. 強度に関連する因子とその計測法[J]. 木材工業,1992,(11)：507—513.

[33]　林知行. 構造信頼性向上技術としての集成加工-1-[J]. 木材工業,1992,(4)：152—156.

[34]　林知行. 構造信頼性向上技術としての集成加工-2-[J]. 木材工業,1992,(5)：207—212.

[35]　林知行,宮武敦. 積層材のブロックせん断および曲げ強度に及ぼす積層数の影響[J].
　　　　材料,1995,(3)：273—278.

第2章 木质住宅的结构强度性能

对住宅最基本的要求，首先是能遮风避雨、躲避严寒，避免暴风雪和地震等自然灾害；然后是躲避狼和猴等野兽的侵袭，保护人身安全。但随着人类文明的发展，人们希望更加舒适的居住环境，对住宅功能的要求也逐渐增多。为了能适应其要求，必须考虑平面的和立体的规划、居住性、美观性、耐久性、结构安全性和施工经费等各种各样的要素，从综合的角度进行住宅设计，不能只突出特定的要求项目或无视某要求项目。

结构安全性的研究，当然也不例外。结构部分，除专家外很难判断其好坏，住宅一旦完成就难以看得出来；与房间的布局、设备、外观和内部装饰等相比，来自业主的具体要求和希望要少得多。由于有这些限制，优秀的住宅结构设计也并非容易。

但是，确保最低限度的结构安全性，是住宅设计的必要条件。多次大灾难的实例如实地对其进行了说明。特别是近几年，以城市为中心，住宅每户的占地面积有逐渐减少的倾向，以有限的占地面积应对多方面的要求，要实现结构强度上理想的建筑物形状和承载构件的配置并非易事。为此，只能靠技术来弥补这些问题，充分掌握结构设计知识就越来越重要了。换言之，住宅设计工程师或技术员的作用增大了。

本章就木质住宅结构设计的基本要点进行阐述。

2.1 木质住宅的结构形式和建筑设计

2.1.1 木质住宅的结构形式

1. 木质住宅最初的构成方法

为了理解现代木质住宅的构成方法，我们有必要了解其历史的变迁。考古发现表明，早在距今约4万年至1万年前的旧石器时代晚期，已有我国古人类"掘土为穴"（穴居）和"构木为巢"（巢居）的原始营造遗迹。分别代表长江和黄河流域文明的浙江余姚河姆渡遗址和西安半坡遗址，反映了早在7000年至4000年前我国木建筑的构成方法及其水平。

公元前4800～前4300年半坡遗址中，房屋有圆形、方形半地穴式和地面架木构筑之分。圆形房子直径一般在4～6m，墙壁是在密集的小柱上编篱笆并涂以拌草泥做成。方形或长方形房子面积小的 $12\sim20\text{m}^2$，中型的 $30\sim40\text{m}^2$，最大的复原面积达 160m^2。图 2.1 为半地穴式圆形房子的木构架示意图及其复原图，它是先在地面掘入深约 0.5m 的圆形坑，接着在其中埋固数根木立柱，然后在立柱上搭建一个尖形屋顶，最后在立柱间编织篱笆墙并糊上拌草的泥，给屋顶盖上树皮或茅草，所有节点都用藤和绳连接。图 2.2 为长方形地面建筑的木构架示意图及其复原图，其木柱布置已略呈规则柱网，房屋已具"间"的雏形，中间一列四柱高出檐柱以承托脊檩。我国木结构典型的梁柱式构架初见于此。

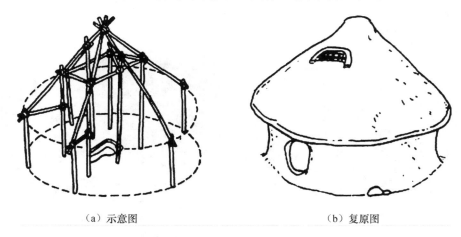

（a）示意图　　　　　　　　　　　（b）复原图

图 2.1　半坡遗址半地穴式圆形房子木构架示意图及复原图

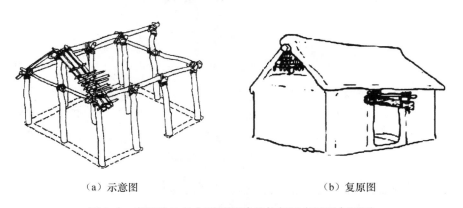

（a）示意图　　　　　　　　　　　（b）复原图

图 2.2　半坡遗址长方形地面建筑构架示意图及复原图

在距今约 7000 年的河姆渡遗址中，挖掘发现了大量干栏式建筑遗迹，其中有幢建筑长 23m 以上，进深 6.4m，檐下还有 1.3m 宽的走廊。这种长屋里面可以分隔成若干小房间，供一个大家庭住宿。图 2.3 为其复原后的照片。河姆渡遗址的建筑是以大小木桩为基础，其上架设大小梁，铺上地板，做成高于地面的基座,然后立柱架梁、构建人字坡屋顶,完成屋架部分的建筑,最后用苇席或树皮做成围护设施。其中,立柱的固定方法也可能是从地面开始,通过与桩木绑扎的办法树立。这种下面架空且带长廊的长屋建筑,古人称为干栏式建筑,它适应南方地区潮湿多雨的地理环境,因此被后世所继承,现在在我国西南地区和东南亚国家的农村还可以见到此类建筑。清理出来的构件主要有木桩、地板、柱、梁、枋等,有些构件上带有榫头和卯口(图 2.4),约有几百件,说明当时建房时垂直相交的接点较多地采用了榫卯技术。图 2.5 为归纳出的几种榫卯连接的形式。这类榫卯连接在随后的数千年岁月里沿用、演化,以至于成为我国木结构连接的特点之一[1]。

图 2.3　河姆渡晚期木建筑复原图

图 2.4　河姆渡晚期木建筑榫卯构件

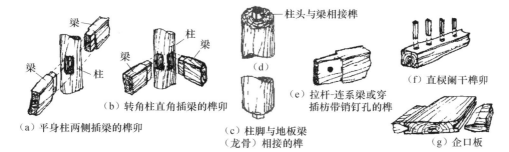

图 2.5　河姆渡遗址榫卯连接的形式

斗转星移,我国古代木结构在上述原始雏形的基础上不断演化和改进,逐渐形成了梁柱式构架和穿斗式构架两类主要体系。自战国时期以来,直至清末甚至现在,这两种体系还一直沿用。

梁柱式构架的特点是柱网下以石础为基,上或以榫卯或以斗拱(大型重要建筑)承托横梁(额、枋),横梁上再立短柱(瓜柱),承托更上一层横梁,最上层横梁承托檩子。横梁跨度自下而上逐渐减小,形成坡屋顶构架。图 2.6 所示为北京故宫太和殿的外观和内部结构,为典型的古代梁柱式构架。我国古代木结构与西方木结构体系不同，不采用任何形式的桁架。

（a）太和殿外观——梁柱式构架　　　　　　　　（b）太和殿内部梁柱式构架

图 2.6　北京故宫太和殿的梁柱式构架

榫卯连接，是效法自然的一种表现。梁和柱通过榫卯连接为一体，尤如树干和树枝有机地"连接"为整体，形成可以重承的结构。所谓斗拱，是斗和拱的合称（图 2.7）。拱是在柱顶向上、向外逐层叠放的弓形悬臂构件，斗则为拱与拱之间设置的方形木垫块。斗拱增大了梁的支承长度，减小了梁的跨度，且便于形成屋面挑檐。斗拱连接恰似由树干顶端扩展的树冠，也是效法自然的杰作。

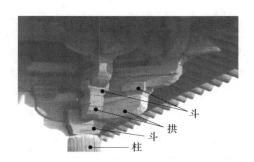

图 2.7　斗拱

斗拱连接在东汉及南北朝时期的重要建筑物中即已被广泛采用，至唐代在建筑物高度中所占尺寸比例达到顶峰。其大者可占柱高的 0.4～0.5 倍，斗拱雄大，显得头大身短。至宋代斗拱的高度比例逐渐减小，而装饰作用增强。到明清时期，斗拱的功能进一步减弱，所占比例进一步缩小，有的甚至只起装饰作用。

穿斗式构架流传于长江流域及以南地区，主要用于民间住宅建筑。如图 2.8 所示，穿斗式构架的主要构件有柱、穿枋、斗枋、纤子和檩子。沿房屋的进深方向按檩数立一排柱，每柱上架一檩，檩上布椽，屋面荷载直接由檩传至柱，不用梁。每排柱子靠穿透柱身的穿枋横向贯穿起来，成一榀构架。每两榀构架之间使用斗枋和纤子连接起来，形成一间房间的空间构架。斗枋用在檐柱柱头之间，形如抬梁构架中的阑额；纤子用在内柱之间。斗枋、纤子往往兼作房屋阁楼的龙骨。

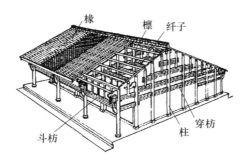

图 2.8　穿斗式构架

每檩下有一柱落地，是它的初步形式。根据房屋的大小，可使用"三檩三柱一穿"、"五檩五柱二穿"、"十一檩十一柱五穿"等不同构架。随柱子增多，穿的层数也增多。此法发展到较成熟阶段后，鉴于柱子过密影响房屋使用，有时将穿斗架由原来的每根柱落地改为每隔一根落地，将不落地的柱子骑在穿枋上，而这些承柱穿枋的层数也相应增加。穿枋穿出檐柱后变成挑枋，承托挑檐。此时的穿枋也部分地兼有挑梁的作用。

我国古代木结构体系中的木梁和木柱是房屋的基本承重构件，砖墙仅起填充和侧向支撑作用。但由于其梁的跨度有限且需要使用较多的木材，随着西方科学的传入，出现了桁架这一构件形式，于是我国的木结构房屋逐渐转变为由承重砖墙支承的木桁架结构体系所替代，称为砖木结构房屋。对于砖木结构房屋，木结构基本上被限制在木屋盖应用范围内，由于大大减少了木材的使用量，这一结构形式一直到 20 世纪 70 年代都还有使用。

2. 木质住宅的结构形式

木质住宅的结构形式多种多样，从不同的角度可以对其进行不同的分类。我国《木结构设计规范》（GB 50005—2003）基本按所用木材的种类划分，将以原木、方木为主材的称为普通木结构，以规格材为主材的称为轻型木结构，以集成材为主材的称为胶合木结构[2]。从如何抵抗荷载（外力），特别是风和地震的水平荷载来看，现代木质住宅的结构形式可分为如下 4 种类型。

1）梁柱结构

梁柱结构即由梁、柱承受竖向荷载，并采用榫卯连接。它是在由垫梁、柱和横梁等构件构成的四角空间形状的梁柱上，加入数个强度要素而成的一种结构。

其要素有如图 2.9 所示的贯木/过梁、墙壁和斜撑。贯木（穿枋、斗枋）和过梁，从结构力学的角度可以认为是基本上相同的，它们大多在同一建筑物内一起被使用，故将其作为 1 个要素。梁柱可以与 3 个要素中的 1 个或 2 个或 3 个进行组合。只组合 1 个要素的梁柱结构，分别叫做贯木/过梁结构、梁柱壁结构和斜撑结构；由 2 个或以上要素组合时，将它们总称为梁柱结构。

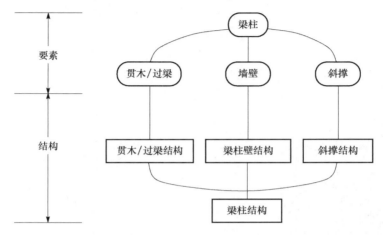

图 2.9　梁柱结构的要素和组合

　　贯木/过梁结构如图 2.10（a）所示，是根据木材之间的挤压阻抗来抵抗外力矩的一种构架（后述的半刚性节点构架）。为了增大力矩阻抗，就需要大直径的柱材，但即使增大直径其阻抗也是有限的，因此建筑物全体必须配置数量较多的贯连接。贯木/过梁结构的构架原理如图 2.10（b）所示[3]。该结构自古以来就一直被使用，给人以古老的印象，但它具有开放的空间，适合东南亚的风土气候。

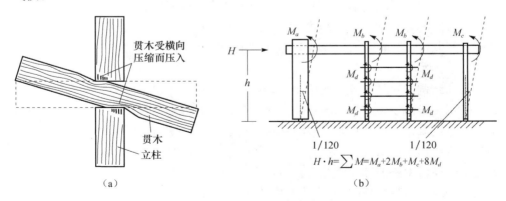

图 2.10　贯木/过梁结构的原理

梁柱壁结构中的墙，有的如图 2.11 所示，梁柱的一部分显露在外面，这样的墙称为露柱墙；有的如图 2.12 所示，梁柱全部被隐藏在墙壁内，这样的墙称为隐柱墙[4]。露柱墙一般不承受荷载，其制作式样多种多样，如用小径竹或竹条编织成墙骨，然后涂抹拌入了草（或纸筋）的土泥（或石灰土泥）的土墙和嵌入木板条的木板墙等。露柱墙通常和贯木（穿枋）并用，贯木可以看做墙壁的一部分。隐柱墙制作，一般是在梁、柱组成的框架上铺钉结构用胶合板或结构用刨花板等面板。隐柱墙一般作为剪力墙使用，其抵抗水平荷载的能力与铺钉的面板材料的强度有关。

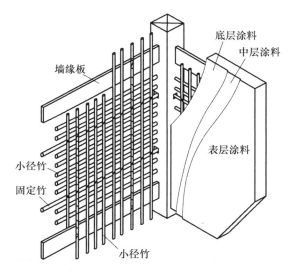

图 2.11　在编竹上抹泥的露柱墙

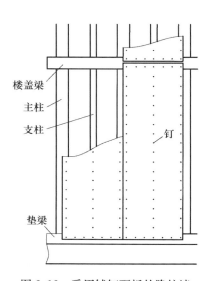

图 2.12　采用铺钉面板的隐柱墙

如果墙壁使用各种具有功能的材料，这些功能就会给予建筑物，这就是墙壁的魅力所在。例如，土墙可以改善温、湿度环境，内藏绝热材料的墙壁可以使建筑物具有高的隔热性，隐柱墙式样具有高气密性和高耐火性能等。但由于墙壁的存在，限制了设计自由度，难以实现开放的居住空间，在增建或改建时也带来不便。

斜撑结构，就是在梁柱构架中增加斜撑的一种结构。斜撑在古代木结构中就曾被使用，但由于在狭窄的露柱墙内难以安装，以及很多人都不喜欢使用斜材，所以在近代木结构中有很长一段时间很少看到斜撑的使用。日本也是这样，据说在日本传统建筑中从未使用斜撑。但在浓尾大地震（1891 年发生于日本以岐阜和爱知两县为中心的 8.0 级地震）后，人们开始认识到斜撑对抗震的有效性，日本在 1951 年制定的《建筑基准法》中规定了其使用义务。该法律制定后，由于新建和改建木质住宅全部使用了斜撑，木质住宅所受地震灾害显著减少。由此可见斜撑在木结构中的重要作用。斜撑与在梁柱构架上铺钉面板的剪力墙等相比，由于力只集中在接点部分，使用斜撑时必须注意该点的有关情况。加入了斜撑的梁柱部分，由于难以作为窗和进出口使用，通常该部分为墙壁。因此，受到和前述梁柱壁结构同样的限制。

2）板式结构

板（壁、盒）式结构与由垫梁、柱和横梁构成的梁柱结构形式不同，整个墙壁为构成结构体的单元。例如，轻型木结构（用规格材及木基结构板材或石膏板制作的木构架墙体、楼板和屋盖系统构成的单层或多层建筑结构）和壁板结构就属于板式结构。原木结构从原理上也可以认为是板式结构，但由于将其分为了其他类，故在此除外。板式结构中的墙壁都是隐柱墙，板式结构的优缺点与前述梁柱结构的隐柱墙式样相同。另外，还有这样一个特征：由于骨架隐藏在壁内，因而不受装饰上的制约，可以只追求强度等性能，这一点是对所有隐柱墙式样而言的。对于壁板结构等，部件可以实现工厂化生产（即工厂预制、装配式），从生产和施工方面来说更具合理性，可以进一步提高生产效率、保证加工质量。

3）木质刚架结构

前面已述，贯木/过梁结构为刚架结构，但这里所说的木质刚架结构，是指使用螺栓等连接件和黏结剂对接口进行连接的刚架结构（参照 2.3.1 节）。木质刚架结构由于其结合部位发生回转和滑移、构件的刚性较低、合理的结构计算方法还没有确立等原因，以前只限于三铰山形拱架等部分刚架结构。现在对木质刚架结构进行了大量开发研究，有的已得到实际应用，有的正处于实用转换过程中。

4）原木结构

原木结构为使用原木或方木的叠积结构，其结构形式属于板式结构。我国称其为井干式木结构，俗称木刻楞，通常为一层平房或一层带阁楼的房屋。被称为原木房屋的原木结构中，也有一种是用柱和梁构成框架，再在框架中嵌入原木等并安装斜撑的结构形式，但从结构原理上说，它应该属于前述的梁柱结构。原木结构其木材用量大，目前仅在林区的少数民宅或景点别墅式建筑中采用，不可能大量推广。

2.1.2　木质住宅的构造方法分类

在前面就木质住宅的结构形式进行了叙述，这里就现代木质住宅的构造方法，根据现行设计规范来进行分类。现代木质住宅的构造方法，主要有传统梁柱构造法、规格材构造法、原木叠积构造法和大截面构件构造法。

传统梁柱构造法，我国设计规范尚未规定其结构性能要求，本章将参照日本的有关设计方法作简要介绍。日本建筑法规规定，在梁柱构架中必须加入一定量的斜撑或设置剪力墙。传统梁柱构造法的结构形式相当于前面介绍的梁柱结构。在前面对梁柱结构中的贯木/过梁结构也进行了叙述，在日本现行法规中，要求贯木/过梁结构必须采用大截面木构件。

　　规格材构造法，其对应的结构为轻型木结构，我国《木结构设计规范》（GB 50005—2003）对其设计和构造等进行了规定，可按其进行设计和建造。规格材构造法，有一部分有时使用斜撑，但由于斜撑是辅助性的，大部分是由在墙骨材上铺钉面板的壁体构成，是代表性的板式结构（图 2.13）。

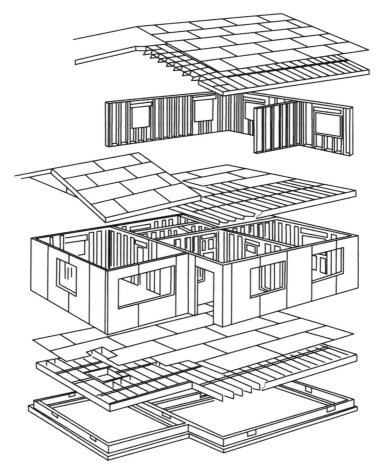

图 2.13　规格材构造法结构示意图

　　原木叠积构造法，其对应的结构为井干式木结构。我国设计规范未对其设计和构造等进行规定。井干式木结构，基本上是由圆木或方木叠积而成，是一种古老的板（壁、盒）式结构（图 2.14）。由于在我国不可能大量推广应用，仅对其作简要介绍。

图 2.14　井干式木结构房屋外形

大截面构件构造法，是在认识了所谓大截面木材的耐火性能后新增的一种构造方法。该构造法虽然要求进行结构计算，由于不必使用斜撑或剪力墙，也可以做成刚架结构和贯木/过梁结构等。

2.1.3　木质住宅的结构设计体系

新中国成立后，随着我国国民经济建设发展的前三个"五年计划"的推进，基本建设规模迅速扩大，木材需求量急剧增加，森林被大量砍伐，加上重采轻植和毁林造田等思想的影响，木材资源几乎被耗尽，而当时又无足够资金进口木材，到 20 世纪 70 年代木结构在我国基本被停用，我国木结构研究也被迫处于停滞状态，长达近 30 年之久。进入 21 世纪，我国木结构研究工作终于开始复苏，国际先进的木结构科学技术被引进，2003 年首次制定并颁布了《木结构设计规范》（GB 50005—2003）。

由于我国木结构是在停止近 30 年后重新起步，木质住宅结构设计体系还很不完善，需要学习国际先进的木结构科学技术。这里将根据我国《木结构设计规范》（GB 50005—2003）并参考日本的有关木结构设计规范，对木质住宅结构设计体系进行说明。

1）法令的适用范围和结构计算

木结构建筑物的结构计算或者其他的计算，根据构造方法、建筑物的高度、檐高和建筑总面积有几种途径，另外还有防灾上的规定，整体来说呈现复杂多样性。

图 2.15 所示为日本木质结构的结构设计流程[5]。首先根据建筑物的规模（面积和高度等）进行分类，接着考虑是否为大截面构件木结构建筑，最后根据

木结构的构造方法确定技术标准和结构计算的途径。图中"令"和"告示"，分别为日本《建筑基本法》实施令和日本建设省告示的标记。

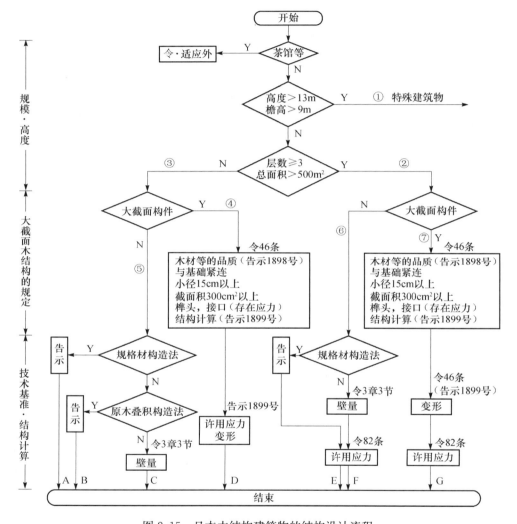

图 2.15　日本木结构建筑物的结构设计流程

首先，日本《建筑基本法》第 20 条规定："建筑物对于自重、荷载、积雪、风压、土压及水压和地震及其他震动或冲击，结构必须安全"，明确了建筑物是否适用现行法令都必须保证结构安全这一大原则。

日本《建筑基本法》实施令第 3 章结构强度中，对建筑的具体结构计算和有关安全性作出了规定。其中，第 3 节是针对木结构的。此节对木材的品质、垫梁、基础、柱的小径、梁的缺陷、斜撑的尺寸与连接、角部斜撑、接头/榫槽的连接、壁倍率和壁量、木结构校舍、防腐装置等有关木结构内容进行了全面的规定。

在设计流程（图 2.15）的开头，"对于茶馆、亭子及与之类似的建筑物或面积在 10m² 以内的储藏室、棚及与之类似的建筑物，不适用"。这是由于对于极小规模的建筑物，如果能够确保《建筑基本法》第 20 条所说的安全性能，即使不适用这里的规定也没有关系，另外不要求进行结构计算。

日本建设省告示第 915 号规定，木结构建筑物中高度超过 13m 或者檐高超过 9m 者为特殊建筑物，要求进行抗震二次设计。

我国《木结构设计规范》（GB 50005—2003）对材料（包括木材、钢材和结构用胶）、设计原则、设计指标和允许值、木结构构件计算（验算）、木结构连接计算（验算）、普通木结构、胶合木结构和轻型木结构及木结构防火的有关内容进行了规定。

2）不必进行结构计算的建筑物

在日本，当木结构建筑物层数不超过 2 层、总面积在 500m² 以下，且主要构件为非大截面构件时，不必进行结构计算（图 2.15 中的途径⑤），可按构造规定进行。非大截面构件下，包含规格材构造法（途径 A）、原木叠积构造法（途径 B）和传统梁柱构造法（途径 C）。

（1）规格材构造法。

在日本建设省告示第 56 号中，明确了建筑物所要求的性能。为了实现该性能，可以通过结构计算等来保证，也可以根据该告示中的式样规定（限定了使用材料和施工方法的规定）来建造建筑物。该式样规定之所以能满足告示要求的性能，一个主要的原因是其中也包含了后面将讲到的"壁量"计算等。因此，该告示可以说是性能规定型标准，即不限定使用材料和施工方法，只要满足要求性能就行。

用做规格材的木材，是日本农林标准规定的规格材构造法结构用锯材，其许用应力在日本建设省建筑指导科长通告中也作了规定。

木材的弹性模量和握钉力，在日本住宅金融合作社的"规格材构造法的结构设计—跨距表—"中给出了值。

日本住宅金融合作社的《规格材构造法工程共同式样书》，在该构造法的技术标准告示中添加了细节，规定了更加具体的式样。

（2）原木叠积构造法。

原木叠积构造法，其主要结构安全上的规定是根据日本《建筑基本法》实施令计算荷载外力，据此在原木间打入相应根数的榫条（木的或钢的圆棒）。

有关该构造法的具体式样，日本住宅金融合作社出版了《原木叠积构造法住宅工程共同式样书》，可以参照其进行结构设计。

（3）传统梁柱构造法。

它是日本《建筑基本法》实施令第 3 章第 3 节木结构规定中设定的结构，习惯上俗称传统构造法。该第 3 节中，如前所述设定了木材的品质和壁量的规定。这里的壁量计算与规格材构造法的考虑方法完全相同。不过，总面积在 50m² 以下的平房，不要求作该壁量的计算。

我国《木结构设计规范》（GB 50005—2003）第 9 章第 2 节对轻型木结构设计要求进行了规定。其中，当 3 层以下民用建筑物每层面积不超过 600m²、层高不大于 3.6m，且符合其他一些规定时，轻型木结构抗侧力设计可以按照构造要求进行，即不必进行结构计算。

除上述不必进行结构计算的建筑物之外，其他木结构建筑物都必须进行结构计算。

2.1.4　基于构造规定的木质住宅设计

基于构造要求或构造规定的设计方法，也称为"结构设计法"。如前节所述，该法在日本的小规模木质住宅设计中得到了普遍应用，而我国还较少采用。本节将对日本基于构造设计的木质住宅设计方法进行介绍。

木质住宅的强度设计，基本上是在许用应力设计的范围内进行讨论，头脑中首先必须考虑的是不允许建筑物倒塌和有大的变形等。木质住宅中必须进行结构计算的，只是楼面积特别大或 3 层楼的建筑物；而极其普遍的 2 层以下的住宅，几乎都根据法规所规定的结构要求进行建造。这种方式的建筑物，是不进行结构计算只遵循结构规定的建筑物，其结构设计是极其重要的。

根据结构规定进行设计的木质住宅，对于地震和风的结构安全性，依靠配置基于壁量计算的剪力墙来保证。该壁量计算的方法非常简单，对于风压力和地震力，分别将建筑物的迎风面积（迎风立面的投影面积）和楼盖面积乘以某数值（必要的壁率），就可以计算出必需的剪力墙的数量（即壁量，剪力墙的长度）（图 2.16）[5]。

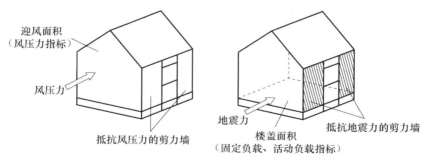

图 2.16　水平力与剪力墙

剪力墙有各种式样，如在梁、柱或墙骨框架中安装斜撑，贴各种面板等。虽然它们对水平力的性能也各不相同，但若设标准剪力墙长度 1m 的许用剪切强度（水平承载能力）为 1.0，则它们具有与此相对应的强度比，以表达各剪力墙的剪切性能。该强度比被称为壁倍率，它反映剪力墙的允许剪力。剪力墙的壁倍率越大，则其允许剪力就越大。

只有木质结构才规定采用这种简易水平承载能力确认方法，其理由有两个：一是对于小规模构造物，或者有长期使用的传统、认为有一定的技术积累，即使不经过严密的结构计算也可以肯定能够确保最低限度的安全性；二是以传统梁柱构造法为中心的木质结构的结构形态和力的传递相当复杂，以普通的住宅设计水平来进行严密的结构计算，事实上是相当困难的。

壁倍率本来应该因使用材料（木材、各种面板、钉和小五金等）的强度性能和施工是否适当而异，但在日本《建筑基本法》实施令和日本建设省告示中没有作详细的规定，仅根据基本的式样规定了倍率。因此，采用壁量计算的结构设计与采用结构计算的设计，其含义基本上是不同的，壁量计算只不过是大致确定了必需的最低水平承载能力。

把由斜撑和面板构成的剪力墙看做基本构造单元，来确定建筑物的水平承载能力，这种方法也具有合理的一面。虽然是大致的，但为了很好地熟练掌握简便且具有相当合理性的简易设计法，有几个重要之处需要注意。下面，就这些注意点进行叙述。

1）结构设计的基本要点

为了确保木质住宅的结构安全性，首先必须对以下几点进行研究。

（1）把握竖向荷载的传递。

对于木质住宅，竖向荷载的传递一般都很复杂。特别是传统的梁柱构造法，时常可以看到二楼的墙线与一楼的墙线不一致，竖向荷载从二楼的柱→二楼的楼盖梁→一楼的柱传递这样的方案。这种设计方案使得竖向荷载的传递更加复杂，结构设计上是不好的，但也经常由于其他设计要求而不得不采用。这时从整体上把握竖向荷载的传递，使其合理地向基础或地基传递是很重要的。

（2）注意平面和立面的形状。

平面及立面的形状越单纯，就越容易把握其力的传递，从而进行合理的设计。

复杂平面的建筑物，建筑物整体没有一体化，由于各个部分的振动特性不同，地震时边界部分容易受害（图 2.17）。同样，如果立面有偏离（如一楼为大空间，第二、三楼有墙壁时，各层的刚度大不相同，重心和刚度中心不重合时），则地震时由于建筑物承受偏心力，有时地震力会集中在某一部分（图 2.18）。

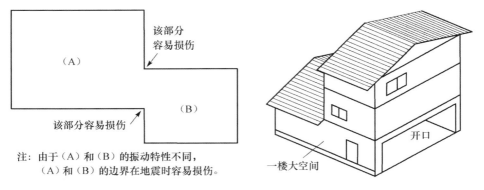

图 2.17　具有不规则平面形状的建筑物　　　图 2.18　重心偏离的建筑物

但当占地面积狭窄时，由于受院门和停车场的配置、该房屋及邻居的采光等的限制，多数情况下都很难得到理想的平面形态和立面形态。这时，必须尽量正确地把握力的传递，留意建筑物各方向的刚性，把应力集中和转矩限制在最小限度内。例如，对图 2.19 所示的建筑物，可以采用如下有效措施：在建筑物的角部必须配置 L 形的剪力墙；二楼的外墙不在一楼外墙的上方时，必须与一楼内墙的剪力墙线一致等。

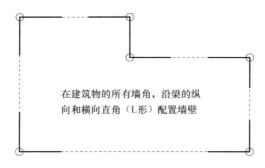

图 2.19　墙角全部为 L 形墙壁

（3）建造牢固基础。

木质住宅由于规模小，自重也小，基础往往容易被轻视。其中，也有这样的情况：房主全凭式样增减经费，而对此不太关心。但如果基础的设计施工不牢靠，不管如何强化木结构部分都几乎是没有效果的。现在的木质住宅，普遍采用钢筋混凝土条形基础，其标准式样见于日本住宅金融合作社《木结构住宅工程共同式样书》[6] 和《规格材构造法住宅工程共同式样书》等中。配有足够钢筋的条形基础最好呈格子状配置，不管外墙还是内墙，一楼的剪力墙线都应在该基础上。根据情况，有时也希望做成整体基础。

但是，木质住宅如果因条形基础而使楼面下的空气不流动，垫梁、地梁和柱与斜撑的下部就会长期处于湿润状态，腐朽的危险性就很高。这些构件一旦腐朽，其强度就会降低到设计强度的数分之一以下，这种情况并不少见。特别是垫梁、柱和斜撑的连接部位附近如果腐朽，其水平承载能力显著下降。在近年的大地震中，也有许多老朽房屋因此导致倒塌。为了防止腐朽，在进行第 3 章所述的有效防腐处理的同时，在适当的位置设置足够数量和有效面积的楼面下换气口是非常重要的。

在设计木质住宅的基础时对楼面下换气的考虑，同基础所必需的截面和需使用的钢筋量的讨论完全同等重要，根据建筑物所处的环境条件有时更加重要。

（4）防止建筑物倒塌和倾倒。

通过防止接头和接口（连接部位）被拔出或破坏，可以相当程度地防止建筑物的倒塌和倾倒。从现有的技术水平来考虑，最好的方法是连接部位采用小五金和连接件进行紧密结合。对于斜撑，由于外墙和内墙的式样不完善，以及因振动有时斜撑会从梁、柱脱离，有必要在斜撑的端部用小五金充分固定以防脱落。另外，如图 2.20 所示，当一楼平面的短边长度比建筑物的高度小时，建筑物就有倾倒的危险，必须在建筑物外周配置足够的地脚螺栓，同时在其重要部位使用连接五金等进行处理。

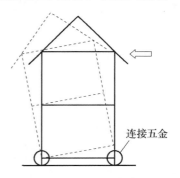

图 2.20　容易倾倒的建筑物

（5）均衡配置剪力墙。

剪力墙在平面和立面上都应该均衡配置。住宅大多在南面设置有宽大的开口部位，剪力墙往往向北面偏移。如图 2.21 所示[7]，由于剪力墙配置不平衡，在水平力作用下会引起建筑物扭转，因此希望剪力墙尽可能地在各面都均衡配置。当现实中难以实现时，在墙壁少的一面配置倍率相对较高的剪力墙，或者在建筑物的四角和在与墙壁少的面垂直相交的面上配置倍率高的剪力墙，以减小结构计算上的偏心率，都是有效的办法。

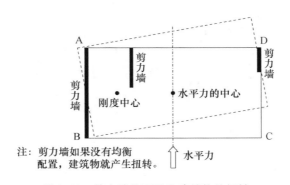

注：剪力墙如果没有均衡
　　配置，建筑物就产生扭转。

图 2.21　剪力墙的配置和建筑物的扭转

　　但如果局部使用刚性（倍率）高的剪力墙，应力将过大地集中于该部分，过于依赖这些方法反而很危险。结构上最理想的做法，始终是在各面均等地配置等倍率的剪力墙。在部分地方配置倍率高的剪力墙时，由于其竖直方向的反作用力也与其成比例地增大，必须充分注意地脚螺栓的配置和连接五金、柱脚五金等的使用方法，确实保证与基础、垫梁和上下层的连接。

　　如图 2.22（a）所示，外墙不用说，内部的剪力墙也最好尽可能地放置在同一条线上。该剪力墙放置的线称为剪力墙线。在图 2.22（b）中，x、y 各方向的剪力墙的合计长度与图 2.22（a）没有变化，但内部的剪力墙不在同一条线上，配置零散。实际的住宅设计中，由于有各种各样的要求，很难进行理想的剪力墙配置，出现如图 2.22（b）所示这种偏离的情况也很多。这时应尽量减小各剪力墙间的距离（图 2.22 中的 e）。作为实际操作，当偏距 e 在 1m 以内时，为求方便有时将其看做在同一剪力墙线上，但应尽量避免这种配置。

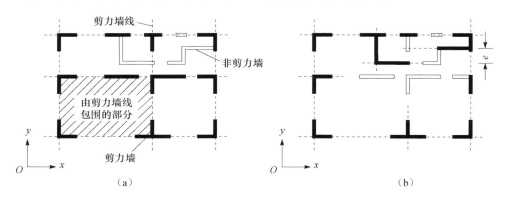

图 2.22　剪力墙线

　　剪力墙线相互间的间隔不要取得太大。日本建设省告示 1126 号要求剪力墙线间隔 8m 以下，剪力墙线所包围部分［图 2.22（a）］的面积在 40m² 以下。按照该基准，对于极普通的住宅不会有问题；而在设置了特别宽的起居室时，可采用假设在中间设置剪力墙线，使一部分剪力墙伸入室内等对策。

　　上、下层的剪力墙线也应该尽量一致。在不得不产生偏离时，和剪力墙间距离（上记 e）一样应控制在 1m 以内，同时特别注意水平构面的刚性。在同一剪力墙线上的上、下层的剪力墙，最理想的是上、下完全重叠，其次是上、下层呈相互交错的格子状，最低条件是至少在上层剪力墙的下部配置柱[7,8]。

　　（6）确保有富余的剪力墙长度。

　　壁量计算只不过是对水平抗剪能力的大致确认，另外必要的壁量规定是在假设平面、立面的形状和剪力墙的配置基本近似于理想状态下决定的。因此，对于多少与该理想状态有偏差的实际建筑物，应该配置富有余量的剪力墙。特别是明显地与必要壁量规定的前提条件有偏差的建筑物，如对盖泥瓦的房屋、宽度窄而相对深的建筑物等必须重新计算所需壁量或者使剪力墙长度（壁量）有充分的富余。

（7）确保水平构面的刚性。

所谓水平构面，是指建筑物的楼盖和屋盖，我国称为横隔。由地震和风产生的水平力通过该水平构面传递到各剪力墙。如果水平构面的刚性比剪力墙的低，则当承受水平力时，各剪力墙不会产生一样的变形，在部分剪力墙上会局部集中很大的力，容易对内外装饰和结构部分产生损坏（图 2.23）。要使建筑物整体化，提高对风和地震的抵抗力，均衡地配置与剪力墙的刚性相称的刚性高的水平构面是非常重要的。特别是如（5）中所述剪力墙线的构成复杂时，水平构面的作用极其重要。

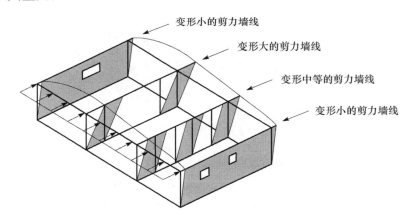

图 2.23　水平构面刚性低时剪力墙的变形

为了固定水平构面，可以采用许多方法，如在楼盖和屋盖的角部安装水平斜撑和在屋盖中安装防止横向振动的横撑或桁架斜撑等，以及在一面贴满胶合板或其他面板等，特别是在水平构面上贴满面板的方法是很有效的。大的通风口和楼梯等开口部位会使水平构面的刚性降低，这是水平构面失去平衡的重要原因，必须进行有效的强化。

2）壁量的计算方法

一旦根据结构设计的基本要点确定了具体的设计方案，接着就必须进行壁量计算，验证对地震和风的结构安全性。该验证按照这样的步骤进行：由建筑物的迎风面积和楼盖面积计算必要的壁量，再将配置于外墙和内墙的剪力墙的合计长度（各墙壁的实长与对应于式样的壁倍率之积的总和即总壁量）与必要的壁量进行比较。

（1）必要壁量。

当风压力和地震力如图 2.16 所示那样作用于建筑物时，在日本《建筑基本法》实施令或日本建设省告示中，已对抵抗风压力和地震力各层的剪力墙（与图中带箭头的水平力平行的各层所有的剪力墙）的合计长度（考虑了壁倍率的有效长度）制定了基准。其基准壁量称为"必要壁长"或"必要壁量"。

对风压力的必要壁量，由于风压力的大小大致可以看做与建筑物的迎风面积（迎风立面的投影面积）成正比，可以通过各层的迎风面积（那层之上的所有部分的迎风面积）乘以必要壁率求得。不过，在计算迎风面积时，取离各层楼盖 1.35m 之上的部分。图 2.24 表示该迎风面积的取法[9]，表 2.1 表示对风压力的必要壁率。

A_1：一楼壁量计算用迎风面积；　　A_3：三楼壁量计算用迎风面积；
A_2：二楼壁量计算用迎风面积；　　h：1.35m

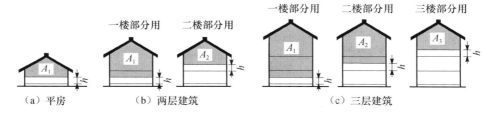

图 2.24　对风压力的必要壁长的计算用迎风面积的取法

表 2.1　对风压力的必要壁率

地　区	必要壁率（单位迎风面积的壁量，单位为 cm/m²）
特定行政厅为刮特别强风规定的地区	51～75，特定行政厅规定值
其他地区	50

地震力的必要壁量，由各层的楼盖面积乘以必要壁率来求取。将标准的固定荷载和活动荷载估算成每 1m² 楼盖面积的荷载，结果楼盖面积的计算就变成了与承受地震力的建筑物自重（质量）成正比的地震力大小的概算。对地震力的现行必要壁率是在表 2.2 所示假定条件下确定的。基于该假定所计算出来的必要壁率如表 2.3 所示。这时只计算各层的楼盖面积，而不必加上上层的楼盖面积。

表 2.2　计算必要壁率的条件

屋盖荷载	90kg/m²
（轻屋盖时）	60kg/m²
墙壁荷载	60kg/m²
活动荷载	60kg/m²
楼盖面积与屋盖面积之比	1.3

续表

		三层建筑	两层建筑
震度（由 A_1 分布决定）	三楼	0.32	
	二楼	0.24	0.28
	一楼	0.2	0.2
非剪力部位的担负率		33.3%	

表 2.3　对地震力的必要壁率

建筑物种类	必要壁率（单位楼面面积的壁量，单位为 cm/m^2）
金属板、石棉瓦等轻屋顶盖材	
瓦等重屋顶盖材的建筑物	

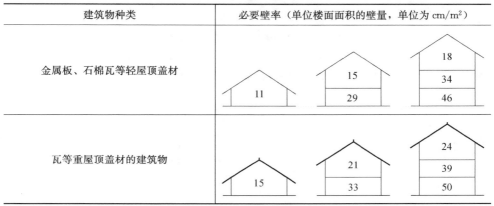

注：地基很软时取值的 1.5 倍。

关于规格材构造法，另外还有多雪地区的必要壁率，这在别处有规定，如积雪 1m 的地区的两层建筑，一楼部分的必要壁率为 $43cm/m^2$，二楼部分的必要壁率为 $33cm/m^2$。传统梁柱构造法对这样的积雪不予考虑，当然积雪时遭受地震的危险性与构造法无关。另外，近年来多雪地区的住宅，由于占地面积减少，无落雪构造法的住宅增加。从这几点来考虑，传统构造法也希望自主地按比率增加必要壁率来进行剪力墙配置。

另外，在表 2.2 中必须注意的一点是：假定非剪力部分的潜在剪力负担为 1/3，壁量计算对象的剪力墙只负担水平力的 2/3。该假定对风压力的情况也一样。因此，绝对不能认为"壁量计算时只注重剪力墙对水平剪力进行验证，实际上由于非剪力部分的作用应该有足够的剩余剪力"。

（2）剪力墙的种类与壁倍率。

剪力墙的式样多种多样，实际操作上将各自的剪力性能用相对的允许剪力比，即壁倍率的形式来表达比较方便。因此，采用这样的表示方法：对剪力墙基本上只承受水平力（加在墙壁上边的水平方向的集中力）而产生 1/120rad 的可见变形角（如若层高 2.7m，上端部的水平位移 2.25cm）时单位壁长（m）的允许剪力为 130kgf 的式样，其壁倍率定为基准倍率 1.0，某剪力墙单位壁长的允许剪力与基准倍率式样的允许剪力之比则为该剪力墙的倍率。例如，假设某剪力墙每 1m 的允许剪力为 210kgf，则其剪力比为 210/130＝1.62，将其用 0.5 的进级来圆整就成了倍率 1.5。

　　壁倍率的具体数值，对足尺的剪力墙由水平加载试验来决定。水平加载试验有多种方法，壁倍率的具体推导方法也因试验方法的影响而多少有异。

　　剪力墙可以分为以下几大类：

　　① 在主柱或间柱上嵌填土灰墙或铺钉小木条的构架；

　　② 安装了斜撑的构架；

　　③ 并用上记①、②的构架；

　　④ 在主柱或间柱上铺钉结构用胶合板或其他面材的构架。

　　表 2.4 和表 2.5 分别表示根据日本《建筑基本法》实施令第 46 条和日本建设省告示第 1100 号的剪力墙种类与倍率[5]。

表 2.4　剪力墙和种类与倍率（根据日本《建筑基本法》实施令第 46 条）

	框架的种类		倍率
1		土灰墙	0.5
2	木条墙	在一面钉木条时	0.5
3		在两面钉木条时	1.0
4	直径 9mm 的钢筋斜撑	单斜撑	1.0
5		交叉斜支撑	2.0
6	木斜撑	厚 1.5cm、宽 9cm 的木斜撑	1.0
7		厚 3cm、宽 9cm 的木斜撑	1.5
8		厚 4.5cm、宽 9cm 的木斜撑	2.0
9		9cm 见方的木斜撑	3.0
10	交叉木斜撑	6 的交叉木斜撑（截面 1.5cm×9.0cm）	2.0
11		7 的交叉木斜撑（截面 3.0cm×9.0cm）	3.0
12		8 的交叉木斜撑（截面 4.5cm×9.0cm）	4.0
13		9 的交叉木斜撑（截面 9.0cm×9.0cm）	5.0
14	1～3 的墙与 4～12 的斜撑并用的构架		各自的倍率之和
15	其他建设大臣认定的具有和 1～13 同等以上强度的构架		在 0.5～5.0 的范围由建设大臣认定的数值

　　注：本表引自铃木修三（1983）。

（3）壁量计算举例。

以图 2.25 所示平房住宅为例来进行最简单的壁量计算。屋顶覆盖材料为日本瓦。

① 对地震力的必要壁量。

根据表 2.3，桁架方向及其垂直方向都为

$$L_e = 39.8\text{m}^2（楼面面积）\times 15（必要壁率）= 597（\text{cm}）= 5.97（\text{m}）\quad（2\text{-}1）$$

表 2.5　剪力墙的种类与倍率（根据 1982 年日本建设省告示第 1100 号）

构架的种类			倍率
隐柱墙结构式样的剪力墙时	结构用面板　横梁　受钉材　柱　间柱　垫梁 将右边的板类用右边所示的钉及间距钉在横架材、底梁、柱/间柱和受钉材等的一面的框架 （注）N 钉：JAS A 5508 铁圆钉 　　　GN 钉：镀锌钉 　　　SN 钉：广头钉	N50 @150mm 以下	结构用胶合板（JAS）特种 7.5mm 以上（但采取了耐气候措施时 5mm 以上）| 2.5
			刨花板（JIS A 5908 之 200P，150P）厚 12mm 以上或者结构用平嵌板（1988 年 JAS360 号）| 2.0
			硬质纤维板（JIS A 5907 之 450，350）厚 5mm 以上	
			硬质木片泥板（JIS A 5417 之 0.9C）厚 12mm 以上	
		GN40 @150mm 以下	柔性板（JIS A 5403）厚 6mm 以上	
			石棉真珠岩板（JIS A 5413 之 0.8-P，0.8-P·A）厚 12mm 以上	
			石棉硅酸盐板（JIS A 5418 之 1.0-CK）厚 8mm 以上	
			碳酸盐板（JIS A 6701 之 0.8）厚 12mm 以上	
			纸浆水泥板（JIS A 5414）厚 8mm 以上	1.5
			石膏板（JIS A 6901）厚 12mm 以上。用于屋外等之外	
		SN40 外周部位@100mm 其他@100mm	防水盖板（JIS A 5905）厚 12mm 以上	1.0
		N38@150mm 以下	板条薄板（JIS A 5524）钢板厚 0.4mm 且金属条厚 0.6mm 以上	

续表

构架的种类			倍率
露柱墙结构式样的剪力墙时	N50 @150mm 以下	结构用胶合板（JAS）特类 7.5mm 以上	2.5
	GNF32 或 GNC32 @150mm 以下	石膏薄条板（JIS A 6906—1983）厚9mm 以上	1.5
	GNF40 或 GNC40 @150mm 以下	石膏板（JIS A 6906—1983）厚12mm 以上。限屋外墙等之外	1.0
施工令第 46 条中规定的斜撑和本告示中所示板类并用的构架（但除重叠的情况）		各倍率之和。但当合计超过 5.0 时取5.0	

注：本表在铃木秀三（1983）的表中追加了根据最近改订的告示得到的露柱墙构造样式的倍率。

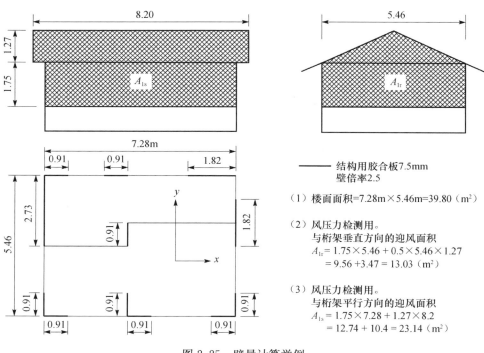

图 2.25　壁量计算举例

（1）楼面面积=7.28m×5.46m=39.80（m²）

（2）风压力检测用。
与桁架垂直方向的迎风面积
$A_{1r} = 1.75×5.46 + 0.5×5.46×1.27$
$= 9.56 + 3.47 = 13.03$（m²）

（3）风压力检测用。
与桁架平行方向的迎风面积
$A_{1s} = 1.75×7.28 + 1.27×8.2$
$= 12.74 + 10.4 = 23.14$（m²）

② 垂直桁架方向对风压力的必要壁量。

根据表 2.1 和图 2.25，

$$L_{wr} = 13.03m^2（可见面积）×50（必要壁率）= 652（cm）= 6.52（m）\qquad (2-2)$$

③ 平行桁架方向对风压力的必要壁量。

根据表 2.1 和图 2.25，有

$$L_{ws} = 23.14m^2(同上) \times 50(同上) = 1157(cm) = 11.57(m) \qquad (2\text{-}3)$$

由此，垂直桁架方向的必要壁量为式（2-1）和式（2-2）的大者，$L_r = 6.52m$。平行桁架方向的必要壁量为式（2-1）和式（2-3）的大者，$L_s = 11.57m$。设计壁量的验证。

① 垂直桁架方向。

图 2.25 中 x 方向墙的总长（壁量总和）为 $0.91m \times 7$ 块（墙壁实长）$\times 2.5$（壁倍率）$= 15.92(m)$（剪力墙有效长度）$> L_r = 6.52m$，满足要求。

② 平行桁架方向。

图 2.25 中 y 方向剪力墙的总长（壁量总和）为 $0.91m \times 9$ 块（同上）$\times 2.5$（同上）$= 20.47$（m）（墙壁有效长度）$> L_s = 11.57m$，满足要求。

以上按日本《建筑基本法》实施令第 46 条规定的必要壁量进行验证为满足要求，但该计算不过是仅验证了桁架方向及其垂直方向各自的剪力墙的总量。结构设计的根本，最重要的是没有不合理的结构设计，在给定的条件下用最好的方法配置剪力墙是非常重要的。

3）基于构造设计法的轻型木结构设计

轻型木结构（light wood frame construction）系指由木构架墙、木楼盖和木屋盖构成的结构体系，适用于三层及三层以下的民用建筑。我国《木结构设计规范》规定：当满足下列规定时，轻型木结构抗侧力设计可按构造要求进行[2,10]。

（1）建筑物每层面积不超过 $600m^2$，层高不大于 3.6m。

（2）抗震设防烈度为 6 度和 7 度（$0.10g$）时，建筑物的高度比不大于 1.2；抗震设防烈度为 7 度（$0.15g$）和 8 度（$0.20g$）时，建筑物的高度比不大于 1.0（建筑物高度指室外地面到建筑物坡屋顶二分之一高度处）。

（3）楼面活荷载标准值不大于 $2.5kN/m^2$，屋面活荷载标准值不大于 $0.5kN/m^2$；雪荷载按国家标准《建筑结构荷载规范》（GB 50009—2001）有关规定取值。

（4）木构件最大跨度不大于 12m，除专门设置的梁和柱外，其余承重构件如搁栅、椽条和齿板桁架等间距不大于 600mm。

（5）建筑物屋面坡度不小于 1∶12，也不大于 1∶1，纵墙上檐口悬挑长度不大于 1.2m，山墙上檐口悬挑长度不大于 0.4m。

（6）剪力墙及剪力墙平面布置应符合下列规定（图 2.26）：

① 单个墙段的高宽比不大于 2∶1；

② 同一轴线上各墙段的水平中心距不大于 7.6m；

③ 相邻剪力墙间的横向间距与纵向间距的比值不大于 2.5∶1；

④ 一道剪力墙中各墙段轴线错开距离不大于 1.2m；

⑤ 不同抗震设防烈度和风荷载作用下剪力墙的最小长度应满足表 2.6 的规定。

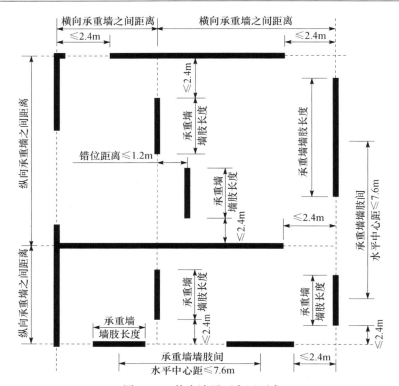

图 2.26　剪力墙平面布置要求

表 2.6　按构造要求设计时剪力墙的最小长度

抗震设防烈度	基本风压/(kN/m²)				剪力墙最大间距/m	最大允许层数	每道剪力墙的最小长度					
	地面粗糙度						单层、二层或三层的顶层		二层的底层三层的二层		三层的底层	
	A	B	C	D			面板用木基结构板材	面板用石膏板	面板用木基结构板材	面板用石膏板	面板用木基结构板材	面板用石膏板
6 度	—	—	0.3	0.4	0.5	7.6	3	0.25L	0.50L	0.40L	0.75L	0.55L	—
7 度	0.10g		0.35	0.5	0.6	7.6	3	0.30L	0.60L*	0.45L*	0.90L*	0.70L	—
	0.15g	0.35	0.45	0.6	0.7	5.3	3	0.30L	0.60L*	0.45L	0.90L*	0.70L	—
8 度	0.20g	0.40	0.55	0.75	0.8	5.3	2	0.45L	0.90L	0.70L	—	—	—

注：1. 表中建筑物长度 L 指平行于该剪力墙方向的建筑物长度。
　　2. 当墙体用石膏板作面板时，墙体两侧均应采用；当用木基结构板材做面板时，至少墙体一侧采用。
　　3. 位于基础顶面和底层之间的架空层剪力墙的最小长度应与底层要求相同。
　　4. "＊"号表示当楼面有混凝土面层时，面板不允许采用石膏板。
　　5. 采用木基结构板材的剪力墙之间最大间距，抗震设防烈度为 6 度和 7 度（0.10g）时，不得大于 10.6m；抗震设防烈度为 7 度（0.15g）和 8 度（0.20g）时，不得大于 7.6m。
　　6. 所有外墙均应采用木基结构板做面板，当建筑物为三层、平面长宽比大于 2.5：1 时，所有横墙的面板应采用两面木基结构板；当建筑物为二层、平面长宽比大于 2.5：1 时，至少横向外墙的面板应采用两面木基结构板。

当然，按构造设计法进行设计时，也应符合设计的一般规定：

（1）轻型木结构应由符合规定的剪力墙和横隔组成，建筑层数不应超过 3 层，超过 3 层者，下部应为砌体或混凝土结构。

（2）轻型木结构所选用的材料应是合格的规格材、木基结构板材或其他结构复合木材或其制品。

（3）轻型木结构的结构布置宜规则、对称，剪力墙上、下层贯通，建筑物质量中心和结构刚度中心应重合，特别是在抗震设防区，这一点尤为重要。所有结构件应有可靠的连接和必要的锚固，保证结构的稳定性。

地震的水平作用可用基底剪力法计算，结构自振周期可按经验公式 $T = 0.05H^{0.75}$ 计算（H 为建筑物高度）。抗震验算中承载力调整系数可取 $\gamma_{RE} = 0.8$，阻尼比可取 0.05。

（4）应根据建筑物所在地的自然环境和使用环境，采取可靠措施防止木材腐朽、虫蛀等侵害，保证结构能达到预期的设计使用年限。

2.2　木质结构构件的强度性能

木材作为住宅结构构件使用时，由于强度各向异性、黏弹性和各种缺陷的影响等，许多因素都需要考虑，科学、合理地使用木材并不是一件很容易的事。如果具备有关木材的基本材料特性知识，很多情况下使用起来就方便多了。

另外，木材含水率的变化虽然对构件的强度没有直接的影响，但木材因含水率变化而产生的膨胀收缩其影响也很大。木材与钢材等相比，因温度产生的尺寸变化和热应力是极小的，作为用于住宅的材料其尺寸不会发生问题。但如果木材含水率发生变化，特别是与纤维垂直的方向会产生很大的膨胀收缩。如果在设计施工上考虑不足，该收缩膨胀不仅会使楼盖和墙壁产生膨胀或间隙，有时会产生不可忽视的很大的内部应力。特别是当木材的初期干燥不充分时，由于收缩膨胀各向异性，随着施工后的干燥木材会产生翘曲、扭曲和开裂等，结构强度上也将引起各种各样的问题。如果没有丰富的经验，要做到全面考虑木材收缩膨胀性质的合理的设计施工是很困难的。因此，木材含水率变化是对木质住宅性能产生很大影响的因素之一。

作为结构构件设计时要考虑的其他因素，还有木材的耐腐性能和耐火性能，它们将在第 3 章进行叙述。重要的是耐腐和耐火设计与结构强度设计密不可分，特别是关于木材腐朽，必须考虑所有的木质住宅都处在因腐朽产生劣化的危险之中。因此，进行木质住宅的结构设计时，不管是初期强度多么好的设计方案，只要是增加了木材腐朽的危险性，该方案就不应该被采用。既然不能预测什么时候会发生大地震或台风，那么木质住宅所要求的结构安全性就必须是设定的整个使用期间的下限性能。

考虑木材腐朽问题的结构设计，可以分为如下三种：第一种是采用尽可能不发生腐朽的结构设计和施工设计。第二种是在设计当初就制订修理方案，采用施工后进行腐朽诊断和修补的结构设计和施工设计。可惜的是，这两种特别是第二种在目前的住宅设计中还采用得很少。第三种是采用富余设计，即假设即使发生一些腐朽，在达到需要采取必要对策之前，材料截面尺寸能承受通常的荷载外力。什么时候达到需要采取必要对策，事实上该判断极其困难，但包含耐腐性能和耐火性能在内，如果在可能的范围内选择大的材料截面，则至少在同等条件下可以相对地提高构件的残存强度。

2.2.1 木材及其构件的强度性能

1. 木材的纤维方向与构件强度性能的关系

正如第 1 章所述，木材是弹性模量和强度因力的施加方向不同而异的强度各向异性材料。该性质有非常合理的一面，在玻璃纤维（FRP）和碳纤维（CFRP）等各种纤维强化复合材料中得到了积极的利用。如果把结构材料整体作为材料来看，钢筋混凝土（RC）也可以说是一种纤维强化复合材料。木材强度各向异性，一方面保持了木材纤维方向强度大这一好的性质，而另一方面也成了木材固有的短处，在使用上必须注意与钢材和混凝土的不同。

具有强度各向异性的木材，如果产生应力的方向与纤维方向不一致，各种力学性能就会下降。将木材作为结构构件使用时，最理想的是木材的纤维方向与构件的长轴完全平行［图 2.27 (a)］，而实际上一般都会出现某种程度的纤维倾斜。

纤维倾斜的木材，其力学性质可以通过被称为 Hankinson 式的计算公式进行概算[7]。例如，纤维方向对构件轴线倾斜 θ 角的木材梁的静曲强度 $\sigma_{b\theta}$，设当 $\theta = 0°$ 时的静曲强度为 σ_{b0}，$\theta = 90°$ 时的静曲强度为 σ_{b90}，则大致可由下式求得：

$$\sigma_{b\theta} = \frac{\sigma_{b0} \cdot \sigma_{b90}}{\sigma_{b0} \sin^2\theta + \sigma_{b90} \cos^2\theta}$$

σ_{b0} 与 σ_{b90} 之比因树种和制材的方法（锯切模式）不同而不同，假设 $\sigma_{b90} = \sigma_{b0}/25$，则图 2.27 (b)～(i) 的纤维倾斜角时的静曲强度比分别为图中所示的数值。当具有图 2.27 (b)～(f) 所示的纤维倾斜角时，对于普通的市场上销售的结构用材，除特别情况外可以认为强度降低在 10% 以内。但是，一部分阔叶树材等呈现相当大的纤维倾斜角，有时强度会极端下降。

木材的纤维走向如第 1 章所述并不一定与树干的方向平行，根据树种有的呈大的螺旋状回转。因此，普通制材的木材，在径切面上年轮方向与纤维方向（弹

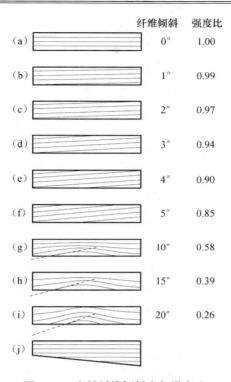

图 2.27 木材纤维倾斜度与强度比

性主轴）一致；而在弦切面上，根据树种在材面上呈现的年轮方向并不一定与纤维方向一致，必须进一步详细地观察。该弦切面上的纤维方向，当木材表面出现干燥裂缝时可以从其方向进行确认，而其他情况如果没有对实际的木材进行过一定程度的了解是很难判断的。

由于枝（节）周边的纤维走向不规则或者细的树干弯曲等原因，如图 2.27 (g)～(i) 所示发生局部纤维倾斜时，与周边纤维相比相对倾斜增大。实际用于结构的木材，多数情况下这样的局部纤维倾斜角比整个木材的平均纤维倾斜角要大，该部分的静曲强度有时也会显著降低。

使用图 2.27 (j) 所示的锥形构件时，因纤维倾斜所产生的强度低下有时会成为很大的负因子，在使用锥形构件时必须充分注意截面系数和截面二次力矩的合理性。

2. 受压构件的屈曲和受弯构件的横向失稳

给木材施加轴向压缩力而产生屈曲时，很少是因均等的压缩力所产生的纯粹的屈曲，几乎都可以认为是从一开始就加上了由偏心压缩而产生的弯曲力矩。该弯曲力矩的发生既有如图 2.28 (a) 所示由于加载中心点偏离的情况，也有图

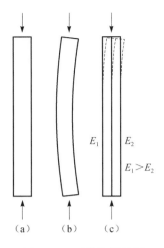

图 2.28　压缩构件的屈
曲与荷载偏心

2.28（b）所示由于木材的弯曲和翘曲的情况。另外，即使 1 根木材，由于树木在生长过程中局部的弹性模量不同而产生图 2.28（c）所示的变形偏移，该偏移会进一步引起荷载的偏心，这种情况也很多。

如果木材具有节子或其他缺陷，这种压缩变形的偏心就会更加显著。因此，希望注意每个压缩构件的弯曲和缺陷，进行有富余的截面设计，但同时注意结构整体力的传递也是很重要的。因为对于木质结构，构成墙壁、楼盖和屋盖等各构件是否成为一体进行动作，深受各构件的刚性平衡和连接部位的设计施工的影响。例如，如图 2.29（a）所示，如果横梁具有充足的弯曲刚性，则并列的压缩构件的变形相互约束，其压缩力对应各自的刚性比自动分配。而如同图 2.29（b）所示，若横梁的刚性低，则会在一个一个的构件上单独施加很大的力，从而增加发生屈曲的危险[5]。

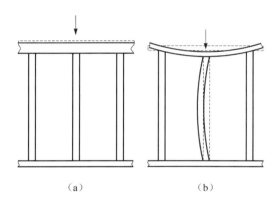

（a）　　　　　　　　　（b）

图 2.29　横框材的刚性与压缩材料的压屈

除此之外，木质结构中，主要结构构件以外的次要构件的配置和连接的好坏，对有效失稳长度有很大影响。例如，给梁柱构架中安装的斜撑施加压缩力时，斜撑的实质有效失稳长度因间柱的安装和间柱与斜撑的连接是否牢固而不同。

用于规格材构造法的楼盖中的搁栅（joist）等受弯构件，其截面高度尺寸大，有时会发生横向倾倒失稳现象。这种情况也几乎是由于加载点偏心、木材翘曲或扭转，从最初开始除弯曲力矩外还施加了扭转力矩，木节和其他缺陷也同样起到助长作用。另外，市场上销售的普通木材，由于材质上的偏差也容易产生横向倾倒失稳。

如果在施工现场看看受弯构件的端面，就会发现木材年轮如图 2.30（a）或（b）所示与梁的侧面或者上、下面平行的（弦切面、径切面）很少，大多数如图 2.30（c）所示。由于木材的弹性模量在年轮的切线方向（图中的 T 方向，弦向）的值比放射方向（图中的 R 方向，径向）的值低，图 2.30（c）所示的梁正好与图 2.30（d）所示把弹性模量不同的 2 块板竖直层积起来的梁产生同样的变形，与图 2.30（a）或（b）所示的梁相比容易引起横向倾倒失稳。

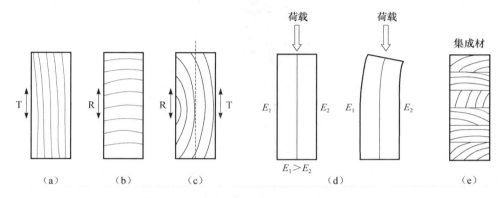

图 2.30　弯曲部件的锯切模式与横向倾倒失稳

要防止横向倾倒，同受压构件的情况一样，使并列的梁相互一体化、互相约束横向倾倒的结构是有效的。如图 2.31 所示，以适当的间隔配置防止倾倒的横木，或在梁上直接铺钉胶合板等方法。另外，如图 2.30（e）所示的集成材梁，由于各层板的年轮倾斜方向大多呈适当的不规则状态，与锯材相比引起横向倾倒的危险性相对降低。

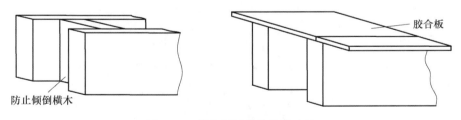

图 2.31　横向倾倒失稳的防止法

3. 有缺陷的结构构件的刚性和强度

木材具有节子、整体或部分纤维倾斜、应力木、干燥裂缝及其他使构件强度性能下降的许多缺陷。这些缺陷中既有树木本身所具有的自然组织形态，也有在制材和干燥等木材加工过程中产生的缺陷。另外，即使外观上没有显著的缺陷，还有年轮幅度宽的部分和狭的部分、树木成长过程中形成的若干未成熟的木材组织和成熟的木材组织这些材质上的差异。因此，实际作为结构构件使用的木材，每一块板、每一根柱的强度性能都会有很大变动。

　　结构构件上一旦存在各种缺陷，其刚性和强度都会下降。如果再稍微细一点来考虑，缺陷对刚性降低的影响与对强度降低的影响也是不同的。例如，测定如图 2.32（a）所示肉眼看不到缺陷的板的弹性模量 E_1 和如图 2.32（b）所示具有大木节的板的弹性模量 E_2，结果两者相等。

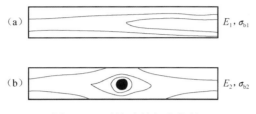

$$(a) \qquad\qquad E_1, \sigma_{b1}$$

$$(b) \qquad\qquad E_2, \sigma_{b2}$$

图 2.32　无缺陷材与有节材

　　这时如果图 2.32（b）所示的板中没有木节，大家都会认为其弹性模量比图 2.32（a）所示的板的弹性模量高。即可以这样理解：图 2.32（a）所示的板虽然没有明显的缺陷，但整体的弹性模量低，图 2.32（b）所示的板虽然其无缺陷部分的弹性模量比图 2.32（a）所示的板高，但由于有大木节使得该部分容易变形，结果测量板整体的可读的弹性模量就会与图 2.32（a）所示的板相同。

　　用于结构构件的木材的弹性模量，只能是这种难以变形和容易变形部分互相混合的作为构件整体的可读的弹性模量。另外，其强度虽然也与力的传递和变形破坏特性有关，但由于通常是由较弱点的强度决定的，图 2.32（b）所示板的强度一般比同图 2.32（a）所示的板还弱。这样，即使选择了弹性模量相等的两根木材，但必须考虑有缺陷木材比无缺陷木材其强度相对要弱[5]。

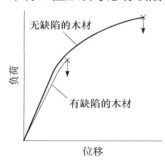

图 2.33　无缺陷材和缺陷材
的变形破坏特性

　　有缺陷木材在强度降低的同时，如图 2.33 所示，其变形破坏的形态会变脆，这点也最好引起注意。变形破坏形态若脆，其构件刚达到最大荷载时就会支承不了所担负的负荷，这时其荷载就会突然再重新分配到其他构件。这种急剧的荷载再重新分配，如果结构物的不静定次数低、构件数量少，就会有直接使建筑物倒塌的危险。

　　以上说明把木材作为什么样的构件来使用，其重要性是不同的。例如，在设计挠度限制非常严格的横构架材时，由于大多其强度有富余，就没有必要对缺陷极度敏感。而当数量较少的屋盖桁架以较宽的间距配置时，构成各桁架的每一根构件的强度就变得非常重要。这时，对施加较大力（特别是拉伸力）的部分构件应尽可能使用缺陷少的木材。

4. 力的施加方式与变形破坏特性

木材的变形破坏特性如第 1 章所述，因力的施加方式（压缩、拉伸、弯曲和剪切）不同而异，既有呈现脆性变形破坏形态的情况，也有呈现比较柔韧的变形破坏形态的情况。

作为结构构件所不希望出现的脆性变形破坏形态，容易出现在切口部位、连接部位、木节及其他缺陷部位。在这些部位容易发生横向拉伸应力和剪切应力的复合应力状态，并且一般伴随着高的应力集中。木材在这种应力状态下大多呈现极其脆性的破坏。

结构构件承受压缩力时难以发生脆性破坏，但其变形破坏形态因力的施加方向不同而异。木材受到纵向压缩力时，就会在木材上产生如图 2.34（a）所示特征的纤维屈曲，呈现同图 2.34（b）所示的荷载-位移曲线。

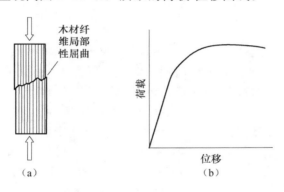

图 2.34　木材纵向压缩

结构构件承受横向压缩力时，除井干式原木组合结构等外，如图 2.35（a）所示整体承受压缩力的情况比较少见，大多为同图 2.35（b）所示局部承受压缩

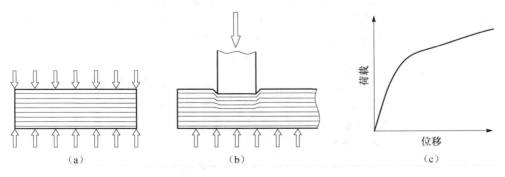

图 2.35　木材的横向压缩

力。该局部横向压缩所产生的局部挤压变形，发生在木材的横截端面与侧面相连接的部位（如柱与垫梁或横构架材的横截面等）和连接件与木材的接触部位等，在实际使用上不可忽视的情况也很多，是木质结构特有的应该注意的问题之一。

局部横向压缩产生的挤压变形，由于不单是承压接触面下的木材将荷载扩散，而且承压面两侧的木材纤维通过弯拉作用也帮助其承压，从而可提高其承压强度，所以局部横向承压能力一般比整体横向压缩时大[7]。其强度特性因横截端面到受力部分的距离不同而异，大致为图 2.35（c）所示荷载-位移曲线。

如果掌握了以上这些木材变形破坏特性和实际结构构件发生的应力状态，完全有可能只稍微采取一些办法就能提高结构物的强度性能。特别是连接部位的设计，根据对有关木材变形破坏特性知识的掌握与否，设计的好坏有时会产生非常大的差别。

2.2.2　木质结构构件的弯曲特性

1. 弯曲变形和剪切变形

木材弯曲性能特性之一，是受剪切变形的影响。钢材的弹性模量与剪切弹性模量之比为 2.5：1，而木材的纵向弹性模量与剪切弹性模量之比，虽然因树种和下锯法而异，在（15～30）：1 的范围。这样，由于剪切弹性模量与纵向弹性模量相比显著降低，木材如果受到弯曲就会产生大小不可忽视的剪切变形。但通常为了避免麻烦，把实测的变形全部看做弯曲变形来求取弹性模量。

弯曲变形与剪切变形之比，因构件的截面形状和跨距与梁高之比不同而不同，跨距与梁高之比越小，剪切变形的影响就越大。日本工业标准（JIS）规定的弯曲试验方法中，就考虑了该剪切变形的影响，规定跨距与梁高之比为 14，这时剪切变形对纯粹的弯曲变形之比在 7%～15% 的范围。这样，作为木材的弹性模量表示的数值，原本包含了剪切变形的影响，比真的弹性模量低。因此，实际截面设计时，多数情况下可以不考虑剪切变形的影响。

但是，当使用跨距与梁高比特别小的梁时，应该考虑该影响来降低弯曲刚度的估算，这样才是安全的。例如，假设纵向弹性模量与剪切弹性模量之比为 20：1，跨距为 3600mm 的梁承受均布载荷时，剪切变形对梁高 240mm 的梁（跨距与梁高比＝15）的纯弯曲变形之比为 8.5%，而梁高为 360mm（跨距与梁高比＝10）时为 19.2%，后者计算的弯曲刚度与前者相比降低约 10%。

木材的剪切弹性模量低，意味着在剪切变形的同时也容易发生扭曲变形。木质结构中，从一开始就把木材作为扭转构件使用是很少见的，但实际上由于荷载偏心，同时施加弯曲力矩和扭转力矩的情况也很多。要抑制该影响，和前面已经叙述过的一样，应尽可能使并列构件一体化来抑制向一个方向扭转，这是很有效的方法。

2. 蠕变与弹性模量下降

如果在木材上长时间地施加弯曲荷载，由于木材所具有的黏弹性性质（变形随时间而增大，或维持一定的变形所必需的力减小的性质）就会产生蠕变。作为建筑结构材料，木材蠕变很大，当在局部产生应力集中时，不仅变形增大，还有发生蠕变破坏（在比静强度还低的应力下的破坏）的危险。因此，当比较大的竖向荷载持续加载时，有必要预先估算变形的增大，实行有富余的截面设计。

发生长时间蠕变后的挠度，一般认为在木材充分干燥的状态下可以达到初期挠度的 2 倍左右，当木材被置于高水分状态时可以达到 3 倍左右。考虑到设计荷载 100％ 持续加载的情况很少，也有人认为可以把蠕变后的挠度作为初期挠度的 1.5 倍左右（干燥状态）和 2 倍左右（湿润状态）。

3. 缺陷、槽口位置与弯曲性能

木材缺陷对弯曲性能的影响因其位置不同而异。例如，即使同样大小的木节，如图 2.36（a）所示处于中立轴附近和同图 2.36（b）所示处于弯曲应力高的外侧时，弯曲刚度和弯曲强度都有很大的不同。另外，考虑同图 2.36（b）上、下情况的木节，不管节子在压缩侧还是在拉伸一侧，在弹性极限内的弯曲刚度不变。但是，木节在压缩侧与在拉伸侧相比不容易发生脆性破坏，其弯曲强度也比木节在拉伸侧时大。

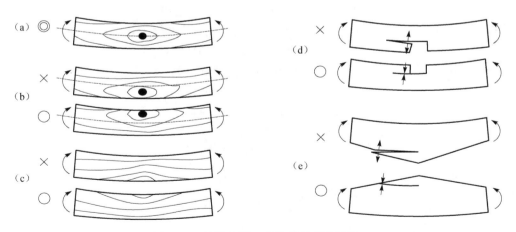

图 2.36　缺陷和槽口的位置与弯曲性能

该差别与木材特有的弯曲机理有关。无缺陷的结构用木材，由于在承受纵向压缩时发生木材纤维屈曲（图 2.34），抗压强度多数情况下仅为抗拉强度的 1/2

或者以下。不过，对于具有显著缺陷的木材，一般其抗拉强度比抗压强度低[7]。对于无缺陷木材，当承受弯曲时，从压缩一侧开始屈服，弯曲破坏时的应力分布和至破坏的荷载-挠度曲线如图 2.37（a）所示。只在压缩侧有木节的梁的弯曲机理，定性地说与无缺陷材没有很大的差别，仅弯曲强度有某种程度的降低，很少发生极端的脆性破坏。

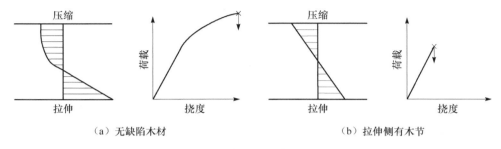

（a）无缺陷木材　　　　　　　　　　　　　（b）拉伸侧有木节

图 2.37　木材的弯曲应力分布与变形破坏特性

而当梁的拉伸侧有木节，拉伸侧的强度与压缩侧的强度相同或比压缩侧的小时，在压缩侧开始屈服前就会发生图 2.37（b）所示的脆性破坏。即使去除了木节，但如果还留有如图 2.36（c）所示局部纤维倾斜很厉害的部分，那也同有木节一样。

因此，即使具有相同缺陷的受弯木材，如果能理解其特性来使用，就能更有效地发挥其强度性能。

同样，当不得不在梁上开槽口时，也希望如图 2.36（d）所示将槽口尽量放置于压缩侧。因为如果将槽口放在拉伸侧，在槽口的底角部位会产生非常大的横向拉伸应力和剪切应力，容易使木材开裂。而如果将槽口置于压缩侧，则在槽口的底角部位产生横向压缩应力而不是横向拉伸应力，这样就不用担心木材开裂了。

对于图 2.36（e）所示的锥形梁，由于也有和在梁上开槽口时一样的差别，发生纤维倾斜的锥面以放在压缩侧为好。

但是，实际上对横构架材进行施工时，有时会如图 2.38（a）所示在构件端部的下方开切口。尽可能避免出现这种情况是明智之举，当不得已时，如图 2.38（b）所示用木材或胶合板补强是有效的办法。这时，木材的纤维方向［图 2.38（b）中的箭头方向］必须与横向构架材的纤维方向垂直；使用胶合板时，从截面构成比看，拉伸强度高的方向也应该与图 2.38（b）中的箭头方向一致。木材或胶合板涂胶后打钉压紧是很有效的方法，但当有足够大的截面时，即使只钉胶合板或从侧面压入金属齿板也多少能够取得一些效果。另外，如图 2.38（c）所示，用金属带或金属丝把横向构架材捆起来也是有效的办法。这些补强方法对于梁中央部位开的槽口也同样有效。

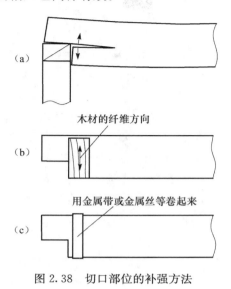

图 2.38　切口部位的补强方法

4. 弯曲挠度与弯曲强度、水平剪切强度

一般来说，与弯曲强度相比，木材的弯曲弹性模量低，并且发生蠕变。为此，弯曲构件的截面尺寸大多由挠度的限度来决定而不是由许用应力决定。例如，跨距 3600mm、梁宽 100mm、梁高 240mm、纵向弹性模量 90tf/cm² （1tf/cm² ＝9.8×10³N/cm²）、长期弯曲许用应力值 90kgf/cm² 的木材梁，长期持续承受均布荷载，弯曲挠度为跨距的 1/300（＝12mm）以下的荷载，将蠕变后的挠度按 2 倍进行计算时为 284kgf/m，将蠕变后的挠度按 1.5 倍进行计算时为 379kgf/m。这时的弯曲应力分别为 48kgf/cm² （长期许用应力的 53％）和 64kgf/cm² （长期许用应力的 71％），在静曲强度上有富余。

不过，挠度的研究与使用性能（使用其建筑物时的机能性）有关，即使在标准性能以下，它也不会直接威胁到安全，而强度的研究才是安全性的研究，必须充分理解这一点。特别是对于具有大的木节、裂缝和切口的弯曲构件，由于与前述的刚性相比强度的下降显著，必须对一个一个的状况进行恰当的判断。

另外，在使用梁高较大的木材梁时，有时并不是弯曲破坏而是发生剪切破坏，因此最好也对剪切应力进行研究。弯曲强度和剪切强度究竟哪一个的条件更苛刻，可根据跨距与梁高比来决定，当梁高超过跨距的 11％～12％ 时，与弯曲强度相比更受剪切强度的支配。将该比值换算到跨距 3600mm 来看，梁高约超过 400mm，因此对于普通的梁只按弯曲应力进行研究就足够。但是，如当来自上层的很大的竖向作用力集中施加在过梁上时，就必须进行剪切应力的研究。

5. 拼合梁（组合梁）

近些年，由于大直径木材不断减少，大截面木梁越来越难以获得。作为其替代品，结构用集成材、格构梁（lattice girder）、□形梁和I形梁等由工厂生产的木质复合梁的使用逐渐增多。但是，如果不要求有特别高的弯曲性能，使用现场加工的拼合梁或组合梁也是有效的办法。其中，有如下常用方法。

（1）在规格材构造法上经常使用的方法如图 2.39（a）所示，把数块楼盖搁栅横向用钉或螺栓等连接件拼合成一整体。组合而成的梁其刚性和承载能力约为各块的刚性和承载能力之和。如果将两块同样强度的板组合，则其能够承担的荷载为一块板的两倍。这时如果使用黏结剂将更能保证一体化，但仅用连接件就能取得非常好的效果。

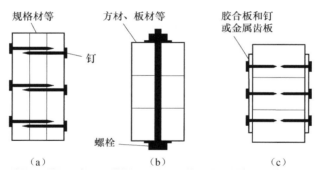

图 2.39　拼合梁

（2）如图 2.39（b）或（c）所示，将数块板材、方材或鼓形材（将原木的上、下面弄平）等上、下重叠组合，用钉、螺栓和金属齿板等连接件实现一体化。组合而成的梁的刚性和承载能力，如果连接较弱，则同（1）一样约为各块的刚性和承载能力之和；如果连接牢固，则可以进一步提高性能。

这时的弯曲性能，理论上在（1）和下面的（3）的中间，但由于正确的性能评价需要专业的知识，一般来说，如果将相同强度的两块板重叠组合则至少可以承担两倍以上的荷载，这样考虑是无可非议的。

（3）图 2.39（b）所示的拼合梁使用黏结剂，使上、下层木材完全一体化而成为层积梁的方法。近年由于胶合技术的进步，现场胶合未干燥锯材的技术也正在开发之中[3]。进行胶合层积时，以比较短的间距配置螺栓，使胶合面均匀、牢固地压紧非常重要。数张薄板重叠时，一张一张地涂胶、打钉压紧，依次进行层积的方法也是可行的。

如果胶合牢固，则刚性和承载能力显著提高，如果相同强度的 2 块板重叠组合，刚性和承载能力可分别达到约 8 倍和近 4 倍。不过，对于温度和压力等胶合条件难以控制的现场胶合，由于难以切实保证性能，对于弯曲性能，特别是承载能力最好预先打相当大的折扣。

用上述（2）和（3）的方法制造拼合梁时，在拉伸侧的缺陷应尽可能少，最好配置高强板或方材，效果会更好。

2.3　连接性能与结构性能

木质结构与钢筋混凝土结构和钢架结构不同，除在工厂进行工程管理的胶合连接外，难以实现刚性连接（连接部位不发生回转和滑动，构件与构件完全一体化的连接）。为此，只要施加外力，构件之外的连接部位也会发生变形，只用初等结构力学中所学的回转节点连接或刚性连接的方法，不能正确地计算变形和承载能力。这样的结构一般称为半刚性结构。

构件性能与连接性能的关系因设计方法和施工方法而异，不能一概而论。但从一般的住宅施工范围来看，连接强度一般比构件的强度要低得多。因此，木质住宅的结构强度性能实际上大多受连接强度的支配。另外，建筑物具有多大程度的韧性、呈现什么样的衰减特性等结构特性，也基本上由连接部位的性能特性决定。因此，在进行木质住宅设计时，连接部位的设计比构件截面设计还重要。

当然，作用力向构成结构物的构件和连接部位的传递，仅盯着一个一个的构件和连接部位是不能弄清楚的。例如，假设某连接部位按只传递轴向力来进行构件设计。该连接部位与设计上的假定不同，实际上约束了某种程度的回转，传递弯曲力矩时因此会改变结构全体的弯曲力矩分布。这种力的分布，由各构件和连接部位各自刚性的相对关系决定。因此，进行连接部位设计时也不能只盯着连接部位，注意结构全体来进行作业通常是很重要的。

2.3.1　木材的三大连接方法及连接性能特性

木质结构中构件之间的连接，主要有传统的榫卯连接、连接件连接和胶合连接三大方法。这些连接方法具有各自的特征，根据其使用适用性及传统与习惯来使用。

1）传统的榫卯连接

（1）特征。传统的榫卯连接，是不使用金属，依靠木材之间的"挤压阻力"及"剪切阻力"来传递力的连接方法。完成的连接部位保持与原构件形态的协调，外观上简洁、美观，具有作为一种艺术品的风格；但加工复杂、技术要求高、连接部位的力学性能受加工精度的影响。近年来，越来越多的传统榫卯构件被采用先进的数控专用机床在工厂加工出来。

（2）连接效率。将榫卯连接的刚度和强度用母材的刚度和强度相除所得到的值，叫做连接效率。强度连接效率100％，意味着连接部位的强度与构成连接部位的母材的强度相等。

例如，图2.40所示代表性的三种榫——燕尾榫、半腰梯形榫和嵌接榫（通常带销）受到弯曲时的连接效率大致如下：嵌接榫的强度连接效率为30％～50％，作为传统榫头其强度性能较高；半腰梯形榫的强度连接效率为10％～30％，虽然达不到嵌接榫的强度，但能承受一定程度的弯曲；燕尾榫的强度连接效率和刚性连接效率都在10％以下，基本上不能指望其具有承载能力[5]。

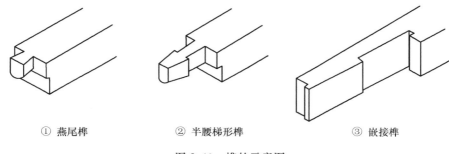

① 燕尾榫　　　　　　② 半腰梯形榫　　　　　　③ 嵌接榫

图 2.40　榫的示意图

（3）机械加工榫卯与手工加工榫卯的比较。传统构造法的榫卯，过去均采用手工加工，而现在越来越多地采用专用数控榫槽加工机械来进行加工。采用榫槽机加工的榫卯和手工加工的榫卯，形状上有差异（图2.41）[5]，加工精度有差

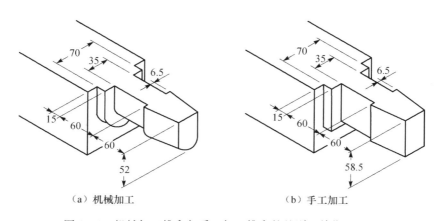

（a）机械加工　　　　　　　　　（b）手工加工

图 2.41　机械加工榫卯与手工加工榫卯的差别（单位：mm）

异，因此其强度性能也有差异。根据试验可知，由榫槽机加工的榫卯连接，其强度性能为由手工加工的榫卯的 1.2～2.0 倍。另外，由于加工精度高，机械加工榫卯的初期刚性也较高。但由于连接部位没有间隙，机械加工榫卯的破坏性质为脆性。

（4）榫头形状与强度的关系。

榫头各部分的形状对榫头的强度有微妙的影响。现以如图 2.42 所示的半腰梯形榫（手工加工）为例来说明榫头形状尺寸与强度的关系[5]。

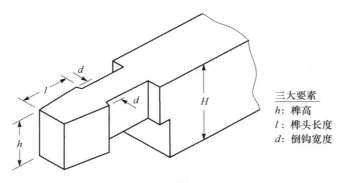

三大要素
h：榫高
l：榫头长度
d：倒钩宽度

图 2.42　影响半腰梯形榫强度的三大因素

① 榫高 h 与最大荷载成正比。当榫高 h 与母材的材高 H 一致时，榫头的抗拉强度为最大。

② 倒钩宽度 d 与至破坏所需要的功成反比。倒钩宽度增大，脆性增加。

③ 用"素材的剪切强度 τ×榫高 h×榫长 l"计算出来的荷载与由试验求得的最大拉伸荷载成正比。

④ 抗弯强度和刚性一般也与榫高有比例关系。

2）用连接件连接

（1）特征。连接件连接，是指使用如图 2.43 所示的钉、销、螺栓和齿板等连接件对构件进行连接的总称。木质结构中使用的连接件有钉（传统梁柱构造法用、规格材构造法用和其他）、木螺钉、螺栓、六角螺钉、销、插板类、金属齿

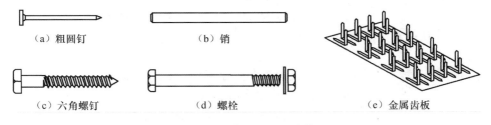

（a）粗圆钉　　　　　　（b）销　　　　　　　　　（c）六角螺钉　　　　（d）螺栓　　　　　（e）金属齿板

图 2.43　代表性的连接件

板和铆钉等。其中,一般住宅规模的建筑物主要使用钉和螺栓,一部分使用六角
螺钉和销。另外,工厂生产的桁架等中也使用金属齿板连接件。该连接法的特征
是:不管谁施工都基本上能确保一定的性能,如果知道每一个连接件的强度性
能,通过对连接部位的结构计算可以进行随意设计。

虽然有人批评该连接方法,说连接件连接"缺少创意"、"与木材的相容性
差"等,但这种连接方法简单、实用,从小规模结构到大规模结构,采用连接件
的连接已成为木质结构连接的主流。

(2) 纵向接头形式。图 2.44 表示双层夹板式螺栓连接接头的结构,是使用
连接件的纵向连接接头的代表之一。这种接头形式近年用得不太多,但过去被广
泛应用于木桁架下弦(拉杆,三角形底边部分的水平梁)的接长。这种纵向接头
虽然也同时产生弯矩和剪力,但主要用于传递拉力。

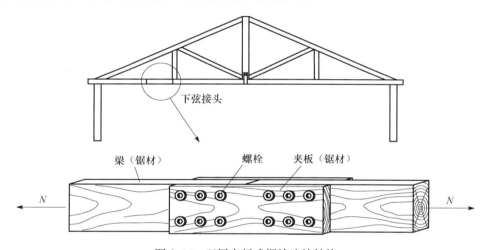

图 2.44　双层夹板式螺栓连接结构

对中、小规模的集成材构架结构,越来越多地使用隐形钢板和销的连接形
式,即将开有数个销孔的钢板插入集成材构件内部预开的窄缝中,用销将两集成
材构件和钢板连接成一体。图 2.45 为这种隐形钢板插销连接的示意图。使用销
连接,由于没有螺母和垫圈外露,与螺栓连接相比外形美观,且提高了耐火性
能。图 2.45 的连接形式[11]不仅能传递轴向力,还能同时传递力矩和剪切力。对
于以传递力矩为主的接头(力矩阻抗连接),必须特别细心地注意连接部位的
设计。

图 2.46 表示集成材结构中数量最多的使用弯曲集成材的三节点拱形构架接
头的构成[5]。以前采用长的螺栓贯穿集成材的材高方向,在上、下表面添加钢板
进行紧密连接的方法;近年来普遍改用从单面可以施工的六角螺钉。该接头与其
说主要是传递轴向力,不如说是为了传递不太大的弯曲力矩和剪切力。

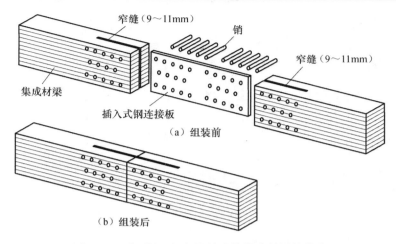

窄缝（9～11mm）

销

窄缝（9～11mm）

集成材梁

插入式钢连接板

（a）组装前

（b）组装后

图 2.45　采用插入钢板和销连接集成材梁的接头

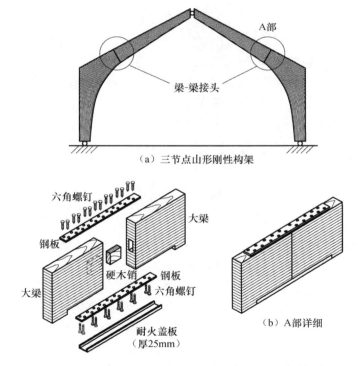

A部

梁-梁接头

（a）三节点山形刚性构架

六角螺钉

大梁

钢板

大梁

硬木销

钢板

六角螺钉

耐火盖板
（厚25mm）

（b）A部详细

图 2.46　采用弯曲集成材的三节点拱形构架的连接部位

　　（3）成角接口形式。使用连接件的成角接口形式也是多种多样。图 2.47
（a）和（b）[11]表示在独户规模的木质住宅上经常使用的柱-梁-横梁（中间横梁）
接口的连接形式。

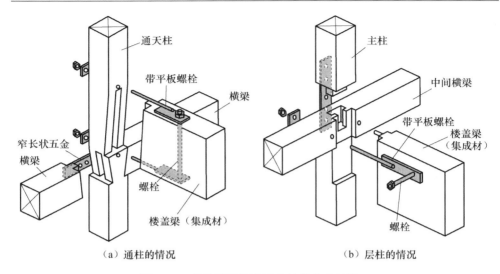

（a）通柱的情况　　　　　　　　（b）层柱的情况

图 2.47　传统梁柱构造法木结构住宅的接口

　　剪切力由嵌槽接口承受，为了防止当有地震等大的水平力作用时梁发生脱落，用带平板的螺栓将梁固定在立柱上或梁与梁相互固定。

　　由于接口加工比较复杂，且接口也削弱了立柱或横梁的承载能力，近年，不进行传统的接口加工，全部依靠连接五金来传递力的接口形式越来越多。图 2.48 为其中一例，它是用螺栓将折弯的开有槽和孔的金属板紧密连接在立柱的侧面，从上往下放入端部加工了窄缝的横梁，然后插入销或螺栓完成柱-梁的连接。虽然剪切力全部由五金连接件承受，由于金属部分露出的比例小，连接后基本上看不到五金，这种接口适合于传统梁柱构造法的住宅。由于这种接口只需要简单的机械加工即可，近年来这种接口和在工厂预制生产的机械加工榫卯接口一样都在增加。

　　图 2.49 为特别为用于跨距稍大的木梁柱结构设计的五金连接的形态。它是用螺栓将材质稍厚的吊挂角形五金连接件紧密连接在立柱上，然后将横梁放入其筋板中的一种结构类型。该接口剪切力由角型五金承担，为防止横梁移动，同时也使用了螺栓连接。图中的横梁可以是锯材，也可以是集成材。

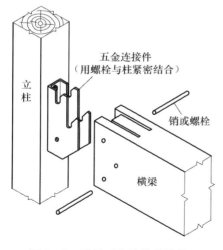

图 2.48　采用五金连接件的接口

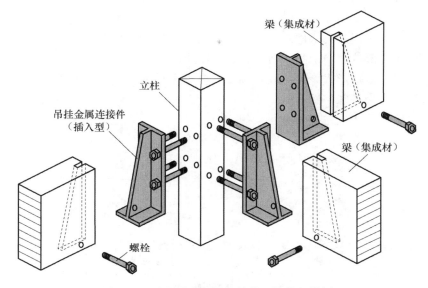

图 2.49　跨距稍大的梁柱结构上的接口举例

3）胶合连接

（1）特征。胶合连接是木材之间或者木材与其他材料间用黏结剂进行连接的技术总称。由于木材自身的结构也是由天然的黏结剂连接而成的管状组织，从相面上来看，对木材来说，采用黏结剂连接也许是理想的连接。

胶合连接具有初期刚度大、强度也大的优点，但一旦发生初期破坏，容易引起连接部位全体崩溃，在强度可靠性方面还有待改善。

（2）纵向接头形式。纵向接头形式最简单的为图 2.50（a）所示夹板胶合接头的形式。考虑到现场的施工性，钉钉胶合是一种很现实的做法，钉钉兼有压紧的作用。胶合板钉钉胶合衬板连接这一方法很早就有。

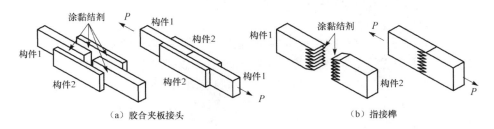

（a）胶合夹板接头　　　　　　　（b）指接榫

图 2.50　胶合接头举例

作为单独的胶合接头，现在最普遍使用的是图 2.50（b）所示的指接榫。指接榫接头在单独使用中，有时会有因胶合不良而产生强度低下的危险，即可靠性不是特别高，但通过对构件进行层积后其强度可靠性大大提高。对于胶合连接，广泛分散胶合部位、增加胶合数量，是提高强度可靠性的最佳方法。

（3）成角接口形式。成角胶合接口主要应用于家具领域，在其他领域没有太多的应用。作为特殊一例，由图 2.51 所示交差层叠胶合产生的刚性连接在新西兰被广泛地用于集成材框架。

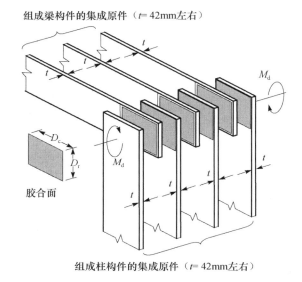

图 2.51　交差层叠胶合

（4）现场胶合。规格材构造法住宅的楼盖搁栅与楼盖面板的连接，采用现场使用聚氨酯系黏结剂进行胶合，该方法已得到了实际应用。通常情况下搁栅与楼面板的连接只钉钉就可以了，但若同时使用黏结剂，相同截面搁栅的跨距可以增加 7%～10%。

（5）植筋胶合。植筋胶合技术的应用已有近 20 年的历史，它是在集成材或 LVL 上先从端部开孔、插入异形钢筋并用耐水合成树脂黏结剂将其填埋而构成接近完全刚性的接口的方法。丹麦为该技术的发源地，苏联、新西兰、澳大利亚和日本近年都进行了较多的应用。图 2.52 为新西兰开发的集成材柱-梁植筋胶合刚性连接的模型图[12,13]。

植入集成材或 LVL 中的异形钢筋均为刻痕钢筋或螺纹钢筋，以增强钢筋与胶的机械咬合力。钢筋直径通常为 12～24mm，植入钢筋的孔应比钢筋直径大 1mm 以上，以利于灌注黏结剂。黏结剂的选择与制造工艺和钢筋所承受的荷载

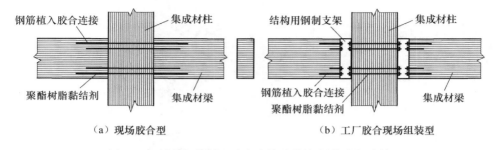

（a）现场胶合型　　　　　　　　　　（b）工厂胶合现场组装型

图 2.52　采用钢筋植入胶合连接法的柱-梁抗力矩连接

有关，可采用酚醛间苯二酚、双组分聚氨酯和双组分环氧树脂等黏结剂。钢筋的抗拔强度在很大程度上取决于胶缝的强度和耐久性，还在相当程度上取决于木材密度，通常垂直木纹植入的钢筋其抗拔强度稍高于平行木纹植入的钢筋。树脂植筋试验表明，钢筋的拔出破坏为脆性破坏，工程中应避免这种破坏模式。大部分研究者认为植筋 $15d$（d 为钢筋直径）深度时可避免拔出破坏[12]。

4）三大连接法的比较

以上对木材的三大连接法进行了概述。图 2.53 为对各连接法的主观评价[5]。采用五金件的连接具有韧性，施工性好、可靠性高，但美观性和耐久性不好；相反，胶合系连接的初期刚性和最大承载能力优越，但可靠性和施工性能（含现场管理）方面的评价低。传统的接头或接口系统，虽然在承载能力方面比其他的差，但在其他方面可以说是获得了平衡的一种连接法。

实际上并不能断言哪种连接方法最优秀。应该考虑对象木质结构的用途、要求性能、立地条件、重要性和成本等各种因素，根据具体情况选择连接方法。

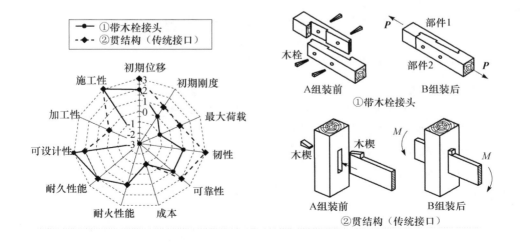

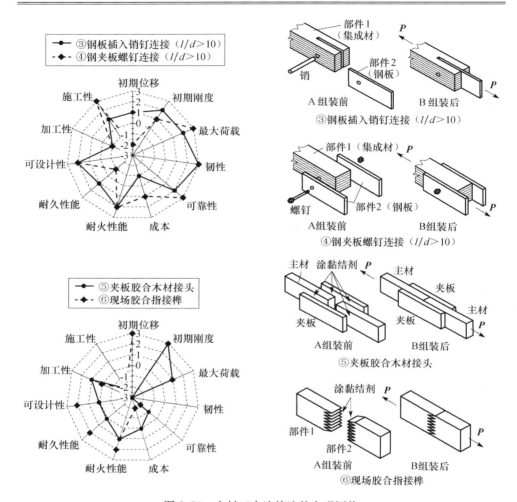

图 2.53　木材三大连接法的主观评价

2.3.2　使用连接件的连接部位的承载性能

现在的木质住宅，上述三大连接法中采用连接件的连接占了主流。下面就其中最普遍使用的以钉和螺栓为中心的该连接法的有关注意事项进行叙述。

1）主要连接件的使用方法

钉连接的承载方式，有如图 2.54（a）所示产生拉拔阻抗的情况（此时钉的受力方向与钉的打入方向平行）和如图 2.54（b）所示产生剪切阻抗的情况（此时钉的受力方向与钉的打入方向垂直），倾斜打入的钉则为两者的组合。其中，产生拉拔阻抗的情况，一旦被拉脱，就会有突然失去承载能力的危险。因此，拉拔型钉的使用只限于在安装装饰材料时，结构性的重要连接部位应全部使用剪切型钉才安全。斜打入的钉可以理解为原则上是为了固定构件的位置。例如，建筑物承受水平力而使立柱承受来自垫梁的拉拔力时，必须考虑到斜打入的钉是没有太大效果的。

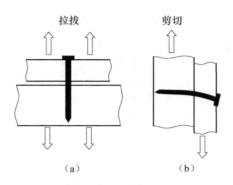

拉拔　　　　　　　　剪切

（a）　　　　　　　　（b）

图 2.54　钉连接的强度机理

　　但是，在最近的斜撑五金和柱脚五金中，为了满足将五金暗藏在墙壁内侧这一施工上的要求，出现了好几种抗拉拔型的钉（螺纹钉、环形钉）。使用这样的五金时，要认真进行研究，使每一颗钉的拉拔力都能充分满足在许用强度的范围内。

　　螺栓连接既可以是拉拔型，也可以是剪切型。对于拉拔型螺栓连接，应使用足够大的垫片，这非常重要。这不只是增大垫片的面积，还应增加垫片的厚度。如图 2.55（a）所示，垫片越厚效果越好。垫片如果太薄，则如图 2.55（b）所示，垫片被挤入木材时容易弯曲，从而降低拉拔阻抗，同时垫片周边部分浮于木材之上，因而减小了垫片的有效面积。要防止出现这种情况，应提高垫片的弯曲刚度。在现场最简单的方法是重叠放置多个垫片，如果将它们胶合使用，则和重叠胶合梁一样其弯曲刚度会显著提高[12]。

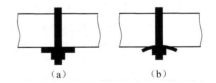

（a）　　　　　　（b）

图 2.55　螺栓的拉拔阻抗和垫片尺寸

　　六角螺钉是直径与螺栓差不多大的大型木螺钉，其承载能力虽然不是很大，但在使用螺栓有困难的场合，六角螺钉是一种有效的连接件。该连接件也由于拉拔阻抗没有想象的高，同圆钉一样原则上只做剪切型使用。

　　2）不同类型和材料的连接强度特性

　　使用连接件的剪切阻抗型连接部位的类型，可分为如图 2.56（a）、（b）所示的单面剪切型和如图 2.56（c）、（d）、（e）所示的两面剪切型。从连接性能来看，两面剪切型的变形基本对称，不易产生荷载偏心，是比较有利的。但对于普通住宅规模的建筑，大多使用单面剪切型。钉连接主要采用单面剪切型，螺栓连接使用单面剪切型和两面剪切型两种类型。另外，有时也用六角螺钉连接代替单面剪切型的螺栓连接。

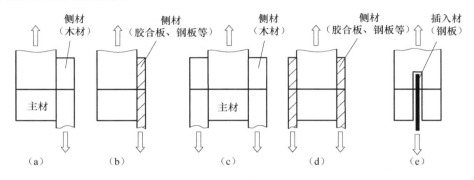

图 2.56　剪切型阻抗的连接类型

各连接类型中，图 2.56（a）和（c）的主材和侧材都是木材，如将木条钉在立柱上，或将斜撑直接钉在梁柱构件上等，相当于这种情况。图 2.56（b）和（d）是将胶合板、各种木质或非木质系板材或者钢板作为侧材，如将面板钉在墙体骨架或楼盖骨架木材上，或在连接部位使用五金等，对应于该种情况。另外，图 2.56（e）如前所述，主要在集成材结构中使用，但近年在住宅规模的建筑物中也已开始使用。

连接部位的破坏形态和破坏特性，因连接类型、使用材料、施载方向和端边距离等条件不同而有相当大的差别[5]。一般来说，大多呈现如图 2.57（a）～（d）所示的某个破坏形态，另外也可以见到钢板屈曲或破坏、连接件弯曲疲劳破坏、各种木质系板材面部压坏或剪切破坏等现象。

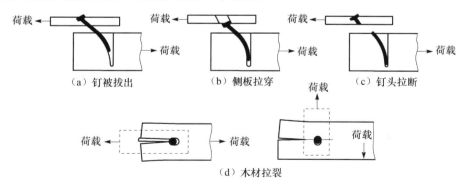

图 2.57　连接部位的破坏形态

图 2.57（a）为连接件被从主材拔出的情况。从图 2.56（a）、（b）所示的钉连接来看，一般韧性较好。

图 2.57（b）为连接件头部从侧板压入并脱离的情况。这主要为图 2.56（b）

所示的钉连接，当侧板使用胶合板或木质系板材时，仍然有比较强的韧性。但必须注意的是，对住宅的楼面或墙壁进行施工时，大多用气钉机来钉面材，这时的最佳打入压力因使用的面材和结构而异。但实际上气钉机的气压力在很多情况下都并没有很好地调整，经常可以看到钉头因打入面材太深而留下凹坑的情况。由于钉头的过度打入，在施工时侧板就已经被破坏，从而致使其连接强度大大降低。

图 2.57（c）为连接件头部被拉断的情况。这主要多发生于图 2.56（b）所示以钢板为侧板时的钉连接情况，有时也发生于图 2.56（d）所示的螺栓连接。另外，图 2.56（a）、（c）和（e）所示的螺栓连接中偶尔也会出现这种破坏形态。连接件头部被拉断，虽然也呈现某种程度的韧性，但与钉拔出和侧板拉穿相比韧性要差得多。

图 2.57（d）为木材最终开裂破坏的情况。根据连接件的形状、受力方向和端边距离等的不同，既有极脆性的破坏，也有很韧性的破坏，其破坏形态很明显地表现连接部位的设计好坏。可发生于图 2.56（a）～（e）所示全部类型的螺栓连接，或者钉连接并施加纤维垂直方向的剪切力时。

对木材开裂破坏的情况，最好也作如下考虑。特别是在纤维垂直方向施加剪切力时，普遍认为即使加粗连接件直径，其承载能力也并不与其成比例地增加。但当使用粗的连接件时，由于所负担的力有富余，设计是安全的。

3）钉和螺栓连接部位剪切强度各向异性

木材连接部位的剪切强度性能，在木材的纤维方向施加作用力时较高，而在垂直木材纤维方向施加作用力时较低。该差异虽然没有木材自身的强度各向异性那么显著，但也是相当大。从连接件类别来看，钉连接因作用力方向产生的承载力差别比较小，而螺栓连接时相对较大。

钉连接时，对于初期刚性，因施力方向产生的差别可以忽略。这时虽然也可以看到特征性的差别，但在数值上很小，实际应用上不必区分。但破坏特性和最大承载能力大多因施力方向不同而不同。钉连接部位的破坏形态和破坏特性因条件不同而有差别，难以一概而论，大致如下所述。

当在纤维方向施加剪切力时，大多因钉被拔出或侧板穿孔而破坏，韧性好；而当在垂直纤维方向施加剪切力时，虽然也有钉被拔出或侧板穿孔的情况发生，但较多的是木材发生脆性开裂破坏。特别是在接近斜撑、垫梁或横梁的端部等木材的横端截面的部位，发生这种破坏形态的危险性很高，应特别注意。

垂直纤维方向承受剪切力的钉连接部位，当发生拉脱或拉穿时，由施力方向所产生的最大承载能力几乎没有差别。但当木材开裂破坏时，垂直纤维方向的最大承载能力有时下降至只有纤维方向最大承载能力的 $1/2 \sim 2/3$。因此，结构上重要的钉连接部位，特别是木材端部的钉连接部位，必须充分考虑该承载能力的下降而进行有富余的设计。

如果考虑破坏形态来比较钉连接部位因施力方向不同所产生的变形破坏特性的差别，则如图 2.58（a）所示。施力方向在纤维方向和垂直纤维方向的中间时，其剪切强度性能可以由 2.2.1 中 1）出现的 Hankinson 式进行概算。

螺栓连接时，不管是在纤维方向还是在垂直纤维方向施加剪切力，最终都是木材开裂破坏，其刚性和承载能力都深受施力方向的影响。该连接强度性能的差别，虽然因螺栓直径与长度及木材的材质不同而有相当大的差异，但如果极粗略地看，可以认为垂直纤维方向的刚性为纤维方向的 2/3 左右，垂直纤维方向的最大承载能力为纤维方向的 1/3 左右。

如果在螺栓连接部位施加垂直纤维方向的剪切力，则发生比钉连接更脆性破坏的危险性高。由施力方向所产生的螺栓连接部位的变形破坏特性的差异如图 2.58（b）所示。

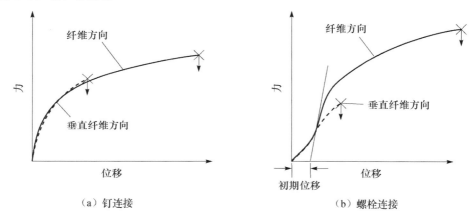

（a）钉连接　　　　　　　　　　（b）螺栓连接

图 2.58　钉和螺栓连接部位的变形破坏特性

考虑连接部位剪切强度性能时的施力方向，不是结构构件之间的连接角度，而是如图 2.59 所示施加在一个一个连接件上的分力方向。因此，在抵抗弯曲力矩的连接部位，尽可能正确地把握各连接件上发生哪个方向的分力是很重要的。

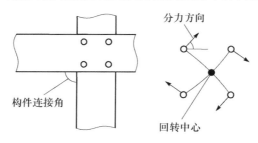

图 2.59　加在连接件上的分力方向

实际进行连接部位设计时，经常可以看到使用多个连接件，同时假定连接部位为回转节点（销）来进行结构计算的情况。这时，如果在一个连接部位配置多个连接件，必须充分认识弯曲力矩的传递。在用回转节点连接设计的连接部位上配置多个连接件，如果也能传递轴向力和剪切力之外的弯曲力矩，则可望提高附加的刚性。但由于连接件的配置产生垂直纤维方向的分力，而可能产生脆性破坏，有时反而会使最大承载能力下降而损害安全性。这一点与钢材等各向同性的材料有很大不同，为木材独有的须注意之处。

4）端边距离和连接件间距与变形强度性能

钉连接和螺栓连接的重要一点就是保持如图 2.60（a）所示的端距、边距和连接件间距。图中的端距是指从钉或螺栓的中心到木材的横截端面在平行于木材纤维方向测得的距离；边距是指从钉或螺栓的中心到木材的侧面在垂直于木材纤维方向测得的距离。在钉或螺栓连接部位，如果这些距离不足，其最大承载能力就会降低，如图 2.60（b）所示其变形破坏行为就会变脆。由端、边距产生的变形破坏特性的差别也与破坏形态有关。例如，用钉连接的胶合板或木质板类的破坏形态多为普通的侧板拉穿现象，但当端、边距不足时就会发生剪切破坏，最大承载能力和韧性也都下降。同样，在通常是钉被从木材中拔出来的这种连接法中，如果端、边距不足，有时候也会引起木材的开裂破坏。

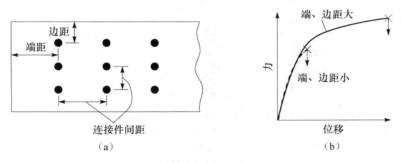

图 2.60　端、边距离和连接件间距及其变形特性

像螺栓连接或在垂直于纤维方向承受剪切力的钉连接，这种使木材发生开裂破坏的情况，由于最大承载能力特别明显地降低，必须充分确保《木质结构设计规范》中所规定的端、边距（表 2.7 和表 2.8）[2]。端、边距难以确保时，最安全的做法是从头开始修改连接部位的设计。

表 2.7　螺栓排列的最小间距

构造特点	顺纹			横纹	
	端距		中距	边距	中距
	s_0	s_0'	s_1	s_3	s_2
两纵行齐列	7d		7d	3d	3.5d
两纵行错列			10d		2.5d

注：d 表示螺栓直径。

表 2.8　钉排列的最小间距

构件被钉穿的厚度 a	顺纹		横纹		
	中距	端距	中距 s_2		边距 s_3
	s_1	s_0	齐列	错列或斜列	
$a \geqslant 10d$ $10d > a > 4d$ $a = 4d$	$15d$ 取插入值 $25d$	$15d$	$4d$	$3d$	$4d$

注：d 表示钉的直径。

　　如果怎么样也不得不采用规定值以下的端、边距施工，则必须预先折扣连接部位的许用承载力，并对安全性进行讨论。许用承载力打多少折扣为好，到现在为止还没有普遍认可的方法，但即使简单地用下面的概算式来减小许用承载力，也不会有大的错误[5]。

　　　　有效许用承载力＝许用承载力×(实际的端、边距/端、边距的规定值)

　　另外，作为端、边距不足的补强措施，如果没有外观上的约束，采用与切口部位同样的方法 (图 2.38)，也能够有效地抑制木材开裂。

　　钉连接时如果端、边距不足，钉打入时一开始就会使木材开裂，有时仅仅稍微有一点点外力就会发生破坏。因此，规定钉连接的端、边距比螺栓连接的大，斜撑端部的安装等结构上的重要部分，对此必须特别予以注意。

　　如果怎么也难以确保充足的端、边距，可先开比钉径小的引孔后再打钉，这样就能抑制木材的开裂。另外，引孔对钉连接刚性的提高也有一定的效果。引孔的尺寸一般认为以钉径的 70%～80% 为好。再者，采取把钉的尖端弄钝后再打入的方法，对抑制木材开裂也有相应的效果。这是由于把钉的尖端弄钝后打入虽然需要力，但减小了木材纤维横向拉伸应力集中，从而使得木材不易开裂。

　　5) 螺栓连接部位的初期状态与变形强度性能

　　螺栓连接时一般先在被连接构件上开比螺栓直径大的通孔。考虑到现场施工情况，通孔开得较大时作业比较方便，但建造出来的建筑物的强度性能有时会大大下降。钉连接时由于直接将钉打入木材，两者紧密接触，如图 2.58 (a) 所示，荷载-位移曲线从一开始就成立。假如开引孔，如果引孔的直径比钉径小，能够充分紧密接触，同样也可以。但如果像螺栓连接那样开很大的孔，则如图 2.58 (b) 所示，将产生初期位移而使变形增大。因此，在要求有高的初期刚性的部位使用螺栓是不太好的。如果使用，虽然希望将螺栓打入同径的孔中，但对于滚压螺栓等，其螺纹部位的外径比杆径粗，因而不能使用这种方法。

　　要减小初期位移的影响，如带平板螺栓这种情况 (图 2.46)，最好先把剪切螺栓（六角螺栓）插入通孔并轻轻拧紧，等拉伸螺栓（带平板螺栓）拧紧而产生足够的拉力后，再正式将剪切螺栓拧紧而使接口紧密连接。

锚栓扣件的施工也同样如此，考虑到施加地震或风的水平力时会产生使立柱从下往上拉拔的力，该方向的位移应尽可能地消除（图 2.20、图 2.62）；反之，对于从上往下压的力，由于压缩力直接从木材传递给木材，在连接部位即使多少有些位移也不会有大的问题。

初期位移不只是变形增大，对使用多个螺栓时的最大承载能力的下降，也有很大的影响。这是由于初期位移的产生情况对每一个螺栓都不相同，对使用的所有螺栓并不是均匀地分配其作用力，而常常只在一部分螺栓上集中了很大的力，从而有连接部位产生破坏的危险。孔径粗时或者螺栓短时，又或者在垂直纤维方向施加力时，连接部位的实际承载能力有时会下降至理论计算承载能力的一半以下，该影响非常大[5]。

要抑制因初期位移所产生的承载能力下降，减小预开孔的直径当然好，另外使用多个细螺栓来替代使用少数粗螺栓，是一种有效的方法；想办法尽可能使加在各螺栓上的分力方向接近纤维方向也是有效的方法。采用这些措施，如果能增加一个一个连接件的柔韧性，则即使假定荷载初期在一部分连接件上集中了很大的力，整个连接部位产生激烈脆性破坏的危险性也会减少，其连接部位最终能承受的荷载就不会那么大地降低。

对单面剪切型的连接部位，如果使用六角螺钉替代螺栓，则初期位移的影响比较小。

对钢板的螺栓连接，一般采用拧紧高张力螺栓来发挥钢板间的摩擦力的方法。利用摩擦力的这种连接方法，孔径即使开得有些大也不会发生问题。在不超过静摩擦力的范围内，这种螺栓连接可以看成是刚性连接。木质结构中，也有一部分使用依靠螺栓的拧紧产生木材间的摩擦力的连接法。

但是，若把木材用螺栓拧紧后长期放置，木材中产生的压缩应力就会慢慢地减小。特别是对于长期因含水率变化而产生反复收缩与膨胀的实际结构构件，其压缩应力的减小有可能相当显著。由于连接部位的摩擦力依附于与构件接触面垂直的压缩力，压缩应力的减小意味着其摩擦力的减小。因此，要维持足够的摩擦力，必须坚持控制木材含水率和定期拧紧螺栓等持续性的维护工作。考虑到这一点，至少对于现在的木质住宅，采用依靠摩擦力的连接方法事实上是相当困难的。作为排除连接部位初期位移影响的方法，不如说采用连接件和黏结剂并用的现场胶合施工法是最现实的。

2.3.3　剪力墙的构件强度性能与连接强度性能

要安全、合理地进行木质住宅的结构设计，切实把握构件强度性能和连接强度性能的平衡是非常重要的。如果该把握失误，估计有足够安全富余的建筑物会轻易地遭受损坏，有时甚至倒塌。另外，虽然具有同样的结构强度性能，也会浪费材料或经费。下面以剪力墙为例，对构件强度性能与连接强度性能的关系进行叙述。

1）在梁柱中放入斜撑的剪力墙

梁柱中放入斜撑的剪力墙（以下称为斜撑剪力墙），其水平承载能力主要依靠斜撑的压缩或者拉伸阻抗，另外还有与竖向构件和横向构件的接口部分及间柱和装饰材料等的附加作用。因此，斜撑的截面和连接部位的设计，大大左右建筑物全体的水平承载能力，其中连接部位非常重要。

下面以图 2.61（a）为例来考虑斜撑剪力墙。对于进行了内、外装饰的斜撑剪力墙，实际的力传递是相当复杂的，这里将其简化成力只向垫梁、立柱、横梁和斜撑传递的桁架结构来进行分析。如果在该斜撑剪力墙上施加箭头方向的剪切力，则在点划线的斜撑上施加压缩力，而在实线的斜撑上施加拉伸力。将这时的拉伸斜撑构件承载能力与斜撑端部的连接承载能力进行比较，如下所述。

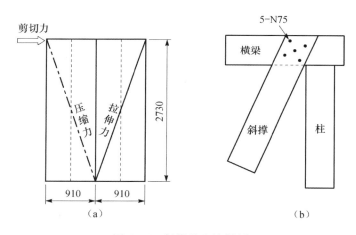

图 2.61　斜撑剪力墙举例

日本《木结构住宅工程通用式样书》中所示的几个斜撑式样，采取用 5 颗 N75 钉将截面 30mm×90mm 的斜撑直接钉在横梁上的方法［图 2.61（b）］。作为斜撑构件，使用柳杉结构材，斜撑的短期许用拉伸应力为 90kgf/cm²，每颗 N75 钉的短期许用剪切应力为 58kgf/cm²（参照日本《木质结构设计标准》[7]）。由这些数值进行计算，斜撑的短期许用拉伸承载能力为 90kgf/cm² × 27cm² ＝ 2430kgf，钉连接部位的短期许用剪切承载能力为 58kgf×5（颗）＝290kgf，可知这时的许用连接承载能力只有构件许用承载能力的 1/8 左右。

可是，对于该斜撑剪力墙式样，其壁倍率给了 1.5。由该壁倍率进行同样的计算，其斜撑的负担力为 560kgf，比钉连接部位的短期许用承载能力 290kgf 大得多。实际的斜撑剪力墙中，由于上述计算中忽视的部分也应该分担力，在数值上产生某种程度的差异是可以理解的。但作为另一个理由，只个别地取出一颗钉时的许用承载能力的考虑方法，与由几个构件和连接部位组成的剪力墙作为整体来抵抗水平力时的承载能力评价考虑方法，两者原则上是不同的。即只看钉连接部位与看剪力墙整体时，对于钉连接承载能力的实质安全率存在差异。

下面来计算在该斜撑上施加由壁倍率计算出来的 560kgf 拉伸力时，剪力墙发生 1/120rad 可见变形角时的斜撑轴向伸长量，可推算出斜撑自身由拉伸产生的伸长量为近 1mm，钉连接部位两端的滑移合计为 6mm 多，共计为 7mm 多。即拉伸斜撑剪力墙的剪切变形有 85%～90% 产生于钉连接部位的滑移。

由上可知，对于拉伸斜撑，由于水平承载能力几乎是由连接强度来决定的，增大斜撑的截面几乎没有效果。当然，如果使用合适的五金或三角形胶合板加固等有可能提高连接强度。这时如果使用厚的斜撑，由于钉或螺栓的打入长度增加，对最大承载能力和柔韧性多少是有利的，但作用有限，不能有过多期待。另外，从梁柱构架的尺寸来看，由于过多地使用大的五金和胶合板是不现实的（如果做成这种式样，不如说是面板剪力墙为好），连接强度的提高有某种程度的限度。

实际木结构中，像该例一样的情况很多，即结构强度由连接强度支配，若只把构件截面增大，则不管怎么增大也没有多少效果。

另外，在图 2.61（a）中用点划线表示的压缩斜撑中，由于横梁和立柱与斜撑的接触部分可以直接传递压缩力，如果设计和施工得当，与拉伸斜撑相比有可能提高其承载能力。但这时连接的好坏也很大程度上支配着斜撑的承载能力。

例如，对于和上例一样截面为 30mm×90mm 的柳杉普通结构材斜撑，在各种假定条件下所计算出来的短期许用压缩力如表 2.9 所示[7]。当斜撑端部的连接很弱、间柱的效果也得不到保证时，必须将斜撑全长作为压缩失稳长度。这时斜撑的短期许用压缩力仅为 88kgf，不用说比由壁倍率计算出来的负担力 560kgf 低得多，也远低于拉伸斜撑的短期许用承载力 290kgf。但如果斜撑端部被完全固定，可以认为压缩失稳长度等于斜撑全长的 1/2 的话，则短期许用压缩力变为 353kgf。实际上斜撑端部要被完全固定是非常困难的，即使十分牢固的连接，一般也处于回转节点（销）和完全固定的中间状态（半刚性）。因此，若假设压缩失稳长度比为两者平均的 3/4，可计算出短期许用压缩力为 157kgf。

表 2.9　根据各种假定条件计算所得到的斜撑短期许用压缩力

斜撑截面	斜撑长度	支承条件	压缩失稳长度比	短期许用压缩力/kgf	由壁倍率计算所得的负担力/kgf
30mm×90mm	全长	销	1	88	560
	全长	半刚性	3/4	157	
	全长	固定	1/2	353	
	间柱间	销	1/2	353	
	间柱间	半刚性	3/8	627	
	间柱间	固定	1/4	1523	
	压缩失稳完全约束（短柱）			3240	
45mm×90mm	全长	销	1	298	747
	全长	半刚性	3/4	529	
	全长	固定	1/2	1191	
	间柱间	销	1/2	1191	
	间柱间	半刚性	3/8	2285	
	间柱间	固定	1/4	3629	
	压缩失稳完全约束（短柱）			4860	
90mm×90mm	全长	销	1	2382	1120
	全长	半刚性	3/4	4570	
	全长	固定	1/2	7259	
	压缩失稳完全约束（短柱）			9720	

　　若假定图 2.61 （a）中虚线所示间柱与斜撑牢固地连接，在间柱与斜撑的交点，面外位移受到约束，则可以将压缩失稳长度比设为 1/2。同样，若假定所有的连接部位处于完全固定的理想条件，压缩失稳长度比为 1/2×1/2＝1/4；若假定为上述的中间条件，则压缩失稳长度比为 1/2×3/4＝3/8。设压缩失稳长度比为 3/8（假定斜撑与端部及间柱的交点被牢固地连接）时，短期许用压缩力达627kgf，超过由壁倍率计算所得的负担力 560kgf。

　　这样，当压缩斜撑比较薄时，如果连接不充分则只能发挥极低的承载能力；但若进行牢固的连接，则能够得到与拉伸斜撑相比更高的承载能力。对于实际的剪力墙，除与斜撑端部和间柱的交点的连接外，内外装饰的适当与否也有很大的影响。

　　由于压缩斜撑的承载能力由压缩失稳决定，如果增加斜撑截面，其承载性能显著提高。表 2.9 中也列出了斜撑截面为 45mm×90mm 和 90mm×90mm 时的计算结果，相对于由壁倍率计算所得的负担力，斜撑越厚其自身的压缩承载能力就越有富余。

　　不过，压缩斜撑也有缺点。压缩斜撑要充分发挥其性能，在斜撑的两个端部必须切实传递从木材到木材的压缩力。但通常的施工精度很难使斜撑端部与横梁和立柱一开始就非常紧密地接触，压缩斜撑在达到充分发挥其机能之前，会因初期位移不可避免地产生某种程度的变形。因此，变形初期的刚性不能说一定很高。

　　这时，当剪力墙发生 1/120rad 的变形角时，斜撑自身的压缩占斜撑轴向压缩量的比例最多不过 10％前后，剩余的为构件端部达到紧密接触时连接部位的滑移和紧密接触后的挤压变形。

　　另外，也必须注意当压缩斜撑的承载能力增大时，加在立柱上的铅垂方向的拉拔力会与其成比例地增大。斜撑的承载能力一有富余，抵抗该拉拔力的基础与垫梁、垫梁与立柱、立柱与横梁的连接部位就会变成相对薄弱部位，剪力墙的性能受这些连接部位的强度的支配。剪力墙的倍率越高，加在这些连接部位的力就越大。因此，必须恰当地使用地脚螺栓、锚栓扣件及其他各种五金和螺栓等对连接部位进行强化，以便与构件承载能力的提高相均衡。

　　由以上各点进行综合判断，从木质住宅所普遍采用的施工方法的范围内来考虑，可以说斜撑最好是处于压缩状态。当然，由于水平力一定是从两个方向施加，所以结论是如图 2.61（a）所示将斜撑对称配置或者进行交叉配置。

　　作为壁倍率推导依据的足尺剪力墙的剪切试验，也通常使用对称配置的斜撑试验体来进行。因此，应该可以理解斜撑剪力墙的倍率是针对压缩斜撑和拉伸斜撑的一组墙壁给出的。如果由于施工上的原因而只能配置单斜撑时，应该对其壁倍率打相当大的折扣来进行估算，否则将是很危险的。

　　斜撑没有对称配置的建筑物，还具有一个大的问题。若斜撑配置为非对称，根据水平力施加的方向不同，建筑物的刚性不相同。这样的建筑物当反复承受两个方向的水平力时，残余变形就会单向地蓄积于刚性低的方向，由此而产生的建筑物重心偏移，会更加助长其变形和局部性破损偏移，最后发生建筑物倒塌的危险。

　　除以上之外，作为拉伸斜撑和压缩斜撑共同的问题，是对如图 2.62 所示垫梁被从基础掀起和立柱被从垫梁拔出的处理[5]。底部一旦出现这种被掀起的现象，变形角就会增大，这时不管如何抑制墙壁自身的剪切变形都不会有太大的效果。另外，立柱一旦被拔出就会直接引起建筑物的倒塌，这种情况也不少。

　　要应对这些，可以适当地使用地脚螺栓和锚栓扣件等。但在施工时，由于梁柱构架和墙壁的自重，底部看上去好像相当牢固地连接好了，容易引起意外的施工疏忽。施工时该部分应特别予以注意。

　　2）面板剪力墙

　　将胶合板及其他结构用板材铺钉在木材上的面板剪力墙（图 2.12），与斜撑承载墙相比具有以下优点：

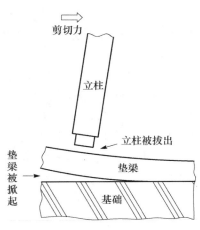

图 2.62　立柱被拔出和垫梁被掀起

（1）铺钉面板的剪力墙其剪切强度大多由钉连接强度决定，由于力被分配在许多钉上，与拉伸斜撑式样的剪力墙相比承载能力高。

（2）由于力是对应于各钉的刚度被分配到许多的钉上，各钉连接强度差异的影响减小，可以得到一个整体的平均连接强度。

（3）与压缩斜撑不同，由于没有初期位移，从变形初期就能得到稳定的刚度，因施工技术产生的强度差也小。

（4）由于墙壁的剪切性能不依赖于水平力的施加方向，剪力墙配置的自由度高。

由于以上优点，与斜撑剪力墙相比，推荐采用面板剪力墙的研究人员和技术人员很多。在过去很长一段时期，日本作为结构用的面板大多为柳桉胶合板，但其比例正慢慢地减小，而针叶树胶合板逐渐增加。另外，由于全球性木材资源在不断减少，近年来胶合板以外的各种结构用木质面板的使用比率在继续提高。

面板剪力墙的性能虽然因各面板的强度性能而异，但只要所使用的面板其强度在不发生脆性剪切破坏和压屈的范围内，这时相对来说也是钉连接强度的影响较大。铺钉各种结构用面板的剪力墙，其剪切变形中钉连接部位所占的变形比率，如假设钉的间隔为 15cm，则为 70％～90％；当钉的间隔为 10cm 时，该比率减小至 60％～85％[5]。这意味着使用相同面板时，若钉的间距由 15cm 变成 10cm，剪力墙的剪切性能提高 30％～40％。因此，虽然面板自身的强度性能也很重要，但可以说所使用钉的种类和钉的间距及打钉器的压力调整等连接方法的好坏影响更大。

对于垫梁被掀起和立柱被拔出，其处理方法与斜撑剪力墙完全相同。不过对于面板剪力墙，由于可以通过将一块面板铺钉在垫梁与立柱的两方或铺钉在立柱与横梁的两方上来使墙壁全体牢固地一体化，从这一点来看也比斜撑剪力墙有利。但也必须考虑，不管如何使用面板，当面板只与立柱连接而与垫梁和横梁脱离时，面板剪力墙本来的机能也不能充分发挥。

如上所述，面板剪力墙具有不少优点，但也有问题。那就是当结构用木质面板反复处于高含水率状态时，面板自身的强度性能和钉连接性能都有发生劣化的危险。因此，对于面板剪力墙，确保其初期强度性能当然不用说，充分注意使用环境以便能够长期维持施工时的性能，即保持稳定的干燥状态十分重要。

目前，面板自身强度性能和钉连接性能低下的危险性，与胶合板相比，各种结构用木质系板材类好像稍微高些，但随着制造技术的不断进步，将来也许不再会有差别。但是，即使防止了面板自身的劣化，由于厚度方向的反复收缩与膨胀会使木材与面板之间产生间隙，要完全防止钉连接性能的下降也是很困难的。因此，采用面板剪力墙时，设计时就应该估计长期使用后剪切强度会有某种程度的下降，从而配置有富余的剪力墙。

3）构成剪力墙的连接

在剪力墙及其他连接中，日本要求使用（财）日本住宅与木材技术中心规定的带 Z 标志的五金或者具有与之同等以上性能的连接五金。实际的基本连接式样和 Z 标志五金表示在日本《住宅工程通用式样书》及其他里面。另外，三层建筑与其不同，要求三层建筑用的结构计算和剪力墙式样。

我国对构成剪力墙的连接还没有做相应的规定，《木结构设计规范》仅对轻型木结构构件之间的钉连接做了规定。墙面板、楼（屋）面板与支承构件的钉连接要求如表 2.10 所示[2]。

表 2.10　墙面板、楼（屋）面板与支承构件的钉连接要求

连接面板名称	连接件的最小长度/mm				钉的最大间距
	普通圆钢钉或麻花钉	螺纹圆钉或麻花钉	屋面钉	U 形钉	
厚度小于 13mm 的石膏墙板	不允许	不允许	45	不允许	沿板边缘支座 150mm
厚度小于 10mm 的木基结构板材	50	45	不允许	40	
厚度 10～20mm 的木基结构板材	50	45	不允许	50	沿板跨中支座 300mm
厚度大于 20mm 的木基结构板材	60	50	不允许	不允许	

关于构成剪力墙连接方法的适当式样及其强度性能评价，还存在许多不明之处，现在各国也都还在继续研究之中。

参 考 文 献

[1]　潘景龙,祝恩淳. 木结构设计原理[M]. 北京:中国建筑工业出版社,2009:236—298

[2]　中华人民共和国国家标准. 木结构设计规范 GB 50005—2003(2005 年版)[S]. 北京:中国建筑工业出版社,2006:26—62

[3]　日本建築学会. 木質構造設計ノート[M]. 東京:日本建築学会,1995:32—78

[4]　木造建築研究フォラム. 図説木造建築事典(基礎編)[M]. 東京:学芸出版社,1995:44—89

[5]　今村祐嗣,川井秀一,則元京,等. 建築に役立つ木材・木質材料学[M]. 東京:東洋書店,1997:101—169

[6]　公共建築協会. 木造建築工事共通仕様書(平成 10 年版)[M]. 公共建築協会,1998:9—38

[7]　日本建築学会. 木質構造設計基準・同解説[M]. 東京:丸善出版,2006:23—76

[8]　大熊幹章. 木材の工学[M]. 東京:文永堂出版,1991:34—67

[9]　有馬孝礼,高橋徹,増田稔. 木質構造[M]. 東京:海青社,2001:133—168

[10]　莫骄. 木结构设计[M]. 北京:中国计划出版社,2006:111—117

[11]　梶田熙,今村祐嗣,川井秀一,等. 木材・木質材料用語集[M]. 東京:東洋書店,2002:

　　　　110—119

[12]　樊承谋,张盛东,陈松来,等. 木结构基本原理[M]. 北京:中国建筑工业出版社,2008:
　　　　131—178

[13]　樊承谋,王永松,潘景龙. 木结构[M]. 北京:高等教育出版社,2009:66—130

第3章 木材防护与木质住宅的耐久性

木材是本来就具有耐久性的材料。建于公元782年的山西南禅寺（图3.1）、建于公元857年的山西佛光寺正殿和建于公元1056年的山西应县佛宫寺的释迦塔 [简称应县木塔（图3.2）] 至今仍巍然屹立，保存完好，这充分证明在适当的使用环境下木材是可以长期使用的材料。影响木材耐久性的要因，一般有物理的、化学的和生物的劣化，但长期的且难以预测的劣化是因为后面的两者。其中，从实用的角度来看，促进劣化的因素主要有来自热和光这种化学反应的劣化和来自昆虫和微生物的生物分解。

图3.1 山西五台山南禅寺

图3.2 山西应县释迦塔

木材被暴露在日照和风雨中，表面就会遭受变色和风化等劣化。变色和风化对历史性建筑物会创造出绝妙的风味，但对近代建筑却会使其价值下降。现在木材与屋外具有高耐气候性的新型无机系材料一起使用的情况增多了，为了保持木结构建筑的价值，防止木材变色和风化的研究已成为很重要的课题。

引起木材生物劣化的重要因子为温度和水分。温度条件可以说受地区、气候或使用部位的影响，15℃以上时腐朽菌和白蚁的活动活跃。水分条件，通过在住宅设计和施工时想办法和采取措施，其影响也可以降低。

最近的住宅，高气密化、使用的木材树种多样化和各种木质材料的出现、五金连接的大量使用和用水场所的分散化等，毋需说存在促进劣化的要因。特别是隐柱墙结构，检查灾害的发生及发生的程度很不容易，事实上难以进行维护管理。尤其是预测住宅构件的腐朽和白蚁灾害的发生很困难。另外，从居住空间的舒适性和安全性方面考虑，耐久性能必须极长时间地维持下去。

另外，从环境与资源方面来看，提高木材和住宅的耐久性，不仅能节约森林资源，保护全球环境，具有社会经济效应；也是对来自木材的碳库的延伸，是防止全球气候变暖的有力手段之一。

本章就木材劣化与防护处理、住宅的耐久性能及其提高进行介绍。

3.1　木　材　劣　化

3.1.1　木材腐朽

木材是以细胞壁为构成材料构筑而成的结构物，细胞壁的绝大部分由纤维素、半纤维素和木质素这些天然高分子构成。由这些高分子相互复杂地缠绕在一起的木材细胞壁，对多数微生物来说并不是良好的营养源，特别是木质素很难分解。虽然能够很好地分解从木材中取出的纤维素和半纤维素的微生物很多，但像木材那样纤维素和半纤维素与木质素混在一起时能够攻击的微生物却很少。对多数微生物来说木质素是一种障碍，能够很好地把木素纤维（受木质素保护的纤维素和半纤维素）作为营养源利用的是被称为木材腐朽菌的一群微生物，它们分解木材细胞壁成分而使其失去强度。

具有木材腐朽力的微生物，整体来说种类不多，腐朽力的强度也有很大的差别，但分布在广泛范围的微生物中，主要有担子菌、子囊菌、不完全菌（蘑菇和霉菌）、细菌和放线菌等。木质住宅等建筑物中，数量多且带来最大经济损失的是由担子菌产生的腐朽，如果只单讲木材腐朽菌，多指属于担子菌的一类[1]。

1) 细菌和放线菌产生的腐朽

细菌和放线菌常见于沉没的木船、水中储存的木材和从遗址出土的木材等含有大量水分或处于缺氧状态下的木材。在洒水或施肥多的果树园，支承果树的木材其土中部位经常由于细菌或放线菌的攻击而劣化。

2）木腐菌产生的腐朽

木腐菌是一种低等植物，在显微镜下可以见到中空如丝状的菌丝，其孢子只要有适宜的条件便可在木材表面，尤其是木材端部和有裂缝处生长蔓延。菌内含有水解酶、氧化还原酶及发酵酶等，可以分解木材细胞壁的纤维素、木质素等细胞物质作为其养料，从而破坏木材的物理、力学性能，造成腐朽。菌丝发展到一定阶段即形成子实体，如蘑菇、木耳等菌类。子实体能产生亿万个孢子，如高等植物的种子，一旦条件适宜，孢子又发芽形成菌丝。如此周而复始，不断腐朽破坏木材组织[2]。

由木腐菌产生的腐朽可分为褐色腐朽、白色腐朽和软腐朽三种类型，引起这三种腐朽的木腐菌分别叫做褐色腐朽菌、白色腐朽菌和软腐朽菌。

（1）褐色腐朽菌。褐色腐朽菌选择性地分解构成木材细胞壁的纤维素和半纤维素。有的褐色腐朽菌也分解若干木质素，但基本上只是使木质素稍微降低相对分子质量而不能完全进行分解。经褐色腐朽菌腐朽了的木材仅剩木质素，呈现红褐色，干燥时产生收缩，并发生纵横龟裂和凹陷（图 3.3），用手捻成粉末，故又称"粉状腐朽"。自然界中，针叶树经常遭受褐色腐朽菌侵入；在大量使用针叶树材的木质住宅结构构件中，由褐色腐朽产生的灾害占绝大多数。褐色腐朽菌全部为担子菌。含外围栅等屋外材在内的木质建筑物中数量较多的腐朽菌如表3.1 所示[3]。

　　　（a）褐色腐朽的症状　　　　　　　　　　（b）伏果干腐菌（褐色腐朽菌之一）

图 3.3　褐色腐朽的症状

表 3.1　代表性建筑物腐朽菌

中文名（拉丁名）	腐朽类型	中文名（拉丁名）	腐朽类型
炭生薄孔菌（*Antrodia carbonica*）	褐腐	狭檐薄孔菌（*Antrodia serialis*）	褐腐
黄薄孔菌（*Antrodia xantha*）	褐腐	洁丽香菇（*Lentinus lepideus*）	褐腐
污叉丝孔菌（*Dichaitus squalens*）	褐腐	密褐褶菌（*Gloeopyllum trabeum*）	褐腐

续表

中文名（拉丁名）	腐朽类型	中文名（拉丁名）	腐朽类型
喜干褐褶菌（*Gloeophyllum protractum*）	褐腐	白薄孔菌（*Antrodia albida*）	白腐
淡黄裂孔菌（*Schizopora flavipora*）	褐腐	密褐褶菌（*Gloeophyllum trabeum*）	白腐
鲑色泊氏孔菌（*Postia placenta*）	褐腐	薄蜂窝孔菌（*Hexagonia tenuis*）	白腐
伏果干腐菌（*Serpular lacrymans*）	褐腐	灰孔多年卧孔菌（*Perenniporia tephropora*）	白腐
凹痕粉孢革菌（*Coniophora puteana*）	褐腐	桑多孔菌（*Polyporus mori*）	白腐
波状薄孔菌（*Antrodia sinuosa*）	褐腐	云芝栓孔菌（*Trametes versicolor*）	白腐
落叶松层孔菌（*Laricifomes officinalis*）	褐腐	桦褶孔菌（*Lenzites betulina*）	白腐

褐色腐朽菌的种数远远少于白色腐朽菌，只占全木材腐朽性担子菌的百分之几。但由于褐色腐朽菌在腐朽初期就迅速地将纤维素长链分子切断，其木材的强度下降比白色腐朽菌大（图 3.4）[4]。另外，褐色腐朽菌对含铜木材防腐剂的抵抗性高，且引诱白蚁来啃食遭其腐朽的木材。褐色腐朽的防治对木质住宅的保护具有特别重要的意义。

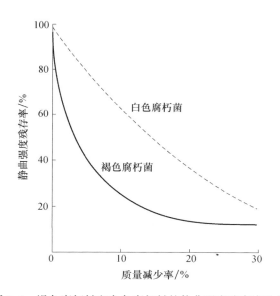

图 3.4　褐色腐朽材和白色腐朽材的静曲强度残存率比较

（2）白色腐朽菌。白色腐朽菌不仅分解纤维素和半纤维素，也分解木质素。三种成分的分解比率，根据菌的种类、树种和腐朽进行时间的不同而稍微有些不同，但在腐朽进行阶段，三种成分都差不多被相同程度地分解。经白色腐朽菌腐朽的木材呈白色斑点。白色腐朽材虽然不发生像褐色腐朽材那样的变形，但呈纤维状分解，松软如海绵，似蜂窝或筛孔状，故又称"筛状腐朽"。在自然界，白色腐朽多发生于阔叶树。白色腐朽也起因于担子菌，但从腐朽材的外观和残存成分看，白色腐朽菌中少数也包含子囊菌（豆荚菇等）。

（3）软腐朽菌。软腐朽菌同褐色腐朽菌一样经常分解纤维素和半纤维素，但对阔叶树材也分解若干木质素。软腐朽由子囊菌和不完全菌产生。其灾害最初在冷却塔的构件上得到确认，在水中或经常与水接触的木材（栈桥、小船、桥柱和水车）、与土壤接触的木材（电线杆、木栅）、在高湿度环境下使用的木材（温室、蘑菇栽培室）和屋外堆放的纸浆用木片等中到处可见。软腐朽菌一般常入侵阔叶树材。遭软腐朽菌腐朽的木材呈黑褐色，其表层软得可以用手指擦落，但内部健全，与腐朽部分有明显的界限。表层脱落后，软腐朽菌又依次沿内部进行腐朽。软腐朽材干燥会引起龟裂，但没有褐色腐朽材那么厉害[1]。

3）霉菌产生的木材变色和污染

由于引起木材变色和污染的霉菌不能分解细胞壁成分，所以遭变色和污染的木材其强度基本上不下降，但会显著降低木材的商品价值。另外，在住宅内产生的霉菌不仅给人不愉快的感觉，也可能引发过敏症和真菌症。使木材变色和污染的霉菌，其正式的称呼为边材变色菌和表面污染菌。

（1）边材变色菌。边材变色菌入侵干燥不充分的原木或锯材的边材部分，引起木材的青变、褐变、绿变或赤变（图 3.5）[1]。边材变色，在针叶树材和阔叶树材上都有发生，常见的为红松、黑松、鱼鳞云松、欧洲红松、山毛榉、橡木和橡胶木等。

图 3.5　黑松边材变色

成为边材变色菌营养源的物质，是木材中的糖、淀粉、氨基酸和蛋白质，细胞壁成分几乎没有被利用，但边材变色菌通过壁孔进入导管和管胞迅速生育、成长，并且用叫做穿孔菌丝的细小菌丝将细胞壁贯通横断。边材变色菌为子囊菌和不完全菌。

青变是由变色菌产生的青黑色的黑色素引起的木材变色；褐变被认为是由褐色色素引起的着色和由菌的分泌酵素使木材中的酚类物质氧化所引起的着色的复合；绿变和赤变源自于菌所产生的色素。木材表面的变色可以用漂白剂除去，但要全部除去涉及内部的变色是很困难的。

（2）表面污染菌。表面污染菌生长在原木或锯材制品的表面，引起青绿、黑、黄和红色的污染。其菌丝几乎不侵入木材中，仅在表面制造大量的孢子。成为表面污染菌营养源的木材成分与边材变色菌相同，但附着在木材表面的灰尘和人们手垢中的有机物也是表面污染菌的营养源。住宅内木材以外的材料中也有表面污染菌产生，在浴室、厨房、壁橱的墙面和天花板、客厅的壁纸或贴的织物上也经常可以看到其污染。这时肥皂、灰尘、污垢、食物屑和淀粉类黏结剂等就成了表面污染菌的营养物。表面污染菌为接合菌、子囊菌和不完全菌。

表面污染来自菌丝或孢子自身的颜色和菌丝所产生的色素，也有由于菌的酵素作用使木材中的酚类物质氧化而产生的变色。与其他木材危害菌一样，其产生与水分有很大的关系。特别是空气湿度的影响很大，空气湿度在95％以上时容易发生，木材表面的含水率因结露水或漏水而局部上升时，那里就会发生表面污染菌的污染。对于柳桉锯材，当对其进行水溶性防虫剂处理而使含水率上升时，有时也会发生霉菌污染。

4）木材腐朽的发生条件

木腐菌的传播有两种途径[2]：一是孢子传播，亿万个轻而小的孢子通过风、雨、流水和动物等各种路径到达木材表面或内部，遇到合适的条件就发芽生长；二是接触传播，菌丝从木材感染部位蔓延到邻近木材或土壤继续生长（图3.6）[1]。一般来说，孢子比菌丝耐热和干燥，即使菌丝死灭，孢子也还能继续生存，只要遇到合适的条件就会发芽成菌丝又开始腐朽木材。

木腐菌除以木材作为营养基外，还需另外三个基本条件才能繁殖生长：适当的木材含水率、适当的温度和适量的氧气。只要消除其中任何一个条件，木腐菌就不能生长，木材就不会腐朽。

（1）氧气（空气）。即使在要求程度上因菌种不同而可能有所差别，但腐朽菌的生长发育都必须要有氧气（空气）。一般要求木材内含有3％～15％容积的空气，腐朽菌才能生长发育[2]。活的树木和刚伐倒后的树木的边材或储存在水中

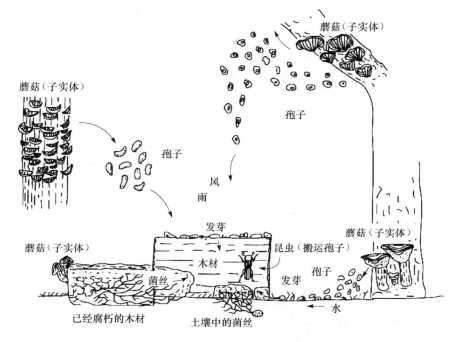

图 3.6　腐朽菌入侵木材的路径

的木材之所以不易腐朽，就是由于木材中的空隙被树液或水充满，没有足够的空气供给。

（2）水分。木材中的水分以结合水和自由水的形式存在。通常放置于大气中且不与土壤或水接触的木材（气干材）其含水率为 11%～17%，只有结合水，没有自由水。腐朽菌与表面污染菌和边材变色菌一样，不能利用结合水，木材含水率需在 18%～120%，而以 30%～60%最为有利，很难在纤维饱和点（25%～35%）以下含水率的木材中生长发育；但如果空气湿度高，有时也会通过腐朽菌已经落脚的木材表面发育气中菌丝，然后到达纤维饱和点以下的健全木材开始对其腐朽。这时，健全木材的含水率越接近纤维饱和点就越容易引起腐朽，如果木材含水率超过 20%就必须引起注意。建筑物内部，如果管理适当，构件的含水率不会超过纤维饱和点，但如果有一部分侵入了雨水或生活水，或者给、排水管漏水或有结露发生等，腐朽大多就会从那里开始并向附近扩散[1]。

（3）温度。木材腐朽菌根据其生长发育适宜的温度，可分为好低温菌（24℃以下）、好中温菌（24～32℃）和好高温菌（32℃以上）。建筑物腐朽菌属于好低温菌或好中温菌，没有属于好高温菌的。通过许多试验可知，木材腐朽菌可以生长发育的温度范围为 0～50℃，以 15～30℃为最适宜。在我国的自然环境和木材使用环境中，特别是在南方，哪一种腐朽菌都可能在一年中的任何时候生存。

5）木材劣化环境

土壤容易受到劣化生物和水分的入侵，因此与土壤接触的木材容易遭受腐朽和虫害；暴露在屋外的木材，在太阳的照射和风吹雨淋下，容易引起开裂和表面老化。含腐朽和虫害在内的木材劣化危险度，基本上可以根据木材是否与土壤接触（接地与非接地）和是否暴露在屋外（暴露与非暴露）的组合分为四类，劣化危险度按（1）→（4）的顺序降低。

（1）接地·暴露：枕木、脚踏板、电线杆、树木支柱、篱笆、围栏、公园游乐设施、长凳、木瓦、花坛框架和导向板等。

（2）接地·非暴露：地下室外壁、基础桩、坑木、塑料棚支柱和畜舍等。

（3）非接地·暴露：阳台、平台屋顶、晾衣台、雨棚、围护栏、甲板、桥梁和冷却塔等。

（4）非接地·非暴露：屋内建筑构件、家具、集装箱用材、包装用材和货盘等。

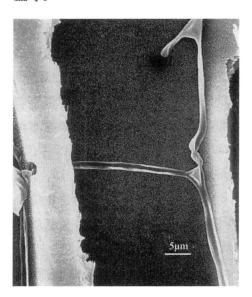

图 3.7 通过壁孔贯通细胞壁的
腐朽菌的菌丝

屋内建筑构件，根据其是否接近地面和用水部分及是否密闭，其劣化危险度不同。为了有效地使用木材，必须进行劣化度分类，并根据设计使用年限和地区气候条件等来选择用材和进行防护处理。

6）木材的耐朽性

侵入木材的腐朽菌菌丝，最初大多是进入有容易被利用的低分子碳水化合物的射线薄壁组织中进行繁殖，之后菌丝通过壁孔贯通细胞壁扩展到木材中（图 3.7）[1]。腐朽一旦进行，各处的细胞壁将被破坏，木材的强度逐渐下降，质量也随之减小。

木材的耐朽性（腐朽抵抗性），一般根据室内木材腐朽试验中的质量减少率或者野外暴露试验中的状态变化或强度降低来进行评价。但即使同一树种也有个体差异，在野外试验中还有气候、土壤和其他木材劣化生物的影响等所产生的差异，因此一般不对木材耐朽性进行细分，而用大、中、小或者再加上极大或极小分成三等或五等。作为一例，表 3.2 表示建筑用主要树种的耐朽性分等。作为用材使用的木材的耐用年数,由于因使用条件和气候条件不同而发生很大的变化,该耐朽性分等只是同一条件下使用的树种的相对性比较。另外,该分等只是心材的比较,没有包含边材。一般来说,对于树木,边材比心材耐腐朽,即使心材部分腐朽了其边材部分还是健全的,但对于木材其边材更容易腐朽。其理由如下。

表 3.2　建筑用主要树种的耐朽性

树　种	耐朽性				树　种	耐朽性			
	大	中	小	极小		大	中	小	极小
柏木	○				铁杉			○	
栎木	○				红松			○	
椆木	○				华山松			○	
青冈	○				广东松			○	
沉水稍	○				海南五针松			○	
绿心木	○				新疆红松			○	
卡普木	○				云杉				○
紫心木	○				马尾松				○
塔特布木	○				云南松				○
水曲柳		○			赤松				○
南方松		○			樟子松				○
落叶松		○			油松				○
萨佩莱木		○			桦木				○
苦油树		○			冷杉				○
黄梅兰蒂		○			辐射松				○
花旗松		○			白梅兰蒂				○

对于树木:

(1) 树木的边材由于含的水分多,腐朽菌生长发育所必需的空气不足。

(2) 边材中活细胞多,对入侵的腐朽菌有防御反应。

(3) 树木心材腐朽是一个长期的缓慢过程,大多只有在特定的树种和腐朽菌组合时才会发生。

对于木材:

(1) 边材中含有作为储藏物质的低分子糖类和淀粉及作为细胞原形质残留物的蛋白质和氨基酸等腐朽菌容易利用的成分。

(2) 抗菌性成分心材多而边材少。

(3) 心材中的管胞壁孔锁闭,导管大多被侵填体堵塞,限制了水分的吸收和腐朽菌的入侵。

与耐久性有关的成分为酚类、环庚三烯酚酮（tropolone）、芪类及蜡质物、萜类等。

密度特别大的树种其边材也难以腐朽，这是由于其细胞壁厚、空隙少，腐朽菌所必需的空气和水分供给不足的缘故。南美的愈疮木和东南亚的褐色娑罗双等木材的耐腐性强，其原因就在于此，而并非特别含有抗菌性的成分。

3.1.2　木材虫害

刚伐倒的湿原木其含水率很高，但在剥皮、制材、干燥和加工期间逐渐失去其水分，达到平衡含水率后稳定下来。由于加害木材的不同昆虫对含水率有不同的爱好，所以在不同含水率阶段入侵的昆虫其种类发生变化。一般来说，以纤维饱和点附近为界其变化较大，因此分别以湿原木害虫及干材害虫进行分类。该分类只用于白蚁以外的木材害虫。

1）湿原木害虫

危害含水率较高的湿原木的害虫，主要属于昆虫纲鞘翅目（甲虫目）的天牛科、吉丁甲科、象甲科、长小蠹（木蠹）科、甲壳纲等足目的蛀木水虱（吃木虫）科和膜翅目的树蜂科。它们大多在树皮下产卵，幼虫啃食含氮量较多的内树皮进行生长发育，也有部分穿孔至边材内部或者心材。湿原木害虫产生的危害，不仅包括幼虫啃食木材而留下各种坑道，而且大多还伴随由成虫带入的边材变色菌或腐朽菌产生的菌害。特别是蛀木水虱的一部分及长小蠹科的所有种类，其成虫蛀孔道至边材或者心材，接种带入的腐朽菌后产卵。这些害虫被称为养菌穿孔虫、暗道甲虫等，其幼虫以接种后生长的腐朽菌为饵进行生长发育，之后从母虫留下的穿入孔羽化飞出。由于养菌穿孔虫的幼虫不从木材摄取营养，而只将木材作为生长发育的场所，因此涉害树种范围大。

为了防止湿原木发生虫害，首先必须将刚采伐的原木马上剥皮，防止害虫产卵，去除幼虫的营养源。剥皮还有让原木水分蒸发，降低含水率的效果。剥皮后也必须放置于日照和通风良好的场所，并尽早制材和干燥。期间为了兼顾防止变色菌和腐朽菌的入侵，可洒播杀菌与杀虫剂。

2）干材害虫

干材害虫是指寄生在含水率较低（纤维饱和点以下）的成材、加工材、建筑材和家具材等木材中的害虫。这类害虫直接以木材为食，或仅仅是在木材中做巢栖生的干材害虫，通常能适应较干燥的栖生环境，因而可以在被害物上重复危害。危害干材的害虫主要属于鞘翅目（甲虫目）的粉蠹科、长蠹科、窃蠹科和天牛科。我国主要干材害虫如表 3.3 所示[5]。

表 3.3　我国主要干材害虫

名　称	加害树种	分　布
粉蠹科		
褐粉蠹	是竹器、竹材的重要害虫。也危害橡木、桦木、榉木、柳木、白杨木材	淮河以南地区
中华粉蠹	竹材、柳木、苦棘、刺槐、香椿、臭椿、槐树、构树、黄山架树、无患子、合欢、桑、榆、枫杨、重阳木、梧桐、核桃、乌柏、黄檀、化香、黄连木、泡桐等	山西、河北、宁夏、青海、内蒙古、辽宁、云南、贵州、四川、安徽、浙江、江苏
日本粉蠹	印尼白木、竹材、木制品	河南、湖北、浙江、广西、贵州、云南、浙江、广东、广西、四川、云南、
鳞毛粉蠹	青皮、含羞草科、苏木科、蝶形花科和桑科树木、桃花心木、紫檀、双翅龙脑香、沙罗双	华南、华东、西南及陕西、台湾
抱扁蠹	刺槐	山东、河南、安徽、江苏、浙江
长蠹科		
竹长蠹	毛竹、淡竹、刚竹	浙江、江苏、四川、广西、台湾等地
日本竹长蠹	竹、偶尔柳杉、扁柏、泡桐	江西、湖南、江苏、浙江、广东、广西、福建、台湾、四川
双齿长蠹	榉木、枹栎、橡树、海棠、紫荆、紫藤、红花羊蹄甲、合欢、柿、盐肤木、黑枣、槐和竹等	河北、苏州、合肥、西宁、青岛、昆明等地
大长蠹	柳桉、栎木、榉木	南方地区
窃蠹科		
松木窃蠹	红松、黑松、冷杉、鱼鳞云松、落叶松	全国
梳角窃蠹	桦木、榻榻米	除新疆、西藏、黑龙江、青海
天牛科		
家天牛	榉木、白蜡树、桑树、红楠、相思树、楸枫、海裳、乌木、野茉莉、冷杉、柳杉等阔叶树材	南方地区
家茸天牛	刺槐、油松、枣、丁香、杨树、柳树、黄芪、苹果、柚、桦木和云杉	内蒙古、新疆、东北、华北，现正迅速向南扩展
槐绿虎天牛	桦木、柳木、樱桃、枣树	黑龙江、内蒙古、河北、陕西

（1）粉蠹科。典型的干材害虫种类，仅危害阔叶树材、竹材和藤本，对木竹制品及建筑物有破坏性。粉蠹科已记载约 70 种，世界性分布，我国有 6 种。本科昆虫体小，细长而扁，黄、褐与黑色，表面光滑并着生细毛；头前部突出略倾斜，复眼大；触角短，11 节；足细，跗节 5 节；第 1 节短。幼虫蛴螬型，乳白色。

该科的害虫部分喜蛀食壳斗科植物制作的家具，也能危害杨柳类木材，但不危害松柏类的树木；主要危害枯木，是建房用材、木制品和家具的重要害虫。幼虫在木内蛀食，常从蛀孔中排出粉末。在我国危害干木材比较普遍的是褐粉蠹[图3.8（a）]，其次是中华粉蠹和鳞毛粉蠹。

粉蠹（蠹虫、蛀木虫、粉虫）灾害多发生在利用频度高的柳桉材、栎木和橡木上，只要适合以下条件就可能受到侵害。

① 导管直径：粉蠹成虫是在木材外面将卵产在开口的导管内，但导管直径必须在0.18mm以上，产卵管才能够插入。

② 木材含水率：在纤维饱和点以上含水率时，蠹虫既不能产卵也不能生长发育。最合适的含水率为16％，最低含水率为7％。因此，气干材通常符合蠹虫产卵与生长发育的条件。

③ 淀粉含量：木材中可以作为营养被蠹虫利用的是淀粉、低分子糖类和氨基酸等。蠹虫在只以蛋白胨和麦芽糖为养分的人工饲料中也可以很好地生长发育，对于天然木材，淀粉含量越高其受害就越厉害，淀粉含有率在0.4％以下时不会受到蠹虫危害。柳桉和栎木的边材其淀粉含量为3％～5％，但心材在0.4％以下，山毛榉的边材也只有0.3％左右。

针叶树材的管胞直径较小，蠹虫都不能在其中产卵，另外针叶树材的淀粉含量也很微小，因此针叶树材完全不受蠹虫侵害。阔叶树材其心材的淀粉含量低，一般心材都不会受到侵害，但如果有幼虫在边材里面生长发育，有时幼虫羽化成成虫后会在心材打孔飞出。

（a）褐粉蠹　　　　（b）竹长蠹　　　　（c）梳角窃蠹　　　　（d）家天牛

图3.8　典型干木材害虫

（2）长蠹科。长蠹科为长筒形、暗色、前胸背板风帽状、完全遮盖头部、幼虫蛀木的甲虫。记载有60属400种，分布在世界各地，我国已知有10余种。除寒带外，各地都有分布，大多数种类在高温、高湿地区。可依靠木材、竹材、储粮的运输传播他处。其主要危害阔叶树木材、竹材及藤本，极少危害针叶树木材；也是建筑用和家具用的木、竹材的重要害虫，少数危害活树的枝干。

本科虫种1年繁殖1代至数代，因地区而异。成虫侵入木材与长轴平行，或沿年轮穿孔。在端处产卵，孵化后的幼虫向各个方向穿孔，在终端处化蛹，羽化后穿孔外出另觅寄主。常见的有竹长蠹、双齿长蠹和大长蠹。

竹长蠹 [图 3.8（b）] 的体形极为微小（长约 3mm），成、幼虫蛀食已采伐的竹材，在竹材内部蛀成许多坑道，从蛀口排出大量蛀粉。竹建筑物被害常引起倒塌，竹器被蛀，影响使用。

近年来，发生在柳桉、栎木和榉木材上的大长蠹虫害在增加。大长蠹体长 8.5~15.5mm，远比粉蠹虫（2.2~8.0mm）大，其幼虫对木材的加害也很激烈。

（3）窃蠹科。窃蠹体长 2~6mm，红或黑褐色，卵圆形，体表具半竖立毛，头部被前胸背板覆盖，触角 9~11 节，端部 3 节明显膨大；上颚短宽，三角形；上唇明显，但非常小；前胸背板前端圆，后缘弧形相连；鞘翅具明显的纵纹；足细长，前足基节窝开放，基前转片外露，后足基节横宽，具沟槽，可纳入腿节。幼虫蛴螬型，触角 2 节，腹部各节背面具横的小刺带。我国常见的窃蠹有梳角窃蠹 [图 3.8（c）] 和松木窃蠹。

本科的幼虫其食性广，对边材和心材两方都加害，受害树种的范围也广。虽然加害的速度小，但由于涉及木材全体，长时间放置其危害就会很大。窃蠹常危害松、杉、樟、竹等陈旧材及建筑物，而对一般的住宅没有太大危害。

（4）天牛科。天牛有很长的触角，常常超过身体的长度，全世界约有超过 2 万种。有一些种类属于害虫，其幼虫生活于木材中，可能对树或建筑物造成危害。危害干木材的天牛主要有家天牛 [图 3.8（d）]、家茸天牛和槐绿虎天牛。

家天牛在早期木造房屋及建筑较常见，所以在住家容易发现，故称为家天牛。家天牛以幼虫蛀食各种阔叶树的木材，包括家具和建筑用材。家天牛一年能繁殖一代或两年繁殖一代，在细小的缝隙中产卵，11~14 天孵化出幼虫，几小时后幼虫即可蛀入木材中潜伏。幼虫在木材中蛀出各种坑道，其内充满蛀蚀的木屑和虫粪。幼虫成熟后在坑道末端化成蛹，蛹期 20 天左右，羽化后在木材上咬出一个椭圆孔飞出，再繁殖下一代。家天牛的危害极大，有时在竣工后的木结构房屋中甚至可以听到幼虫咬食木材时发出的声音。

家茸天牛也是危害房屋的严重害虫，原分布于内蒙古、新疆，以及东北、华北地区，但现在迅速向南扩展，目前除云南、广东和广西尚无报道外，其他地区都有发现。家茸天牛咬食的树种较广，主要有刺槐、油松、枣、丁香、杨树、柳树、黄芪、苹果、柚、桦木和云杉，需要引起注意。

3）白蚁

白蚁是属于等翅目（白蚁目）的昆虫，也称虫螱，在类缘关系上接近于蟑螂。白蚁遍布于除南极洲外的六大洲，主要分布在以赤道为中心，南、北纬度 45°之间，大部分分布在热带和亚热带的低海拔地区，有 3000 多种，但危害建筑物的只有 70 多种。白蚁为不完全变态的渐变态类昆虫，并属社会性昆虫，每个白蚁巢内的白蚁个体可达百万只以上。据有关模拟分析，全球白蚁资源数量人均约占有 0.5t，以个体质量 1g 计算，人均拥有白蚁个体数约 50 余万头，的确是一个耸人听闻的数字，但事实确实如此。90％以上的白蚁种类对人类不构成危害，它们对加速地表有机物质分解、促进物质循环、净化地表、增加土壤肥力起着重要作用，功不可没。

根据其生活和栖息环境，我国将白蚁从类别上分为木栖性白蚁、土栖性白蚁和土木两栖性白蚁三类。木栖性白蚁蚁群大小不一，会在凡是有木的地方筑巢，并取食木质纤维；土栖性白蚁在地底土中筑巢或土面建蚁冢，并以树木、树叶和菌类等为食；土木两栖性白蚁常住于干木、活的树木或埋在土中的木材，以干枯的植物、木材为食。有些国家，如日本将白蚁分为"湿材白蚁"（生活、栖息在已相当腐朽的高含水率倒塌木、树蔸和老龄树内）、"干材白蚁"（生活、栖息于干燥的枯枝和枯立木内部）和"地下白蚁"（主要通过地下的营巢、隧道和蚁道在广阔的周边采饵）。其中，土栖性白蚁（地下白蚁）最多，其生态多种多样，适应于林内黑暗封闭环境的地下白蚁容易入侵建筑物的楼面下和墙内。而木栖性白蚁经常入侵窗框、梁和家具等干燥材。

（1）加害我国建筑物的白蚁。我国地处亚洲东部，跨东洋区（包括印度、中南半岛、菲律宾和我国南部）和古北区（包括欧洲、亚洲北部和非洲北部）两大动物地理区系，白蚁种类异常富庶，已知的有 476 种，其中危害房屋建筑的白蚁种类有 70 余种，主要蚁害种有 19 种。白蚁在我国的活动分布主要在淮河以南的广大地区，向北渐渐稀少，往南递增，全国除新疆、青海、宁夏、内蒙古、黑龙江、吉林等省（区）外，其他省（区）都有其分布记录。我国白蚁分布的北界呈东北向西南方向倾斜，最北的分布是在辽宁的丹东和北京地区，至西藏墨脱一线为界，其东南部是我国白蚁的分布区，约占全国总面积的 40％。图 3.9 表示我国白蚁的分布区域。散白蚁、土白蚁、家白蚁和木白蚁分布的北界线分别约为北纬 40°、35°、33° 和 30°。

白蚁对房屋建筑的破坏，特别是对砖木结构、木结构建筑的破坏尤为严重。由于其隐藏在木结构内部，破坏或损坏其承重点，往往造成房屋突然倒塌，引起人们的极大关注。在我国，危害建筑的白蚁种类主要有：鼻白蚁科的家白蚁、黑胸散白蚁和黄胸散白蚁，白蚁科的黄翅大白蚁和黑翅土白蚁（图 3.10）[2]。木白蚁科的铲头堆砂白蚁和截头堆砂白蚁也有较严重的危害。

家白蚁（也叫台湾乳白蚁）：是危害房屋建筑、桥梁和四旁绿化树木最严重的一种土木两栖性白蚁，广泛分布在我国的华东、中南和西南地区及台湾和港、澳地区。常在阴暗潮湿、树龄较大、树干较粗、生长衰弱的植株内，或在较潮湿的高坡、沟边筑巢。巢巨型（大者直径达 1m），一巢的蚁群体有数十万至数百万

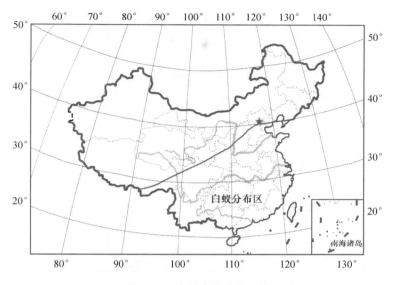

图 3.9　我国白蚁分布区域

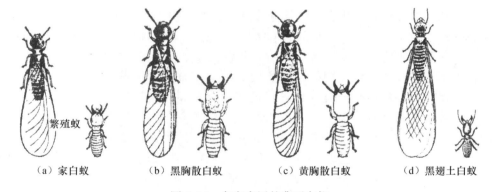

（a）家白蚁　　　（b）黑胸散白蚁　　　（c）黄胸散白蚁　　　（d）黑翅土白蚁

图 3.10　危害房屋的典型白蚁

只，以巢为根据地在泥路保护下向周边延伸进行取食活动，加害速度很快。每年 5～6 月为有翅繁殖蚁向外飞翔繁殖期，喜欢在无风、温暖、多湿天气的黄昏至夜晚群飞。有翅成蚁有趋光性，下大雨天常有有翅成蚁飞向有光的房屋里面。家白蚁具有水分搬运能力，能将干燥的木材弄湿后进行加害，所以其灾害不仅是建筑物下部的木材，也涉及干燥的屋顶构架的木材。如果有漏雨、给排水管漏水和结露等供给水源，即使不与土壤接触也有可能在建筑物上部生活和栖息。

　　黄胸散白蚁和黑胸散白蚁：是在我国分布范围最广、对房屋危害非常严重的土木两栖性白蚁。其食性比较广泛，以木食为主，对木材的选择不如家白蚁严格，凡是含纤维质的如棉麻织品、竹器、纸张等都是其蛀食对象，尤其嗜食低洼潮湿处的木料。其巢建造在与地下或土壤相接的木材内部，加害周边的建筑物和木材，当条件恶化时就会迁移。其危害方式一般是由低到高，往往是先从地枕、地脚枋、梯脚、门框脚、柱脚等底部蛀蚀起，逐步向上发展，由于喜湿而厌干燥，如果没有漏雨等水分供给，灾害限定于建筑物的下部；活树或树茎则多是从根部皮层向内蛀入，再往上部蔓延。黄胸散白蚁危害到楼层的比较少见；黑胸散白蚁则有危害到木梁并在梁上筑巢的，这种情况见于楼层经常潮湿处。其活动也有季节差异，由于其耐寒性比家白蚁强，蛀食活动期也特别长。气温在 10℃ 以上时，活动并无减弱。湿度对活动影响的主要因素，每年 2 月第一次升温起至 6 月，长江流域雨水多，湿度大，危害最猖狂，以 4～5 月为最高潮。秋季多阴雨时有第二次高潮，秋、冬干旱时地表上活动较弱。散白蚁群体小，一个群体只有 1 万～2 万只，有时整个巢群聚集一处，有时则分散危害，在危害处只发现少量几个白蚁。加害场所兼作巢穴，多伴随有腐朽。群飞主要在 4～5 月进行，温暖地区更早些，寒冷地区稍迟些。群飞在白天进行，无趋光性。

黑翅土白蚁和黄翅大白蚁：属于土栖性白蚁，分布在我国黄河、长江以南各省（市、自治区）。其主要危害杉木、马尾松、桉、樟、栎、侧柏、枫杨、油茶、茶、板栗等树木及潮湿的木材。其营巢于土中，取食树木的根茎部，并在树木上修筑泥被，啃食树皮，也能从伤口侵入木质部危害。苗木被害后常枯死，成年树被害后生长不良；此外，还能危及房屋和堤坝安全。巢内有蚁后、蚁王以及极多的兵蚁、工蚁、有翅繁殖蚁。每年 5～6 月在蚁巢附近出现成群的分群孔（黑翅土白蚁的分群孔为圆锥形凸起，而黄翅大白蚁为凹形，低于地面），在春夏时节，相对湿度 95% 以上的闷热天气或大雨之后，有翅繁殖蚁纷纷从分群孔飞出。经过分飞脱翅，雌、雄配对钻入地下建立新巢，成为新蚁巢的蚁后和蚁王。初建新巢只是一个小腔，随着时间的推移，新巢不断发展，几个月后出现菌圃，菌圃是白蚁培养真菌的场所，可作为其食料。有些位于浅土层的幼龄巢和菌圃腔，在 6～8 月连降暴雨后，地面上会长出鸡枞菌，可作为确定蚁巢的标志。蚁巢由小到大，结构由简单到复杂，在一个大巢群内有工蚁、兵蚁、幼蚁达 200 万头以上。兵蚁保卫蚁巢，工蚁担负采食、筑巢和抚育幼蚁等工作。工蚁在树干或木材上取食时，做泥线或泥被，可高达数米，形成泥套，这是其危害的重要特征。

铲头堆砂白蚁和截头堆砂白蚁：为危害热带地区干木材和木结构房屋普遍而且严重的纯粹木栖型白蚁。其主要分布于广东、广西、福建、海南、云南和台湾等省（区）。从分群后的一对脱翅成虫钻入木质部创建群体开始，其取食、活动基本局限于木材内部，与土壤没有联系，不需要从外部获得水源，不筑外露蚁路，过着隐蔽的蛀蚀生活。除蛀蚀室内木构件外，常在野外的林木和果树建立群体。群体由数十只至数百只组成。群体中没有工蚁，其职能由若蚁代替；不筑固定形状的蚁巢，在建筑木材或生树中蛀成不规则的隧道，蛀食之处就是巢居所在；能蛀蚀各种干燥、坚硬的木材，我国南方群众称其为干木白蚁或干虫；粪便呈砂粒状，并不断从被蛀物的表面小孔推出来，落在下方物体上，集成砂堆形状，这是发现这类白蚁的一个重要依据。若蚁与群体隔离后，约经 7 天能形成补充繁殖蚁。初期补充繁殖蚁可能很多，但最终只剩一对被保留，其余的互相残杀而死亡。具有原始繁殖蚁的群体不产生补充繁殖蚁。补充繁殖蚁同样能产卵、孵化，是建立新群体的另一条重要途径。有翅成虫在一年中各个月均可出现，但分群在我国以 4～6 月居多。在不利的环境条件下或群体衰老时，有产生较多有翅成虫的趋向。

（2）白蚁的生活形态。白蚁生活习性独特，营巢居的群体生活，群体内有不同的品级分化和复杂的组织分工，各品级分工明确又紧密联系，相互依赖、相互制约。白蚁的群体中有繁殖型个体和非繁殖型个体。

繁殖型是指有性的雌蚁和雄蚁，它们的职责是保持旧群体和创立新群体。繁殖型有三个品级：长翅型（或有翅型）、短翅型和无翅型。

长翅型或有翅型其体躯骨化，呈黄、褐或黑色，有两对发达的翅。每年 4～6 月是其分飞高峰期，特别是在春夏雨后闷热时，大量长翅繁殖蚁从蚁巢中飞出，在离巢不远处的建筑物附近低飞，飞行时间很短，这种现象称为婚飞或群飞（分群）。群蚁在低空飞舞，自由选择对象，"情投意合者"飞落地面，各自脱掉翅膀，雌雄成双追逐，完成"婚配"。之后便开始寻找合适场所，建筑新巢"定居"。入穴后产卵，繁殖后代，另立新的群体。这对"新婚"的雌、雄白蚁，就是未来新群体的母蚁和父蚁，也就是新群体中的蚁后和蚁王。大多数情况下，这对伴侣终身过着"一夫一妻制"的社会生活。蚁王和蚁后躺在王室中专门生育，蚁后的腹部由于卵巢发达而特别肥大。到一定时期又有成虫出飞建立新的群体。

短翅型称为补充繁殖型。白蚁群体长久居住在一个地方，常造成食料不足，迫使部分工蚁和少量兵蚁离开主群体远去寻食找水。随着时间推移和距离的远离，再加上其他外界因素的影响，结果使它们与主群体完全失去联系。这时它们即组成小群体，然后群体内部的短翅型就能产生补充型蚁王和蚁后，而成为独立群体。另外，当原始蚁王、蚁后死亡后，短翅型蚁王、蚁后作为补充出现，延续整个白蚁群体的繁衍。短翅型白蚁在幼虫到长成有翅虫的阶段具备生殖能力。有时数只补充繁殖蚁栖息在一个巢中。

无翅型也是补充繁殖蚁，完全是无翅个体。只存在于极原始的种类中。

非生殖型不能繁殖后代，形态也与生殖型不同，完全无翅，包括若蚁、工蚁、兵蚁三大类。若蚁指从白蚁卵孵出后至 3 龄分化为工蚁或兵蚁之前的所有幼蚁。有些种类缺少工蚁,由若蚁代行其职能。

工蚁是白蚁群体中数量最多的一类,占群体个体数的 90%～95%,形态与成虫相似,通常体色较暗,有雌、雄性别之分,但无生殖机能。工蚁头阔,复眼消失,有时仅存痕迹。工蚁担任巢内很多繁杂的工作,如建筑蚁冢,开掘隧道,修建蚁路,培养菌圃,采集食物,饲育幼蚁、兵蚁和蚁后,清洁卫生,看护蚁卵等。在无兵蚁的种类中,它们还要负责抵御外敌。若干原始性白蚁,往往没有工蚁。

兵蚁是白蚁群体中变化较大的品级,除少数种类缺兵蚁外,一般从 3～4 龄幼蚁开始,部分幼蚁分化为色泽较淡的前兵蚁,进而成为兵蚁。兵蚁是群体的防卫者,虽有雌雄之分,但不能繁殖。兵蚁的头部长而高度骨化,上颚特别发达,但已失去了取食功能,而成为御敌的武器,还可用上颚堵塞洞口、蚁道或王宫入口。由于兵蚁失去了取食功能,因而食物由工蚁饲喂。兵蚁分两型:大颚型兵蚁——上颚形成各种奇异的形状,好似一把二齿的大叉子;象鼻形兵蚁——头延伸成象鼻状,当它与敌搏斗时,可喷出胶质分泌物,涂抹敌害。

图 3.11 表示黄胸散白蚁的阶级分化,图 3.12 表示家白蚁和黄胸散白蚁的工蚁和兵蚁的形态[1]。

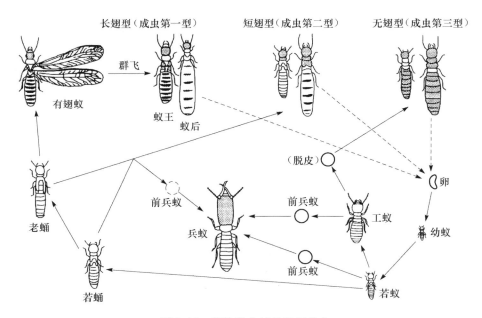

图 3.11　黄胸散白蚁的阶级分化

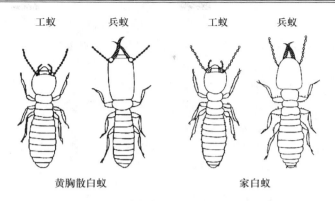

工蚁　　　兵蚁　　　　　工蚁　　　兵蚁

黄胸散白蚁　　　　　　　　家白蚁

图 3.12　家白蚁和黄胸散白蚁的兵蚁和工蚁

　　白蚁的营养源基本上仅为由细胞壁组成的植物遗体，并非容易分解之物。因此，任何种类的白蚁都具备借助生物进行有效地分解与消化的功能。白蚁共有六科，除白蚁科以外的五科都被归分为下等白蚁，在这些白蚁的消化管（后肠）内共生的原生动物对纤维素和半纤维素的分解发挥了很大作用（图 3.13）[6]。木质素基本上没有分解就被排出而作为筑巢材料被利用。白蚁科白蚁属最进化的高等白蚁，它们让细菌和阿米巴（变形虫）等共生在消化管内，在巢中栽培蘑菇，以相当腐朽而变得容易消化的木材为饵，更高效率地利用植物遗体。

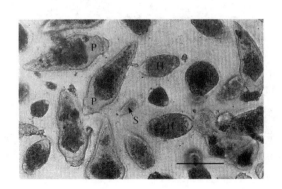

图 3.13　家白蚁后肠中的原生动物（体长 200～500μm）

　　（3）木材加害习性。干材白蚁（木栖性白蚁）不另筑巢，其巢就建立在木材的加害部位，小集团的群体在木材中穿孔，边蛀蚀边移动。它们不通过地下或蚁道而移动，分群全靠有翅虫的群飞来进行。干材白蚁由于耐干燥，常加害地下白蚁（土栖性白蚁）难以入侵的住宅内部的干燥木材，并通过在家具或钢琴等的制造、保管和运输期间潜伏到干燥的木材制品中而扩散到各地。干材白蚁蛀蚀木材时不分边材、心材、早材、晚材、针叶树材与阔叶树材，都能进行加害。由于不筑蚁道，隐蔽在木材内部，早期很难发现其存在，要防止和消除干材白蚁的危害相当困难。

家白蚁和黄胸散白蚁属于土木两栖白蚁，相对而言更喜欢蛀蚀边材、早材和针叶树材，加害木材时，不像蚂蚁那样在地表、建筑物的基础、基石、配管和木材等的表面来回行走，而是构筑蚁道往来于其中。入侵建筑物一般如图 3.14 所示[1] 从周边的巢穴通过土壤中（或上）的蚁道来进行。因此，隔断和破坏入侵的路径是防止和消除该类白蚁蛀害室内木材的基本方法。

图 3.14　家白蚁入侵建筑物的路径

木材的耐蚁性同耐朽性一样，也与各种因子有关联，但仍然是抽出成分的影响最大。木材耐蚁性成分中有呈现白蚁忌讳性的物质和杀蚁性物质。精油和生物碱含有白蚁忌讳性成分，皂甙类、醌和酚类含有杀蚁性成分。建筑用树种中耐蚁性高的有扁柏、罗汉柏、美国扁柏、阿必东和柚木等。耐蚁性的比较是对心材而言，这些树种的边材也相当容易被蛀蚀。红松、黑松、花旗松、西部铁杉、鱼鳞云松和云杉的耐蚁性差。

3.1.3　木材风化与耐候性

1. 屋外木材劣化因子

公园里的长木凳和庭院里的长木台等，在屋外一定时间后可以看到木材都会变成暗灰色。我们经常可以看到用于建造古老寺院、神社、佛阁和旧房子的木材，其表面像被用刻刀雕刻了一样变得非常粗糙，这就是木材出现了被称为风化的现象。在遭受日晒和风吹雨打的场所使用的木材，其表面劣化十分显著，从表面性状的变化这点来看，可以说木材耐气候性非常差。那么，什么样的气象环境才会使木材劣化呢，木材又会怎样劣化下去呢？

1）木材光劣化

如图 3.15 所示，在屋外的木材其劣化因子多种多样，其中最重要的是紫外线。到达地球上的太阳光线包含从 300nm 到 1200nm 波长的光。一般将 400nm 以下的波长分类为紫外线，从 400nm 到 700nm 的波长分类为可见光，700nm 以上的分类为红外线。虽然波长越短的光到达地上的量就越少，但光所具有的波长能量就越大，特别是紫外线部分的能量会引起木材成分的分解。可见光虽没有紫外线那么大的能量，但相对来说量很多，因此和紫外线一样参与木材表面的劣化。

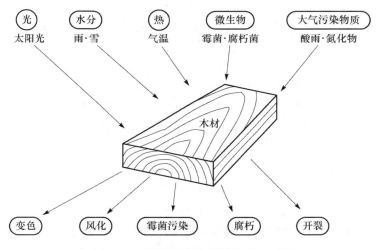

图 3.15　屋外木材的劣化因子与劣化

根据木材的化学构造，木材能很好地吸收太阳光。构成木材的化学成分，大部分是由葡萄糖呈直链状连接的具有结晶性的纤维素、单糖重合成低聚物程度的非结晶性的半纤维素、以芳香核成分为主的能用有机溶剂溶解出来的抽提成分和芳香核结构呈 3 维网状相连的巨大高分子的木质素组成。纤维素强烈吸收 200nm 附近波长的光，吸收至 400nm 左右的光。但如前所述，由于 300nm 以下波长的光几乎到达不了地面，可以说纤维素对太阳光是比较安定的。另外，木质素和由多酚类组成的抽提成分由于具有容易吸收紫外线的芳香核结构，在 280nm 附近具有强的吸收高峰，并且可吸收至可视领域的光。另外，它们通过吸收光而呈现光增感作用，也引起纤维素的分解。结果，木材中的大部分化学成分吸收太阳光，引起光化学反应，最终发生变色和分解。特别是木质素，可以说是木材的光分解主角。

一般来说，紫外线可从木材表面渗透 $75\mu m$ 左右，可见光可渗透 $200\mu m$ 左右。结果太阳光照射的木材表面，其灰色化层可从表面至 $100\sim250\mu m$ 深处，其下面的浅褐色化层可深达 $2500\mu m$ 左右。该褐色层虽然是太阳光达不到的深度，但因紫外线所发生的游离基的连锁反应使木材成分分解、变色而发生。但这说明太阳光照射的木材，其劣化深度从表面往下最多 $2\sim3mm$。

2）微生物产生的劣化

木材暴露在屋外而出现暗灰色化现象，普遍认为主要是由于在木材表面生长腐朽菌和霉菌。暴露在屋外的木材表面所能观察到的主要的变色菌，为出芽短梗霉菌（*Aureobasidium pullulans*）等的丝孢纲（*Hyphomycetes*）属。该变色菌是霉菌的一种，不仅在木材上发生，在适合的生长发育条件下，在各种各样的有机物、无机物和涂膜表面都可以发生。这种变色菌类，可以在间断性的水分供给条件下生长发育。对于木材，不管是针叶树材还是阔叶树材，在屋外暴露约 1 年后其表面全体就会变成不均一的暗灰色。另外，该变色菌能够将因紫外线的光分解而低分子化的木材成分作为营养源而利用，木材成分的光劣化与变色菌之间具有密切的关系。

由于腐朽菌和霉菌类可以从微小的针孔等通过涂膜在涂膜下繁殖，对于用着色涂料涂饰的木材，经常可以看到基材（木材）比涂膜先腐朽，因此有时基材也必须进行防腐处理。

3）水分与热

水分在太阳光产生的光氧化反应中起催化剂的作用而使风化加速，水分还对微生物的生长发育产生重要的影响。在屋外使用的材料中，木材是最亲水性的材料，在考虑木材的耐候性时，水分是非常重要的因子。附着在木材表面的雨水和露水等水分，通过毛细管现象很快地浸透到表面层，接着浸透到木材细胞壁中；气体状的水分则通过湿度的增加而直接侵入木材细胞壁。结果，木材表面与木材内部之间出现水分梯度，发生膨胀与收缩而在木材内产生应力。当木材内的应力不平衡时就发生翘曲、开裂、扭曲和表面裂痕。

暴露在屋外的木材，其含水率变动因树种不同而有很大的差异。一般来说，越是抽提成分多、耐朽性高的树种，其含水率越呈低的倾向；另外，通过涂抹防水剂或涂料能一定程度地抑制含水率的变化和尺寸变化。将木材暴露在屋外，每隔一定时间测定其含水率，屋外暴露 160 天的木材含水率变化结果如图 3.16 所示[1]。由图可知，密度低的湿地松的边材，其含水率最高为 46%，最大差幅达 37%；而有名的耐朽性高的红杉材，其心材含水率最高 25%，差幅只有 14%。

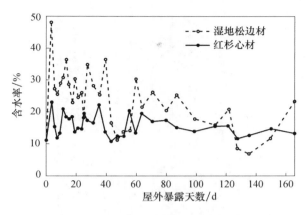

图 3.16　密西西比州屋外木材的含水率变化

热也有促进光氧化和微生物生长发育的作用。暴露在屋外的木材，当其表面垂直于南面暴露时，表面温度在夏季可达 60℃ 以上。另外，气温的变化会使木材吸收的水分冻结或溶化，从而使木材表面产生细微的裂缝。因此，在冬季气温低、降雪量多的地区，有时会有加速涂膜开裂和基材开裂等劣化的情况，这种劣化与紫外线劣化的机理不同。

4）大气污染

最近，作为屋外使用木材的劣化因子，大气污染物质引起了人们的注意。作为大气污染物质的酸性沉降物（酸雨），其影响不只是对森林和生态系统，对木材也带来重大影响。在酸雨特别严重的欧洲中部地区，暴露在屋外的木材其劣化的决定性要因，夏季为日照量，而冬季被认为是氮氧化物。雨水的酸度与木材风化速度之间的关系，有报告指出：pH 为 3.0 的雨水产生的风化速度比 pH 为 7.0 的雨水要加快约 10%。由紫外线照射生成的基团也容易与氮氧化物或硫化物反应，从而促进木材的光氧化。除木材自身外，酸雨对涂饰涂膜的耐久性也有影响，受涂膜化学构造的影响很大。

2. 屋外木材诸性质的变化

1）风化速度

木质素等的多酚成分，通过光分解反应而低分子化（相对分子质量下降），在得到变色结构的同时其多数都变成了可水溶性物质。因此，这些成分通过雨水容易从木材表面溶解出来，而溶解出来后呈现出的内部芳香核成分也同样受到光分解，结果木材表面以早材为中心通过风化而发生劣化（图 3.17）。但由于对光比较稳定的纤维素成分残留在木材表面，分解速度逐渐变慢。针叶树的早材部分其风化速度 100 年间为 5～6mm，风化速度随暴露时间的增加而下降[1]。

图 3.17　风化的木材表面（屋外暴露 2 年后）

　　表 3.4 表示主要北美产木材通过人工加速老化试验所得到的风化速度。由表可知，木材密度越大其风化速度越慢，密度大的晚材部分其风化速度仅为早材部分的 1/4～1/5。对于早、晚材部分密度差很大的柳杉，早材部分发生显著的风化，而晚材部分风化不明显。阔叶树材由于早、晚材的区别大多不明显，风化速度减慢，处于针叶树材的早材与晚材的中间程度。对于心材与边材，由于心材部

表 3.4　由加速老化试验得到的主要北美材的风化速度

树　种				密度/(kg/cm³)		风化速度/(μm/h)
针叶树	花旗松	心材	早材	0.30	0.53	0.163
			晚材	0.95		0.040
		边材	早材	—	0.39	0.192
			晚材	—		0.056
	红杉	心材	早材	0.30	0.35	0.217
			晚材	0.95		0.040
		边材	早材	—	0.32	0.271
			晚材	—		0.063
	南方松	边材	早材	0.30	0.65	0.204
			晚材	0.95		0.046
阔叶树	北美鹅掌楸	早晚材平均		0.52		0.129
	加拿大黄桦	早晚材平均		0.65		0.125
	北美红橡木	早晚材平均		0.67		0.083
	山胡桃木	早晚材平均		0.81		0.060

　　注：引自美国农业部（USDA）《Wood Handbook》（1987）。

分含有较多的疏水性物质，其风化速度稍慢。与其他材料相比，木材属于较软的材料，特别是其早材部分用手指甲就能简单弄上划痕，因此由风带来的砂土和灰、尘等会使木材表面产生伤痕，并会因表面磨损作用而促进其风化。所以，海岸边的住宅其面朝沙滩的墙板等所受到的风化很严重。

由于水分容易从木材横切面进入，而使富含木质素的细胞间层发生分离，因此木材横切面最容易发生劣化。木材径切面上的风化很大程度上依存于年轮的宽度。年轮宽度狭小时，径切面上的晚材比率增加，因此风化量减小；反之，当年轮宽度大时，由于早材部分露出多而风化增大。在弦切面上，尺寸变化大，容易产生微细裂缝，且早材部分露出较多，因而风化量大。

2）变色

观察暴露在屋外的木材变色过程可知，暴露初期颜色深的木材有变淡的倾向，而浅色的木材有变暗的倾向；之后，由于霉菌的附着而发生斑点状的黑色污染，随着污染的增加，所有木材不管什么树种最终都由浅灰色变成暗灰色。从明亮度来看，柳杉、冷杉、红松、山毛榉、白蜡木、刺楸和栎木等浅色木材，暴露数月后明亮度出现下降，但在暴露 6 个月时曾一度明亮度增加，之后又再次降低；柚木、胡桃木、黑檀、柳桉和榉木等颜色深到中等的木材，在暴露约 6 个月内明亮度增加，之后下降。与暴露前的色差，从暴露 3～4 个月后开始急速增大。这样，木材变色在短期内发生，初期变色是伴随光氧化的化学结构的变化产生的，之后的变色受微生物的影响大。

3）化学及物理变化

暴露于屋外的木材，其木质素和半纤维素受光氧化而从木材表面溶解脱落，在表面留下化学成分相当纯的纤维素纤维。以暴露屋外 50 年的木材为例，表面最外层的灰色部分的化学组成与木材内部相比，木质素和半纤维素减少至 $1/5$～$1/10$，纤维素几乎不变而相对增加。

另外，暴露于屋外的木材表面层其强度下降也非常大。厚度 $100\mu m$ 左右的薄单板暴露在屋外 2 个月，其抗拉强度下降 80%～90%。这么大的强度下降，说明伴随有木材构成成分中担负机械性能的纤维素的分解，纤维素的聚合度比未暴露的相比下降至 $1/7$～$1/10$。另外，即使去掉紫外线，只照射可见光，也会引起太阳光照射时的 $1/2$ 左右的强度下降，因此可以说，从近紫外线到可见光领域的光线也是重要的劣化因子。但由于 50 年暴露屋外的木材因太阳光的劣化深度离表面仅 $1～2mm$，横截面大的木材因光劣化而产生的强度下降相对较小。

3. 微气候与木材劣化

1）住宅周围的微气候

建筑物周围的气候环境因部位不同而异，因此各部位所使用的木材其劣化情况也多种多样。据有关木结构住宅外墙板的风化研究报告[7]，风化量因其方位和离地面的高度不同而有很大的差异。在方位上风化量呈现南面＞东面＞西面＞北面的顺序，这与各面上的日光照射量成正比。修建后经过约 60 年的木结构校舍，南面的柳杉外墙板其早材部分测定出有约 2.2mm 的风化。图 3.18 所示为外墙面风化量与离地高度和涂膜剥离程度的关系。这里的木纹凹陷量为晚材与早材风化量的差值。风化类型可分为 4 种，风化量与涂膜剥离率成正比。图 3.18（a）表示离地面 1.2m 附近具有最大风化量，图 3.18（b）表示连续地基附近有最大风化量，图 3.18（c）表示垂直方向风化量基本一定，图 3.18（d）表示屋檐下50～100cm 处有最大风化量。由于从连续地基到离地 1.2m 附近受雨和日照两方面的影响，风化倾向一般为图 3.18（a）或者图 3.18（b），图 3.18（c）可以看做没有屋檐的情况，图 3.18（d）可以看做在外墙附近栽了许多植物、下部的日照被遮住的情况。

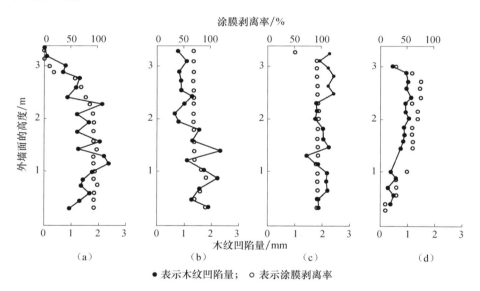

图 3.18　外墙面高度与木纹凹陷量及涂膜剥离率的关系

2）暴露木材的季节性变化

暴露在屋外的木材，每个季节会发生哪些变化呢？将西部铁杉径切面边材分别垂直暴露于东、西、南、北各方向，测定其尺寸变化及质量变化，发现含水率变化及尺寸变化在各方向显示出基本相同的情况[8]。这是由于质量和尺寸的变化不依附于日照量，而依附于相对湿度，所以显示出在暴露方向上几乎没有差别。图 3.19 表示在日本关东地区的茨城县暴露于东、西、南、北方向 1 年的西部铁杉 2cm×4cm 规格材其半径方向的尺寸变化。在太平洋一侧，由于冬季的相对湿度小，到早春 3 月止木材呈现收缩的倾向；4 月由于春雨木材膨胀，在 5～6 月由于晴天多木材又收缩；6 月中旬进入梅雨季节后，木材转变为膨胀倾向，一直持续至梅雨离去的 7 月下旬；梅雨离去后，木材开始收缩，持续至 9 月下旬；之后由于秋雨，至 10 月中旬木材发生急剧的膨胀，该时期为年间最大尺寸变化期；10 月下旬开始木材出现收缩倾向，并持续到第二年初春的 3 月止。暴露 2 年后，由于木材中的亲水性成分溶解脱落，木材的疏水性增加，并发生开裂，含水率及尺寸变化与暴露的第 1 年相比减小。这种现象一般被称为"老化"。

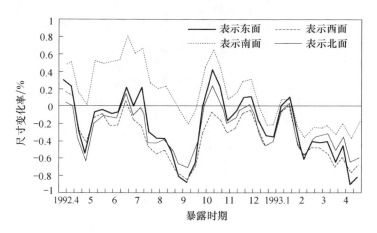

图 3.19　暴露于东、西、南、北的木材其半径方向的尺寸变化

3.1.4　木质材料的耐久性

1. 木质材料的生物劣化

木质材料一般指先将木材分解成木板、单板、刨花和纤维等，再用黏结剂等将它们重新组合而成的材料，因此在讨论耐久性时必须从胶合耐久性和木材本身的耐久性两个方面进行考虑。胶合耐久性已在 1.2.4 小节中讲述，本节只从腐朽和虫害方面来考虑木质材料的耐久性。

2. 集成材的耐久性

由于长尺寸集成材和大截面构件或者变截面构件和弯曲集成材的制造已成可能，在大型木质结构或者木桥中，集成材已成为结构构件的主体（图 3.20）。但从目前积累的调查结果来看，支配集成材耐久性的与其说是胶合层的劣化，不如说是木材自身的腐朽。根据鱼鳞云松集成材 10 年屋外暴露试验的结果，胶合强度虽然多少有些减小，但如果进行了充分的防腐处理，10 年过后也仍然能够保持初期胶合强度的约 2/3（图 3.21）[9]。

图 3.20　使用防腐处理集成材的木结构桥

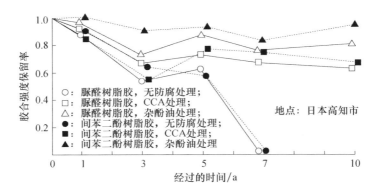

图 3.21　鱼鳞云松集成材屋外暴露时的性能变化

　　另外，根据对日本集成材结构建筑物进行的实态调查，如果限于屋内使用构件，即使使用脲醛树脂黏结剂，经过 20 年后也保持着足够的安全性；而暴露在屋外或在加热加湿机附近就会发生劣化，必须使用间苯二酚树脂等黏结剂并进行防腐处理[10]。

　　在木质构件使用环境中，对腐朽劣化环境要求最严格的一般是与土壤接触的地方。这是由于只要接触土壤，周围就会供给水分，另外土壤中还存在着许多种类的腐朽菌孢子和菌丝。对于用于地面上部的构件，其劣化速度决定于用在什么位置，特别是在屋外使用的大截面锯材制品，即使下锯法有误差也常常发生干燥开裂。水平构件的上面及侧面的上半部容易发生开裂，因为水容易滞留在这些地方。与此相比，对于纵向使用的构件，即使发生开裂，由于水会流走，很少会滞留，因而更难发生腐朽。

对集成材进行防腐处理，一般是在集成后进行注入处理，这种情况下要使药剂充分渗透到材料的内部是很困难的，特别是弯曲构件不能放入加压处理罐中。另外，只要是采用通常的方法，就容易发生处理后的变形、翘曲和开裂。特别是水溶性药剂的注入，由于材料处于注入时膨胀、干燥过程中收缩这种苛刻的状态下，必须十分注意不要引起其胶合性能的下降。

另外，对集成材可以采用预先对薄板进行处理然后进行层积的方法，从使药剂渗透到内部这一点来说是有利的。特别是为了对大截面集成材给予高水平的耐朽性时，必须对薄板进行处理。这时必须注意薄板的防腐处理不应对胶合性能和胶合耐久性带来坏的影响。采用防腐处理的薄板，其胶合性能与不进行处理时相比，一般有不利的倾向。过去曾被指出，经 CCA 处理的薄板其胶合性能下降，这是由于沉着于木材细胞壁的药剂成分对胶合有阻碍作用。但通过选择合适的黏结剂和胶合条件，是有可能保持足够性能的。另外，选择不影响或少影响胶合性能的防腐剂的研究也正在进行之中。

对薄板注入防腐剂后进行层积的集成材，从药剂的注入性这一点来讲比大截面的锯材品有利，但尽管如此，也有报告说这种集成材其注入性差的心材部分发生了腐朽。在温室环境下对防腐处理集成材进行的人工加速劣化试验中，即使采用 CCA 处理的薄板，有时也可以在外侧薄板的心材部分观察到劣化现象。这并非药剂的效果不充分，而是由于没有充分注入。一般来说，心材的渗透性因树种不同而有很大的差异，如辐射松和南方松等属于"好的"群体，西部铁杉和柳杉属于"比较好的"群体，而花旗松、云杉和落叶松等属于"困难"之列。

如果是渗透性的原因，即使处理材也不能发挥足够的性能，应该想办法改善其渗透性能。能够实际应用于改善渗透性能的办法，就是在集成材上刻槽或打孔（incising），也可以在层积前的薄板上进行。美国木材保护协会标准（AWPA）中，为了确保集成后或薄板在加压注入时所规定的药剂注入量和渗透度，除南方松外都要求进行刻槽（打孔）处理。特别是在薄板上进行刻槽（打孔）加工，不仅能飞跃性地增大药剂的渗透量，如果胶合适当还能够抑制因刺伤而产生的强度下降。

3. 木质板材的耐久性

用木质板材做面板的墙体结构，腐朽大多发生在板式构架组合的脚根部分的面板和下构架材上。板材一旦局部性劣化或者面板与构架材剥离，则其他部分即使健全也得不到本来应该具有的强度效果。另外，由于板材多数情况下是用钉连接的，该部分变得容易吸水，结果腐朽加快，有短时间内钉的保持力下降的危险。用木质板材做地板的垫板时，即使局部地方劣化也会发生钉被拔脱的现象，必须从结构安全上进行充分考虑。

作为木材及木质材料耐朽性评价的方法，是将小型试件放置于在培养瓶中生长发育的所定腐朽菌的菌床上一定时间，用试件放置前、后的质量减少率来进行评价，这是一直以来普遍采用的方法。用这种标准的试验法对市场上销售的刨花板和纤维板等进行评价，可以看到用黏结剂将小单元体重组而成的木质板材与锯材相比，一般有质量减少率小的倾向。但该倾向深受板材制造诸因子的影响，并且只要没有进行某种处理，由腐朽菌和白蚁产生的劣化是不可避免的[11]。

图 3.22 为用褐色腐朽菌瘤盖干酪菌（*Tyromyces palustris*）对市场上销售的20M（静曲强度 20.0N/mm²、脲醛-三聚氰胺共聚树脂黏结剂）及 20P（静曲强度 20.0N/mm²、酚醛树脂黏结剂）的刨花板进行强制性腐朽而得到的静曲强度变化与质量减少率的关系[1]。设没有腐朽的板材其湿润强度为 100%，则质量仅下降10% 时，M 型和 P 型刨花板的强度就分别下降至原来的 20% 和 30%。一般来说，使用脲醛树脂系黏结剂的板材比用酚醛树脂为黏结剂的板材强度下降显著。该强度残存率是以湿润状态为基准的，若将气干状态的强度换算成基准状态则其下降倾向将变得更大。即对于木质板材，若放置于湿润状态下，不管有没有腐朽菌的劣化都会发生相当大的强度下降，如果有腐朽菌的作用就会更加引起强度的下降。这是由于腐朽菌侵入单元体之间，会降低板材的胶合性能而使其劣化。

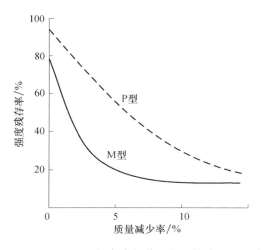

图 3.22　刨花板由褐色腐朽菌引起的静曲强度下降

影响板材耐朽性的各因子其影响效果如图 3.23 所示，原料树种的耐朽性越低、单元体的形状尺寸越大就越容易腐朽。根据这一点，如果以本来就耐朽性高的树种为原料，则制成的板材也反映该性能而难以腐朽。但现实中只选择收集耐朽性高的树种是很困难的，在考虑将来把废材、未利用树种和速生树种等作为原料的状况下，期望提高原料树种的性能是不可能的。

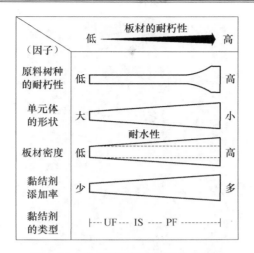

图 3.23　影响刨花板耐朽性的各因子

　　但刨花板等木质板材类，黏结剂类型和制板条件对板材的耐朽和耐蚁性有很大的影响。对不同类型的黏结剂进行比较，使用酚醛树脂（PF）的板材比使用脲醛树脂（UF）或者异氰酸酯树脂（IS）的耐朽性高。在相同制板条件下制造的 UF 或者 IS 板材，其因腐朽劣化而导致的强度下降也从相当早的阶段就很显著。而从对白蚁的抵抗性这一方面来说，则按 UF＞PF＞IS 的顺序难以受到伤害。异氰酸酯树脂系黏结剂，由于能给予板材好的耐水性，在物理性能方面被认为是优异的黏结剂，近年增加了其使用；但从耐朽性和耐蚁性的评价来看则完全相反，根据其组成被认为是容易诱发腐朽的黏结剂。

　　提高黏结剂的添加率（含脂率），一般能提高板材的抗生物劣化性。这也起到了抑制板材厚度膨胀、防止菌丝入侵板材内部和抑制机械性能劣化的作用，其效果也因黏结剂种类而异，IS 板材的给予效果显著。

　　木质板材的密度对其耐朽和耐蚁性的影响并不很大。这与腐朽和白蚁的加害有关，因为板材的含水率提高，就会引起其厚度膨胀，而越是高密度的板材其膨胀就越厉害。所以密度高的木质板材并不一定其耐朽和耐蚁性就好。但若使用耐水性能好的黏结剂，板材的吸湿厚度膨胀率就很小，则其耐朽和耐蚁性随板材密度的增大而显著提高。

　　白蚁产生的蚀害也和上述倾向基本一致，但有纤维板被激烈蚀害的案例，也有 3 层结构的刨花板在低密度、低含脂率（施胶量小）时木片粗的芯层部分受到蚀害的报告（图 3.24）。还有，近年 MDF 等用做地板基材的情况增加，也出现了因施工不当而发生霉菌的投诉。

　　为了提高木质板材的耐久性，除选用适当的黏结剂和制造工艺外，还采用了防腐与防虫处理。通常大多在制成的板材表面进行涂或喷疏水剂和防护药剂，但

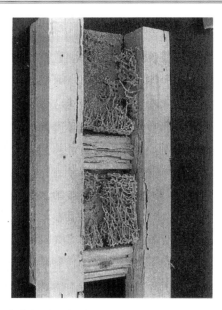

图 3.24　家白蚁对以木质板材为面板的墙体模型的蚀害状况

如果要使处理效果达到板材内部，可以考虑原料即木质单元体的处理或者在制板后加压注入药剂。前者是把单板注入硼化物制造防虫胶合板，而后者是对胶合板和 LVL 加压注入无机或有机系的防腐与防虫药剂。但水溶性药剂有时会引起板材的膨润和变形，而显著降低其固有性能。在这一点上，使用轻质有机溶质的干式处理，除不发生膨润和变形外，也不会降低胶合性能和涂饰性能，因此这一方法受到了关注，但还没有得到普及。

　　在黏结剂中混入防护药剂，希望胶合时药剂向木质部移动的黏结剂混入法，是一种容易导入到实际生产线的方法。在日本，采用该方法制造了主要以粉蠹虫为对象的防虫胶合板，并实现了标准化。采用该方法对胶合板以外的木质板材进行防腐与防蚁处理的技术开发也正在进行之中。根据刨花板的应用案例报告，药剂与制板条件进行适当的组合可以取得较佳的效果。

4. 钉的耐久性

　　必须注意，对于使用集成材的大型木质结构物或者木结构桥等，发生腐朽劣化的地方是在采用螺栓和金属板等五金的连接部位。由于五金结露会引起木材含水率提高，或者含腐朽菌孢子的水分侵入螺栓的孔和金属板的间隙中，之后水在木材中扩散并滞留从而加速其腐朽。

　　另外，木质板材大多用钉子钉在构架上，该连接耐久性对墙壁或者楼盖的结构承载能力产生重要的影响，因此钉的耐久性研究是一个很重要的课题。表 3.5 是根据对木结构家用房屋外墙劣化的调查结果，分阶段地表示用于外墙的钉子的劣化度[12]。日本研究人员对建筑年数不同的住宅的抹灰墙壁的钉子劣化度进行调查，结果表明，经过 30 年时钉的平均劣化度为 4（图 3.25）[12]。该指标值表示钉的剪切强度下降到了初期值的一半，并且多数情况下在木材一方发生了腐朽。

表 3.5　钉子劣化度的评价标准

劣化度	标　准	举　例
1	微小锈痕	
2	表面局部性锈痕无肉眼性损伤	
3	表面全面锈痕内部健全	
4	局部性损伤维持原长	
5	失去原形	

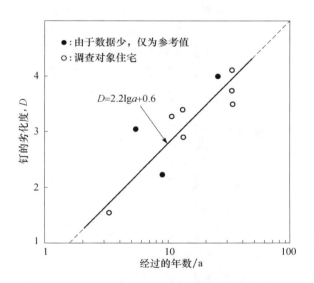

图 3.25　抹灰墙壁上钉子劣化度与住宅年数的关系

　　钉或者连接五金对木材的耐久性也可能产生坏的影响，日本学者小松的研究表明，钉等五金容易发生结露，一点点水分也会使其生锈；另外，由于被称为缝隙腐蚀的电池作用，五金和木材双方都逐渐劣化，缝隙进一步扩大；在这些缝隙处，水变得更容易被储藏而发生五金劣化和木材腐朽。另外，木材腐朽时产生酸性物质，从而也诱发五金生锈。不管哪种情况，想办法对木质材料进行防护处理和防锈处理等五金的改良及不让五金外露都是非常重要的[1]。

3.2　木材防护处理

3.2.1　木材防腐与防虫处理

1. 木材防腐与防虫处理的意义

木材自古以来就被用做建筑材料等，是非常有用的材料，预计将来其需要会日益增长。要支承该不断增长的需要，不仅要提高木材产量、提高其加工时的出材率，还必须使木材能够长期耐用。在高耐久性木材廉价且数量丰富的时代，只要将木材用于适当的场所，即使没有处理也是可以长久耐用的。可是，随着人口的增加，高耐久性木材的供给已赶不上需要。这是由于高耐久性木材一般成长缓慢，如果过度砍伐，其供给力马上就下降。另外，可大量供给、适合人工种植的树种，一般有抗腐、抗蚁性差的倾向，普遍先进行防护处理后再供实际使用。这样，木材防护处理可以使耐久性比较低的树种与高耐久性树种被同等地利用，是森林资源有效利用和长久使用不可缺少的措施。大家都知道，木材因使用环境不同由腐朽菌和白蚁等产生的生物劣化危险度是不同的，我们要认真研究防护处理药剂、防护处理方法和防护处理程度（吸收量和渗透度等）与劣化危险度之间的关系，谋求有关木材防腐与防虫（蚁）处理标准的合理性。

本节就木材劣化危险度与木材防护处理的关系、防腐与防虫处理药剂和防护处理方法进行叙述。

2. 木材劣化危险度与防护处理

木材防护标准中，对由药液注入量计算出来的有效成分吸收量、分析药液渗透部分求得的有效成分吸收量、药液渗透度和处理方法等进行了规定。如前所述，木材因使用环境不同、生物产生的劣化程度不同，对应地将用于防护处理的药剂的种类、吸收量和渗透度等分类，实现防护处理木材的长久耐用是很重要的。世界各国的劣化危险度等级如表 3.6 和表 3.7 所示。除欧洲在 EN335-1 中规定为 5 个（1～5）等级（北欧为 4 个（A、B、AB、M）等级）外，澳大利亚和新西兰规定为 6 个（H1～H6）等级。

表 3.6 欧洲的劣化度分等

劣化危险度等级	使用环境	生物劣化因子			
		腐朽菌	甲虫类	白蚁	海虫
1	屋内（非接地、非暴露）		+	+	
2	非接地、非暴露、时常湿润状态	+	+	+	
3（AB、B）	非接地、暴露、有结露的可能性	+	+	+	
4（A）	接地或者常常与淡水接触	+	+	+	
5（M）	常常与海水接触	+	+	+	+

注：1. 北欧的劣化危险度分等表示在括弧内。
　　2. 暴露意味着直接受屋外环境的影响。

表 3.7 澳大利亚和新西兰的劣化度分等

劣化危险度等级	使用环境	生物劣化因子
H1	屋内（非接地、非暴露）	窃蠹虫等干材害虫
H2	屋内、时常湿润状态	腐朽菌、甲虫类、白蚁（轻度腐朽和蚁害）
H3	非接地、暴露	腐朽菌、甲虫类、白蚁（轻度～中度腐朽和蚁害）
H4	接地或者常常接触淡水、暴露	腐朽菌、甲虫类、白蚁（中度腐朽和蚁害）
H5	接地、暴露	腐朽菌、甲虫类、白蚁（根据气候和土壤等条件极度腐朽）
H6	在海水中使用	腐朽菌、甲虫类、白蚁、海虫

　　如表 3.6 和表 3.7 所示，世界各国对劣化危险度分等的定义几乎没有差异。我国《木结构工程施工质量验收规范》（GB 50206—2002）将需要防护处理的木结构构件或局部分为如表 3.8 所示的四类[13]。木材和层板胶合木常用的适用于各使用分类下的药剂种类和以活性成分干药量计的最小保持量及药剂渗入深度如表 3.9 和表 3.10 所示。结构胶合板及结构复合木材也可用类似于表 3.9 所示的药剂处理，前者应用水溶性药剂，后者应用油性药剂。

表 3.8 木结构的四类使用环境

使用分类	使用条件	应用环境	主要劣化因子	典型用途
C1	室内且不接触土壤	在室内干燥环境中使用，避免气候和水分的影响	蛀虫	楼盖搁栅墙骨
C2	室内且不接触土壤	在室内环境中使用，有时受潮和水分影响，但避免气候影响	蛀虫，木腐菌	未设防潮层的首层地板搁栅
C3	室外但不接触土壤	在室外环境中使用，暴露在各种气候中，包括淋湿，但不长期浸泡在水中	蛀虫，木腐菌	建筑外门其他外楼梯、平台、室外廊柱、低梁板
C4	室外且接触土壤或浸泡在淡水中	在室外环境中使用，暴露在各种气候中，且与土壤接触或长期浸泡在淡水中	蛀虫，木腐菌	基础

表 3.9　不同使用分类下的木材防腐剂量及最小保持量

防护剂		活性成分	组成比例 /%	药剂保持量/(kg/m³)			
类别	名称			C1	C2	C3	C4
水溶性	硼化物	三氧化二硼	100	2.8	4.5	不宜采用	不宜采用
	季铵铜 ACQ-2 ACQ-3 ACQ-4	氧化铜 DAC	66.7 33.3	4.0	4.0	4.0	6.4
		氧化铜 BAC	66.7 33.3	4.0	4.0	4.0	6.4
		氧化铜 DDAC	66.7 33.3	4.0	4.0	4.0	6.4
	铜唑 （CUAZ-1）	铜 硼酸 戊唑醇	49 49 2	3.3	3.3	3.3	6.5
	（CUAZ-2）	铜 戊唑醇	96.1 3.9	1.7	1.7	1.7	2.3
	酸性铬酸铜（ACC）	氧化铜 三氧化铬	31.8 68.2	不宜采用	≥4.0	≥4.0	不宜采用
	柠檬酸铜（CC）	氧化铜 柠檬酸	62.3 37.7	≥4.0	≥4.0	≥4.0	≥6.4
油溶性	8-羟基喹啉铜 CU8	8-羟基喹啉铜 有机溶液	5 95	0.3	0.64	0.56	不宜采用
	环烷酸铜 CUN	环烷酸铜 有机溶液	5 95	0.64	0.96	1.2	不宜采用

表 3.10　胶合木防护处理药剂最小保持量（kg/m³）和渗入深度（mm）要求

药剂		胶合前防护处理					胶合后防护处理				
类别	名称	C1	C2	C3	C4	深度	C1	C2	C3	C4	深度
水溶性	硼化合物 2.8	4.5	不宜采用	不宜采用	不宜采用	13~36	不宜采用				
	季铵铜 ACQ-2	4.0	4.0	4.0	6.4	13~36					
	ACQ-3	4.0	4.0	4.0	6.4	13~36					
	ACQ-4	4.0	4.0	4.0	6.4	13~36					
	铜唑 CUAE-1	3.3	3.3	3.3	6.5	13~36					
	CUAE-2	1.7	1.7	1.7	3.3	13~36					
	酸性铬酸铜	不宜采用	4.0	4.0	不宜采用	13~36					
	棕檬酸铜	4.0	4.0	4.0	6.4	13~36					
油溶性	8-羟基喹啉铜	0.32	0.64	0.96	不宜采用	13~36	0.32	0.64	0.96	不宜采用	0~15
	环烷酸铜	0.64	0.96	1.2	不宜采用	13~36	0.64	0.96	1.2	不宜采用	0~15

3. 木材防腐处理药剂

用于防止木材腐朽的药剂称为木材防腐（药）剂。木材防护处理是以杂酚油作为防腐剂使用为契机，在 19 世纪后半叶以后才普遍实施的。现在，作为木材防腐剂使用的药剂多种多样，下面按制剂（使用）形态分类对油状（油性）防腐剂、油溶性防腐剂、水溶性防腐剂和乳化性防腐剂进行概述。

1）油状（油性）防腐剂

油状（油性）防腐剂是药剂原体为油状、具有防腐性能的药剂的总称。通过对煤炭高温干馏生成的煤焦油进行蒸馏，制造出来的杂酚油（creosote）大家都很熟悉，得到了广泛应用。杂酚油（又称混合防腐油）中含有 200 种以上的化合物，优越的防腐（及防虫）性能来自这些化合物的相加或相乘作用的结果。由于杂酚油对木材的渗透性良好，在各种环境下所处理木材其有效成分的流失也比较少，即使像电线杆和铁路枕木等在野外直接与土壤接触的条件下也可以长久耐用。但杂酚油也有特有的刺激性臭味、对皮肤有刺激性和易从处理材渗出等缺点。

2）油溶性防腐剂

油溶性木材防腐剂是以具有木材防腐性（杀菌性）的有机化合物为主、溶解于石油系溶剂的防腐剂的总称。五氯酚（C_6HCl_5O）和有机锡化合物为代表性油溶性防腐剂，但存在安全性问题，在日本等国已被禁止使用，我国也将禁止使用。有机化合物系防腐剂其初期效力普遍较高，但大多也因紫外线和热等而分解，在作为木材防腐剂实际使用时必须予以注意。油溶性防腐剂在欧洲、北美洲或大洋洲有时也用于木材的加（减）压处理，但在我国和日本用于表面处理（主要采用涂刷或喷洒处理）。为了在防腐的同时给予防虫和防蚁性，普遍使用与防虫剂混合的制剂。油溶性木材防腐剂应至少含以下有效成分之一：戊唑醇（tebuconazole）、丙环唑（propiconazole）、环丙唑醇（cyproconazole）、百菌清（chlorothalonil）、8-羟基喹啉铜（copper oxine）、3-碘-2-丙炔基-丁氨基甲乙醋（IPBC）、三丁基氧化锡（TBTO）、三丁基环烷酸锡（TBTN）、环烷酸铜（copper naphthenate，CuN）、环烷酸锌（zinc naphthenate，ZnN）、4,5-二氯-2-正辛基异噻唑啉-3-酮（DCOI）。油溶性防腐剂其药剂随油或有机溶剂一道渗透进入木材，遇水后不易流失，室内、室外均适用；对金属无腐蚀作用，不引起木材膨胀，因而适用于精加工木制品的防虫、防腐处理。

3）水溶性防腐剂

虽然铵基化合物为水溶性有机化合物，但我们将主要供木材加压注入处理的、由水溶性无机化合物单独或数种混合而成的水溶液称为水溶性防腐剂。水溶性防腐剂作为有效成分利用的盐类为铜化合物、氟化合物、硼化合物、砷化合物和铬化合物等。铜化合物和氟化合物给予处理木材防腐性能，硼化合物和砷化合物给予处理木材防虫与防腐性能，铬化合物参与有效成分在木材内的固定。

最具代表性的水溶性防腐剂为铬（chromium）、铜（copper）、砷（arsenic）3种无机化合物的混合物，时常以化合物的开头字母冠名，称为CCA（系）防腐剂。混合的化合物种类和配合比不同的许多CCA防腐剂在世界各国销售，在日本有3种已标准化。CCA的抗浸出流失性高，进行适当处理的木材经久耐用，适用于各种木材的处理。最近，由于使用有毒性的重金属所带来的安全问题及废弃处理困难，不含砷和铬的防腐剂的使用量开始增加。水溶性防腐剂其药剂能随水一道渗进木材中，木材表面整洁，不影响油漆，无特殊气味，特别适用于室内木构件的处理。

4）乳化性防腐剂

为了提高操作的简便性和处理的适用性，将环烷酸金属盐和杂酚油作为乳化制剂用于木材加压注入处理的技术已在一些国家得到实际应用。

4. 木材防虫处理药剂

木材防虫剂，广义上是指为防治粉蠹虫和天牛等干材害虫的防虫剂和为防治白蚁的防蚁剂。不管防治或者驱逐的昆虫是何种类，大多都使用通用的防虫剂。8硼酸钠4氢氧化物、硼砂和硼酸等硼化物为水溶性，适用于扩散或者加压注入处理。氨基甲酸盐系化合物（胺甲萘、残杀威）、合成除虫菊酯系化合物（溴氰菊酯、氯氰菊酯、氯菊酯、氟氯氰菊酯、联苯菊酯）和有机磷系化合物（毒死蜱、腈肟磷、哒嗪硫磷、杀螟硫磷）等，作为油溶性制剂广泛用于防虫/防蚁木材的表面处理，作为乳化制剂广泛用于防治或驱赶地下白蚁的土壤处理（表3.11）。

表 3.11　按木材防虫剂的使用形态分类

防虫剂	特　点
油状药剂	如杂酚油等自身呈油状的药剂
油溶性药剂	可溶解于煤油等石油系溶剂中制备的有机药剂
水溶性药剂	以水为溶剂作为水溶液使用。一般以无机药剂为主体
乳剂	通常将本来不溶于水的油性药剂（油状及油溶性药剂）溶解于有机溶剂中，再添加乳化剂（界面活性剂）和稳定剂制备成在水中呈乳浊状态的药剂
可溶化剂	在同乳剂一样溶解在有机溶剂中的油性药剂中添加可溶化剂（界面活性剂）等，制备成加水成透明状的药剂
熏蒸剂	以驱逐为目的的气化性药剂（溴化甲烷和三氯硝基甲烷等）。对驱赶干材白蚁或驱除文物虫害有效

续表

防虫剂	特　点
粉剂	添加滑石和黏土等增量剂后充分混合粉碎制成粒径 $10\sim30\mu m$ 程度的粉末药剂，发挥难以被水浸出流失的特性，用于担心药剂会混入地下水时的土壤处理
粒剂	和粉剂相同，但做成粒径 $0.7\sim1mm$ 程度的粒状药剂，用于和粉剂同样的场合
熏烟剂	使防虫成分以烟尘微粒子形态在空气中飞散，附着于防治对象的生物体表面而使其致死的药剂
熏雾剂	将有效成分溶解于挥发性高的有机溶剂中，用于气压式喷雾的药剂
毒饵剂	混入饵中使用的药剂，通过防治对象生物的摄取来发挥作用，对于社会性昆虫的白蚁，利用其有食物交换的习惯，药剂具有特效性

5. 木材防护处理方法

木材防护处理方法可以分为非加压和加压（减压）处理两大类。非加压处理方法中有表面处理（涂刷、喷洒、浸渍）、将有效成分高浓度调制的药液渗入木材中的扩散处理和温冷浴处理等（表 3.12）。喷洒或涂刷法不能使药剂渗入要求的深度，只能用于已作防护处理的木材因其防护层局部损坏后的修补。如在已处理好的木构件上钻孔，则可对钻孔造成防护层破坏的局部区段用喷洒法或涂刷法进行修补。浸渍法又可分为常温浸渍法和冷热槽浸渍法（即温冷浴处理法），仅适用于使用分类为 C1 的场合，其他几种使用分类情况均应采用加压浸渍法[2,14]。

表 3.12　各种防护处理方法的优缺点

处理方法	优　点	缺　点
涂刷	药剂用量小，处理面的范围可以自由限定，可随时、反复处理	需要劳力和时间，易出现处理不均匀现象，狭缝和朝下的面不好处理
喷洒	大面积时的效率高，狭缝也能处理，涂布量可以调整，之后还可以反复处理	需要强制排气等装置和宽阔的场所，浪费的药液多，难以限定处理面
浸渍	处理较均匀，不花费劳力和时间，可以简单地处理很多材的表面，受处理时间的制约少	需要大量的药剂，不能局部性处理，大量的药液易污染、效果易下降，不能对现场的材料进行处理
扩散	渗透度大，能对生材进行处理，能用简单的装置处理，难注入材也能处理，心材也能相当好地渗入	处理时间长，从表面到内部的浓度梯度大，不能处理干燥材，只能使用水溶性药剂
温冷法	吸收量高，含水率的影响小，装置简便	处理时间长，需要大量的药剂，木材易弯曲、开裂
减压	与加压相比，装置和操作简便，可以柔软地改变注入量，适用于边材的处理	难注入材的处理困难，不适用于未干燥材，需要特别装置、设备，费用高，不能现场处理

续表

处理方法	优　点	缺　点
加压	渗透度大、较均匀，可根据目的调整吸收量，处理时间短、生产率高，处理操作可自由变换	需要特别装置，设备费用高，不适用于未干燥材，不能现场处理，处理工厂少
混入黏结剂	不需要增加或变更制造设备和工艺，能在通常的胶合板制造工艺中处理，易适应于胶合板和板材类或重组材料，易与其他药剂混合处理	防腐处理时受单板和薄板的厚度制约大，确立制造法的经济性和安全性困难，混入的药剂不一定全部都能发挥效果，需要混入较多的药剂

常温浸渍法是将已加工好的干燥木构件浸泡在盛放药剂的容器中，使药剂逐步渗入木材内部，直至达到规定的药物保持量或渗入深度。该法效率低，特别是对于细密性较好的木材很难达到规定的药物保持量。

冷热槽浸渍法则使用两个槽，先将木构件放入一个盛有药剂的槽中加热至一定温度并保持数小时，趁木构件在较热的状态下迅速放进另一个盛有药剂的冷槽中，并保持一段时间，使其药剂渗入木材。其原理是木材在热槽中因受热向外排气，在冷槽中利用木材细胞腔负压吸收药剂，以加快其浸入速度。

加压处理方法被广泛应用于使用 CCA 系防腐剂的处理，基本上自 1838 年 John Bethell 开发填充细胞法（贝瑟罗法）以来没有大的变化。该方法的基本工艺为前排气—加压—后排气，需要有耐压容器，通过加压强制将药剂注入木材内，能快速达到规定的药剂保持量或渗入深度。后来 Rüping 和 Lowry 开发的加压处理方法可以减少药剂注入量，适用于油溶性药剂的浸注处理。

为了使处理均匀、高效且能对难注入性木材进行处理，加压处理方法的改善是很重要的，前面提到了几种处理方法，但还没有一个可以达到普遍应用的方法。在考虑木材防护时，除药剂的效果外，注入性能的好坏对可期待的耐久性能将产生影响（图 3.26）。一般来说，对边材的药剂注入比较容易，而心材因树种

图 3.26　防腐剂未注入部分腐朽案例（周边注入了药剂的着色部位保持着健全的状态）

不同有很大的差别（表 3.13）。特别是与木材的横截面（端面）相比，从侧面
（弦切面或径切面）的药剂注入很困难，因此对加压注入后的木材进行接口加工
时应多留意未注入药剂部分的露出。对于密实性好的树种木材，即使采用压力浸
渍法，其药剂保持量也很难达到规定的要求。在这种情况下，允许在木材表面顺
纹刻痕，以加速药剂的渗入能力。一般每 $100cm^2$ 可刻痕 80 条，刻痕深度 6～
$20mm^{[2]}$。

表 3.13　主要木材的注入性难易排序（心材）

难易程度	针叶树	阔叶树
良好	罗汉柏、南方松、红杉、辐射松	水曲柳、甘巴豆、橡胶木
较好	红松、柳杉、铁杉、西部铁杉、火炬松	桦木、白蜡树、黄梅兰蒂木
困难	鱼鳞云杉、冷杉、扁柏、美国冷杉、北美云杉	山毛榉、榉木、龙脑香
极难	落叶松、花旗松、雪松	栗木、橡木、白橡木、红柳桉、赤桉木

近年，通过乙酰化等化学修饰和酚醛树脂浸渍等与各种物质的复合和气相处
理来提高木材耐久性等的研究正在进行之中，不久的将来有望得到应用。

3.2.2　木材防火处理

1. 木材的燃烧及其控制

燃烧是可燃物跟助燃物（氧化剂）发生的一种发光、发热的剧烈的氧化反
应。木材是易燃性材料，由木材或木质材料构建的住宅及其构件，应十分重视其
火害的危险性。

木材作为可燃材料，品种不同，其发热量各异。在 100℃ 以下，木材仅蒸发
水分，不发生分解。至 100℃ 前后，木材开始热降解，随温度的升高进入热分解
过程。至 200℃ 开始分解出水蒸气、CO_2 和少量有机酸气体，此阶段是木材的吸
热过程，一般不发生燃烧现象。当达到或超过 220～260℃ 的温度区域时，热分
解急剧发生，这时产生的分解物（一氧化碳、甲烷、甲醇和焦油等）与空气混合
形成可燃性混合气体。遇火源，该混合气体就会被点燃（240～270℃）而燃烧；
没有火源时，进一步加热，当温度达到 430～500℃ 时，木材将被完全碳化，释
放大量反应热，可引起自燃。木材分解释放出的可燃气体与空气（氧气）相遇，
则发生强烈的氧化反应（即燃烧），这是木材燃烧的第一阶段。木材热解后的剩
余物为木炭，其本身不具有挥发性，只有在供氧条件下与氧起化学反应才能燃
烧，这是木材燃烧的第二阶段，称为煅烧。如果空气（氧气）供给充分，着火的
木材就会发焰燃烧（有焰燃烧），燃烧所产生的大量热又使木材内层升温而不断
释放出可燃气体而继续燃烧，周而复始，使燃烧煅烧往复交替形成火势[1,2]。

在燃烧最旺盛期，虽然分解物的生成与放出间续进行，但已经失去了火焰，

炭渣经过赤热燃烧（表面燃烧）后化成灰烬。升温加热下大气中木材的变化如表3.14 所示[1]，仅供参考。

表 3.14　升温加热下的木材变化（大气中）

燃烧阶段	木材温度/℃	状　态
（1） 初期加热 加热 （未着火）	100	由于干燥而放出自由水；进行至有化学反应迹象的程度，变色
	150	放出结合水；化学反应极缓慢，主要为吸热反应；在木质素、半纤维素的玻璃化温度（130～190℃）≥120℃的长期加热下变黑、炭化
	225	因长期加热而产生自发热反应的临界温度（150℃）→低温着火，化学反应缓慢，为吸热、发热两种反应；半纤维素开始分解，200～250℃，变黑、炭化；炭化缓慢进行，少量气体放出
（2） 闪燃前阶段	250	因长期加热，当遇火星时会闪燃；但一般不闪燃，纤维素软化；化学反应缓慢进行
	270	一般仍然不会闪燃；生成热分解物，接近混合气体闪燃的临界条件；反应速度在260℃以下缓慢，在260℃以上时气体放出激烈
（3） 闪燃	290	开始急剧的发热反应，木材温度急剧上升；气体放出增多，开始发烟；表面着火，木材的质量减少至约61%
（4） 有焰燃烧 （伴随熏烧及 赤热燃烧）	350	生成焦油分，气体放出增多，木材表面形成火焰；炭化急速进行，容易闪燃，一次热分解物进行二次分解；发热反应急剧
	400	气体放出达最大（350～400℃）；终止产生热分解气体，产生焦油→气体化；终止冒烟（400℃）；二次热分解反应（由发热向吸热反应转变），木材质量急速减少
（5）自燃 放热燃烧 （闪燃、自燃）	450	二次热分解反应（吸热），急速形成木炭，生成焦油至450℃，局部性木炭石墨化（400℃以上）
	500	达自燃临界点；终止气体放出及焦油生成（450℃）
		容易自燃，残留有分解物时与炭进行二次反应；由于赤热燃烧炭（燃烧）消失（灰化）；在1500℃下木炭完成碳化

　　木材的燃烧形态，另外也有烟尘爆炸和熏燃，但在通常的住宅火害中可以看到的，一般是上述有焰燃烧和赤热燃烧这两种。

　　如上所述，木材有焰燃烧是由热产生木材分解的最重要的过程之一，由二次分解物与氧所形成的混合气体因闪燃或自燃而着火，由于燃烧产生火焰、光和热，放出的热量也很大。有焰燃烧所放出的热量比赤热燃烧时大，为木材燃烧所放出的总热量（约 19.5kJ/kg）的 2/3 以上，其值为≥12.5kJ/kg。

　　木材有焰燃烧时的状况，虽然深受加热温度和加热速度所影响的热分解生成物的量和性状的影响，但维持或促进有焰燃烧的是纤维素，特别是占其热分解生成物中 70%～90% 的二次分解生成物的焦油类，其中左旋葡聚糖（levoglu-cosan，1,6-酐-β-D-吡喃葡萄糖）发挥了重要作用。

　　木材的赤热燃烧发生在有焰燃烧之后，即在焦油类的生成和可燃性气体放出之后，由热分解残渣的氧化所引起的燃烧，虽然发光和发热，但一般不产生火焰和烟尘；另外，有因一氧化碳产生的青白色火焰。

赤热燃烧是在有焰燃烧之后接着发生的，放出的热量比发焰燃烧时少，由于燃烧速度慢及在燃烧界面形成绝热性的炭化层等原因，当大截面的木材或厚的木质材料表层发生燃烧时，由此会抑制材料内层的热分解而使燃烧难以继续，从而抑制其燃烧。这就是大截面木材构件不做防火处理也能具有较长耐火极限的原因。

就这样，木材因加热而着火，若条件满足则燃烧将会扩大。抑制或阻止该着火和燃烧的方法就是防火加工和阻燃加工。

物质燃烧过程的发生和发展必须具备以下 3 个条件，即可燃物、氧化剂和温度（引火源）。只有这 3 个条件同时具备，才有可能发生燃烧现象，无论缺少哪一个条件，燃烧都不能发生。抑制或阻止有焰燃烧，可以根据如下所述的简要机理采取措施：

（1）通过药剂形成的熔融覆盖膜，阻止可燃性气体的生成与放出，隔断对木材表面的空气供给。

（2）通过药剂形成的膜层或者发泡层的隔热与吸热，阻止对木材表面的热能供给并由此抑制其热分解。

（3）通过火害温度下药剂的分解，抑制离子和激性分子的放出及由它们所产生的燃烧连锁分枝反应，进而消除由此产生的火灾及抑制其伴随的热放射。

（4）抑制脱水炭化作用，即抑制热分解过程的变换所引起的热分解开始温度的降低及其所伴随的水及热分解碳渣的生成，进一步抑制在低温区域伴随急剧放热反应的木材固有的热分解。

（5）药剂的热分解对放出的可燃性混合气的稀释作用。

（6）通过药剂的物理或化学变化的吸热作用，降低木材表面的温度、阻碍着火。

（7）基于木材固有的物理特性的耐火性能的应用等。

赤热燃烧，从其抑制的立场来看，与有焰燃烧相比还留有更多的未知问题，其抑制机理大致说明如下。

（1）作为物理性抑制机理，通过药剂形成的熔融覆盖膜或发泡层阻止对炭化表面的热及氧的供给。

（2）发挥活性炭表面吸附阻燃剂而使其活性降低的作用。利用炭化层表面与阻燃剂之间存在的反应周期，降低炭的活性，使阻燃剂活性化与再生。

（3）抑制气相反应。炭的氧化反应中，抑制由碳经过一氧化碳生成二氧化碳的气相中的反应，使由碳生成一氧化碳的表面（界面）反应优先进行。

抑制或阻止木材及木质材料的燃烧，如上所述有物理方法和化学方法。物理方法是依靠与不燃性成分的并用来降低可燃性成分的比率，隔离或者覆盖来自火灾的热和氧的供给；化学方法是依靠药剂的化学作用。

呈现抑制或阻止燃烧的化学作用的药剂，由一些比较限定的元素构成，即一般为含 Li、Na、K 这样的元素周期表ⅠA 族的元素群，Mg、Ca、Ba 这样的ⅢA 族的元素群和 Zn 这样的ⅡB 族的元素，B、Al 的ⅢA 族的元素，Si、Sn 的ⅣA 族的元素，N、P、As、Sb、Bi 的ⅤA 族、ⅤB 族的Ⅴ族元素群和ⅥA 族元素的 S 等的化合物。它们控制热分解过程中的固相反应和界面的反应，从而抑制燃烧。另外，由ⅦA 族的卤素组成的药剂控制气相反应或者固相反应而抑制燃烧。这些为防焰剂，作为防烟剂的有效药剂限于含 B、P、N、Cl 元素之一的化合物。

这些元素中，构成木材及木质材料的代表性阻燃剂的主要元素有 B、P 及卤素。这 3 种元素中，对于 B，碱金属（周期表第 1 族元素）或者碱土类金属（周期表第 2 族元素）呈协同作用；对于 P、N 及卤素表现出显著的协同作用；对于卤素，Sb 等重金属表现出显著的协同作用。

表 3.15 表示作为木材用防火剂的无机系硼化合物举例[1]。

表 3.15　作为木材及木质材料的防火剂使用的无机系硼化合物

无机系硼化合物	被处理材/处理方法
单一盐	
H_3BO_3	刨花板/与小片混合、水溶液喷雾
$(NH_4)_2O \cdot B_2O_3$	木材、胶合板/注入
$(NH_4)_2O \cdot 5B_2O_3 \cdot 8H_2O$	木材、胶合板/注入
$Na_2O \cdot B_2O_3 \cdot 4H_2O$	木材、木质材料/防火涂饰
$Na_2O \cdot 3.6B_2O_3 \cdot 3.7H_2O$	木材、木质材料/防火涂饰、注入
$Na_2O \cdot 2CaO \cdot 5B_2O_3 \cdot 8H_2O$	木材、胶合板/注入
$2CaO \cdot B_2O_3 \cdot 5H_2O$	木材、胶合板/注入
$NaBF_4$	木材、胶合板/注入、浸渍
$4NaF \cdot 5B_2O_3 \cdot 5H_2O$	木材、胶合板/注入
$ZnO \cdot 2B_2O_3$	木材、木质材料/防火涂饰
$ZnO \cdot B_2O_3$	木材、木质材料/防火涂饰
复合盐	
$H_3BO_3 + Na_2B_4O_7 \cdot 10H_2O$	木材、胶合板/注入
$H_3BO_3 + (NH_4)_2SO_4 + M_2^1Cr_2O_7{}^* + CuSO_4 + (NaPO_3)_x$	木材、胶合板/注入
$H_3BO_3 + Sb_2O_3$	刨花板/粉末添加在小片中
$Na_2B_4O_7 \cdot 10H_2O + Na_2SiO_3$	木材、胶合板/注入
$Na_2B_4O_7 \cdot 10H_2O + HCl$	刨花板/在小片上水溶液喷雾
$Na_2B_4O_7 \cdot 10H_2O + Na_2CO_3 + Mg\text{-}、Zn\text{-}、Fe\text{-}盐$	木材、胶合板/注入
$H_3BO_3 + ZnCl_2 + CuSO_4 + M_2^1Cr_2O_7{}^*$	木材、胶合板/注入
$(NH_4)_2SO_4 + H_3BO_3 + (NH_4)_2HPO_4 + Na_2B_4O_7 \cdot 10H_2O$	木材、胶合板/注入
$ZnCl_2 + Na_2Cr_2O_7 \cdot 2H_2O + H_3BO_3 + (NH_4)_2SO_4$	木材、胶合板/注入
$Na_2B_4O_7 \cdot 10H_2O + NH_4H_2PO_4$	木材、胶合板/注入

* 用一般式 $M_2^1Cr_2O_7$（M^1 为 1 价阳离子）表示的重铬酸盐。

2. 木材阻燃处理的方法

1）基于物理抑制机理的处理方法

物理方法抑制木材及木质材料的燃烧，主要通过隔断材料的热能与氧的供给、降低可燃成分的比率，可以分为覆盖、复合与层积、混合三大类。

覆盖，是用难燃材料或不燃材料覆盖在木材或木质材料的表面，在隔断热能和氧的供给的同时由覆盖层进行隔断的方法，灰泥涂饰和防火涂饰就是其案例。如果覆盖层上产生龟裂或损伤，该部分就会着火而引起激烈的燃烧，所以最好与被处理材的化学阻燃处理并用。用金属箔、金属板和无机纤维纸等薄的材料进行的包裹也属于该范畴。这时，在火焰下随着覆盖材料与木材或木质材料的界面剥离，有时会发生层间着火而招致覆盖材料的剥落。该系列材料只要被处理材没有实施阻燃处理，就不能满足现行建筑标准所规定的难燃材料或不燃材料的要求性能。我国《木结构设计规范》强制性规定了木结构建筑构件的燃烧性能和耐火极限要求，如表 3.16 所示[15]。构件的耐火极限是指构件从受到火的作用时起，至失去其支承能力或完整性而破坏或失去隔火作用的时间间隔，以小时（h）计，该时间间隔是由法定部门按国家标准《建筑构件耐火试验方法》（GB/T 9978—2008）规定的方法通过试验确定的。

表 3.16 木结构建筑中各类构件的燃烧性能和耐火性能要求

构件名称	耐火极限/h	构件名称	耐火极限/h
防火墙	不燃烧体 3.00	梁	难燃烧体 1.00
承重墙、分户墙、楼梯和电梯井墙体	难燃烧体 1.00	楼盖	难燃烧体 1.00
非承重外墙、疏散走道两侧的墙体	难燃烧体 1.00	屋顶承重构件	难燃烧体 1.00
分室隔墙	难燃烧体 0.50	疏散楼梯	难燃烧体 0.50
多层承重柱	难燃烧体 1.00	室内吊顶	难燃烧体 0.25
单层承重柱	难燃烧体 1.00	—	—

注：1. 屋顶表面应采用不燃材料。
  2. 当同一座木结构建筑由不同高度组成时，较低部分的屋顶承重构件必须是难燃烧体，耐火极限不小于 1.00h。

复合与层积中，其复合有木塑复合材料（wood-plastic composites，WPC）、木材与金属复合材料（WMC）和在木材中生成不溶性无机化合物。WPC 中的难燃性塑料比约在 40% 以上，能满足难燃材料或 2～3 级阻燃材料的要求性能。WMC 将烃氧基金属或烃化金属引入木材生成金属氧化物，如与 Sb_2O_3 复合，单独用 Sb_2O_3 时约 25%，与卤或 B 并用时不到 10% 的保持率就能满足难燃材料或 1 级阻燃材料的性能要求。采用阳离子水溶液和阴离子水溶液的 2 重扩散在木材中生成不溶性无机化合物或进行复合时，无机化合物约 80% 以上时为准不燃材料，40%～80% 时表现出难燃材料相当的性能。这时，如使未反应的 $(NH_4)_2HPO_4$ 或反应副生成物

Ba(BO₂)₂ 等残留在木材中，则可以提高其难燃性能。

层积，也有包含在上述覆盖范畴中的部分，是在木材或木质材料的表面或者层间层积不燃材料，依靠可燃性成分的不连续化和不燃性部分来实施对热能及氧气供给的隔断和隔热，因此面板一般希望使用难燃胶合板、氯乙烯钢板、锌铁板、硅酸钙板等强度和刚度优越、耐燃性和耐热性高、传热性低的材料。采用该处理法要满足难燃材料的要求性能，被层积部分的难燃处理是不可缺少的，黏结剂的选择也很重要。

在石膏板和石棉硅酸钙板上覆贴天然微薄木的复合板，虽然能满足不燃材料的要求性能，但这种材料由于传热性高，当总厚度不充分时缺少耐火性，在实际火灾时有招致巨大损伤或倒塌的危险。

不用阻燃剂或不燃材料、发挥碳素材料特性的机能性耐火木质复合材料，由碳素材料层积制成。特别是由木炭制造的碳素复合材，根据烧制温度的高低及密度的高低，其物理特性有显著的差别，今后将开发出应用碳素的新型复合材料。将保持细胞空隙构造的低密度木炭粉末覆盖在木质材料上构成的复合材料，在火灾下通过基于木炭所具有的空隙隔热性、耐焰性和耐氧化性的隔断效果，能够获得高度的耐热性能和耐火性能，并且能够获得低密度碳素材料的特性——绝缘性、隔热保温性、吸附性、吸/放湿性和尺寸稳定性等[16]。而高密度的碳素材料，通过其高的耐氧化性、高隔热性、高耐热冲击性和耐焰性，能够获得比无机质材料和金属材料更优越的耐火性能，同时也能够获得基于高导电性的电磁波屏蔽性和防静电的机能。

将具有胶合性能的碳颗粒体散布于表层而同时成型的刨花板（相对密度0.6，厚 40mm，碳材料混合率 10%，碳层厚度约 1mm），按照 JISA1304 中规定的标准加热，进行足尺材火灾试验，结果表明，这种刨花板具有 1.5h 以上的耐火性能，在高速火焰气流（温度约 1300℃，火焰气体压力约 2kgf/cm²）下具有 2h 以上的耐火贯通性能。以同样方法制造的厚 20mm 的刨花板，在上述足尺材火灾试验中表现出了 30min 以上的耐火性能，该板在火灾下蠕变破坏所要的时间，分别为具有同样厚度的难燃材料的石膏板的 3 倍以上和 9 倍以上，与无机系建筑材料相比，表现出高的耐火性能和高温承载能力等优越的火灾安全性能。另外，这些碳材料其化学稳定性优良、无生物劣化，在制造和使用过程中没有毒性和有害性。另外，在火灾时也不生成有毒成分。

混合，是通过提高不燃性成分的构成比率来抑制着火和燃烧的持续，木丝水泥板、木片水泥板、纸浆水泥板和石膏板就是其案例。

对于水泥系木质材料，一般其水泥比约 96% 以上的为不燃材料，85% 以上的满足难燃材料的要求性能。现在，水泥系木质材料在一般木结构住宅的外墙上使用得最多，在防止燃烧上发挥了极其重要的作用。近年，其制造方法的改进研究很盛行，特别是制造工艺的简化和为降低成本而缩短硬化时间的技术开发，但希望不要因此而降低该材料最重要的难燃性能和在火灾下的耐久性能。

　　石膏板，有机质填充比率 0％时为不燃材料，0.3％以下时满足难燃材料的要求性能。为了增加强度，在石膏板上贴纸，由于其火灾传播力小、发热量和发烟量也小，可以认为对阻燃性没有影响。石膏板在火焰下由于放出结晶水而失去结合，有时会在冲击或荷载下崩溃。为了提高常态强度和耐火性能而提高木质混合比的木片石膏板、木丝石膏板和纸浆石膏板的开发正在进行。为了增加石膏板的强度，混入石棉是最有效的，但由于其有强致癌性，除特别的场所外禁止使用。

　　《木结构设计规范》给出了木结构各类构件的燃烧性能和耐火极限，如表 3.17 所示[15]。

表 3.17　各类建筑构件的燃烧性能和耐火极限

构件名称	构件组合描述/mm	耐火极限/h	燃烧性能
墙体	(1) 墙骨柱间距 400～600，截面为 40×90； (2) 墙体构造： ① 普通石膏板＋空心隔层＋普通石膏板＝15＋90＋15	0.50	难燃
	② 防火石膏板＋空心隔层＋防火石膏板＝12＋90＋12	0.75	难燃
	③ 防火石膏板＋绝热材料＋防火石膏板＝12＋90＋12	0.75	难燃
	④ 防火石膏板＋空心隔层＋防火石膏板＝15＋90＋15	1.00	难燃
	⑤ 防火石膏板＋绝热材料＋防火石膏板＝15＋90＋15	1.00	难燃
	⑥ 普通石膏板＋空心隔层＋普通石膏板＝25＋90＋25	1.00	难燃
	⑦ 普通石膏板＋绝热材料＋普通石膏板＝25＋90＋25	1.00	难燃
楼盖顶棚	楼盖顶棚采用规格材搁栅或工字形搁栅，搁栅中心间距为 400～600，楼面板厚度为 15 的结构胶合板或定向木片板（OSB）： (1) 搁栅底部有 12 厚的防火石膏板，搁栅间空腔内填充绝热材料；	0.75	难燃
	(2) 搁栅底部有两层 12 厚的防火石膏板，搁栅间空腔内无绝热材料	1.00	难燃
柱	(1) 仅支撑屋顶的柱： ① 由截面不小于 140×190 实心锯木制成；	0.75	可燃
	② 由截面不小于 130×190 胶合木制成	0.75	可燃
	(2) 支撑屋顶及地板的柱： ① 由截面不小于 190×190 实心锯木制成；	0.75	可燃
	② 由截面不小于 180×190 胶合木制成	0.75	可燃
梁	(1) 仅支撑屋顶的横梁： ① 由截面不小于 90×140 实心锯木制成；	0.75	可燃
	② 由截面不小于 80×160 胶合木制成	0.75	可燃
	(2) 支撑屋顶及地板的横梁： ① 由截面不小于 140×240 实心锯木制成；	0.75	可燃
	② 由截面不小于 190×190 实心锯木制成；	0.75	可燃
	③ 由截面不小于 130×230 胶合木制成；	0.75	可燃
	④ 由截面不小于 180×190 胶合木制成	0.75	可燃

2）基于化学抑制机理的处理方法

基于化学抑制机理的防火与阻燃处理的方法有添加型、反应型和涂刷型三种。

添加型处理，有注入与渗透和添加与混合两种方法。采用注入与渗透的方法，是将药剂溶液渗透进入木材、单板和胶合板等，是将无机系阻燃剂或有机磷系阻燃剂渗入木材的最普遍的方法。近年所谓复合化处理方法也属于该范畴。即将阻燃性乙烯单体或亚乙烯单体注入木材中，通过热处理或放射线照射进行聚合化的 WPC 化，或者通过对木材的二重扩散法（前述）在木材中生成不溶性高熔点化合物的复合等。

木构件浸渍阻燃剂在一定程度上可以改变木材的燃烧特性，目前常用的浸渍木材阻燃剂如表 3.18 所示[2]。若木构件加压浸渍后药剂吸收干量达 80kg/cm³ 为一级浸渍，能使木材成为不可燃材料；吸收干量达 48kg/cm³ 为二级，能使木材成为缓燃材料；吸收干量达 20kg/cm³ 为三级，在火源作用下可延迟木材起火燃烧。

表 3.18　浸渍用木材阻燃剂

名　称	配方成分/%	特　性	适用范围	处理方法
铵氟合剂	磷酸铵 27，硫酸铵 62，氟化钠 11	空气相对湿度≥80%时易吸湿，降低木材强度 10%～15%	不受潮的木结构	加压浸渍
氨基树脂 1384 型	甲醛 46，尿素 4，双氰胺 18，磷酸 32	空气相对湿度≤100%、温度 25℃ 时不吸湿，不降低木材强度	不受潮的细木工制品	加压浸渍
氨基树脂 OP144 型	甲醛 26，尿素 5，双氰胺 7，磷酸 28，氨水 34	空气相对湿度≤85%、温度 20℃ 时不吸湿，不降低木材强度	不受潮的细木工制品	加压浸渍

注入与渗透法需要特别的注入与干燥装置，能源成本也很高；另外，扩散法也需要很长的处理时间，洗净和干燥需要特别的装置。为了解决这些问题，近年提出了通过烃氧基金属（alcoxide）进行复合的方法，现已进入了实用化的阶段。该方法不需要特别的装置，在常温、常压下就可以简单地将复合原料——金属和无机质浸渍到设定的浓度，处理后不需要特别的干燥装置和大量的能源，通过加水分解或热分解固定复合原料就可以进行复合。

对木材浸渍硼酸或硼砂很困难，实行加压注入也只能浸渍到 10% 前后，但通过硼乙醇盐（boron ethoxide）浸渍时可以浸入 40% 以上的硼酸。采用 3 种不同水解方法对扁柏实施硼乙醇盐处理，其氧指数如表 3.19 所示[1]。实施同样处理的柳杉或者落叶松的单板层积材（厚 20mm、硼酸含有率 15%～20%），通过 JIS A 1321 的表面试验，得到了阻燃 2 级（难燃材料）的评价；采用 JIS A 1304 的标准加热进行木制防火门的试验，得到了具有 1h 以上耐火性能的甲种防火门的评价（图 3.27）。采用烃氧基金属的气相反应制造的耐火中密度纤维板也获得了与上述单板层积材同等的性能。

表 3.19　硼乙醇盐处理扁柏材的氧指数与加热及水解的关系

处理方法	加　热	硝酸水解	氨水解
浸渍率/%	21.9	33.0	30.6
氧指数	30.0	60.0	70.0

图 3.27　木制防火门的燃烧试验

　　添加与混合：在纤维板和刨花板的制造过程中添加或混合阻燃剂或不燃材料，就是该方法的案例。

　　反应型处理，是通过化学反应来使木材改性，其一就是对木材构成成分的化学改性，如纤维素磷酸酯化和木质素加溴就是其案例。由于木材的难渗透性和装置费用高等原因，这些处理方法还没有得到普遍应用，但近年开发了不需要注入与反应装置及干燥设备、制造简单且成本低的具有耐火机能的木质材料，现正在推广应用。它是将磷酸和胺或者酰胺的水溶液涂布在木材表面上，然后通过热压处理，在高温、高压下实施磷酸酯化，此时木材表面被压溃且由表层向内层倾斜。用该方法处理的厚 20mm 的美洲椴木，根据 JIS A 1304 标准加热进行木制防火门耐火试验，结果表明，超过乙种耐火门的要求性能，具有 35min 以上的耐火性能。通过该处理还能得到高度的尺寸稳定性。另外，据试验，采用该方法处理的柳桉胶合板能耐 15 年以上的屋外暴露[17]。

反应型，现在有一种是将含 P 的胺或酯胺和异氰酸酯的低聚体或预聚物注入木材中，引起它们的活性基与木材发生反应的同时在木材中缩聚或树脂化的方法，相当多的种类已经得到应用。加入了这些低聚体或预聚物的黏结剂，能显著提高刨花板的耐隔焰性和耐火性。

对于胶合板的防火处理，可以在其表面涂刷阻燃（防火）涂料，也可以在黏结剂中混合阻燃剂对其进行改性。防火涂料中有对燃烧的连锁分枝反应起阻止作用的非发泡型和既具有隔热作用又抑制燃烧的发泡型。

防火涂料的防火原理可概括为以下几种：①绝热，即将受热处理的构件与高温隔离，通常为厚型防火涂料；②密闭，即防火涂料在高温作用下熔化，形成不能穿透的硬壳覆盖在构件表面，使其隔绝氧气；③吸热，即通过防火涂料层大量吸热，使受保护的木构件表面处于燃点以下；④膨胀隔热，即在高温作用下防火涂料迅速膨胀，形成很厚的一层隔热层，从而阻止火焰的蔓延，保护木构件[2]。

防火涂料有溶剂型和水剂型两类。溶剂型涂料耐水性好，但具有易燃性，施工时需做好防火工作。防火清漆是一种透明的涂料，不影响木纹外露，可用于高级装修工程或结构外露并要求表面防火处理较高的场合。

为了防止因强烈的热气流而使覆盖层崩溃或剥落，不能只是对材料表面进行阻燃防火，而应该通过涂饰使阻燃剂（防火涂料的主成分）向木质材料表层渗透并与木质牢固结合，发生火灾时不只是涂料有阻止燃烧的作用，木质材料表层的脱水炭化等也协同其抑制燃烧。这就是防火涂料的发展方向。

3.2.3　木材涂饰

1. 外装饰用木材涂饰

1）内装饰用涂饰与外装饰用涂饰

木材是容易受污染、变色和容易受损伤的材料，很少不经处理就直接使用，一般采用贴纸或布来进行包裹或者进行涂饰等表面处理。建筑用木材可分为屋内用材与屋外用材。在屋内使用的装修用材和木制家具等，在不直接与风雨接触的环境中使用。

而作为屋外使用的木材，除院墙大门、窗扇、外墙、房山板、长条凳和阳台等住宅外装修构件之外，还有桥梁、甲板、人行道、公园玩具和标识类等都在迎风受雨的苛刻环境中使用。因此，屋内用与屋外用的木材其涂饰应有很大的不同。本小节以保护木材的涂饰技术为主对外部用涂饰进行叙述。

2）屋外的涂饰效果

图 3.28 表示用数种涂料涂饰的木材放置在屋外暴露 1 年间的尺寸变化[1]。由图可知，木材因吸湿与脱湿而发生尺寸变化，而通过涂饰抑制了水分变化，其尺寸变化也变小。对于不同类型的涂料，成膜型涂料的抑制效果最好，渗透型的比成膜型的要差些，但与无涂饰材相比能明显地抑制尺寸变化。

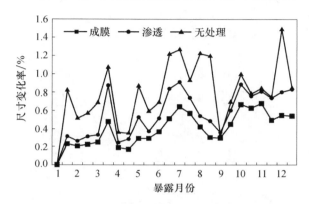

图 3.28　屋外暴露 1 年中基材按涂料类别的尺寸变化

图 3.29 表示暴露屋外的木材其色差及疏水度随时间的变化。由图可知，无涂饰材在暴露 1 年时发生了 30 左右的 ΔE^* 色差变化，而着色系成膜涂料为 10 左右，着色系渗透涂料也只有 20 左右，与无涂饰相比其变色都减少。对于疏水度，暴露 1 年后无涂饰木材下降 70% 左右，而成膜型涂饰木材见不到疏水性的下降，渗透型也被抑制到只下降 20% 左右。由此可知，通过涂饰处理可以抑制屋外使用木材的变化。

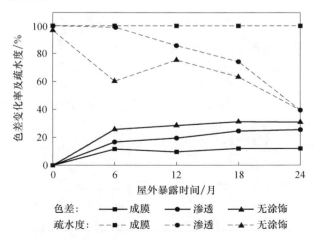

图 3.29　成膜型及渗透型涂饰的木材的色差及疏水性随时间的变化

3）外装饰用木材涂饰的问题

屋外使用木材的涂饰问题，是屋外存在紫外线、水分及微生物等极严酷的劣化因子。这些因子不仅使涂膜自身劣化，对基材的木材也产生尺寸变化、光劣化、腐朽和污染等，这又间接地降低涂料的耐久性。要在这么严酷的劣化环境下保护木材，必须采用对劣化因子具有很高的抵抗性且与木材有很好的附着性的涂料进行涂饰处理。但作为涂饰基材的木材，与塑料、金属和陶瓷等其他建筑用外装修材料相比，存在许多问题，从而使涂膜耐久性低下。从涂饰的观点来看，木材具有如下特征：

（1）为亲水性材料。与其他材料的最大不同之处就是木材为亲水性材料，即使进行了涂饰也会因水分的吸、放湿而产生尺寸变化，以及在涂膜与木材之间产生高的蒸汽压而使涂膜的耐久性下降。

（2）易被微生物侵害。微生物也与水分一起通过涂膜使木材劣化。涂膜下由于适度的水分和温度条件往往成为适合微生物繁殖的环境，有时腐朽和污染比无涂饰时更厉害。

（3）柔软。由于密度低的木材或早材部分等非常柔软，只要涂膜上受到外力作用，内部的木材也常因涂膜容易被破坏而受到损伤。涂膜的损伤成为涂膜开裂的原因，从而使涂膜的耐久性大大下降。

（4）具有复杂的表面形状。木材由于形状各异的管胞、导管、木纤维和薄壁细胞等许多细胞是在纤维方向和放射方向形成的，故为多孔质材料，材质不均匀，物理性能各向异性。阔叶树材的榉木和栗木等其导管直径达 $200 \sim 500\mu m$。因此，木材在膨胀收缩时直径大的细胞附近易产生应力集中而成为涂膜开裂和涂膜剥离的原因之一。另外，有的树种含有大量树脂，这将引起涂饰缺陷。

（5）易受紫外线劣化。用透光的透明系涂料进行涂饰时，透过涂膜的紫外线和可见光将产生光氧化而引起木材表面劣化，由此使涂膜保持力下降而容易引起涂膜脱落。

2. 成膜型涂料

1）涂料的特征

外装饰用木材的涂料可分为形成涂膜的成膜型涂料和渗透入木材中不形成涂膜的渗透型两大类。表 3.20 表示用于木材的主要涂料[1]。作为屋外用涂料，一直使用的有油性调和涂料、合成树脂调和涂料、合成树脂乳剂、聚氨酯树脂和邻苯二甲酸树脂涂料等。这些基本上都是含颜料的珐琅系着色型涂料。涂膜的耐久性以聚氨酯系和邻苯二甲酸系较优越，涂膜寿命（更换时间）为 5 年左右；合成树脂调和涂料和乳剂系涂料次之，寿命为 4 年左右。

表 3.20 用于木材涂饰的主要涂料

类型		屋外用	屋内用
成膜型		**· 着色型** 合成树脂调和涂料 丙烯、乳剂涂料 邻苯二甲酸树脂涂料（长油醇酸树脂涂料） 聚氨酯树脂涂料	合成树脂调和涂料 丙烯、乳剂涂料 邻苯二甲酸树脂涂料（中油醇酸树脂涂料） 氨基醇酸树脂涂料 聚氨酯树脂涂料 非水乳剂涂料 磁漆
		· 透明型 聚氨酯树脂涂料 丙烯、硅树脂涂料 氟树脂涂料 聚丁二烯树脂涂料	超清漆（长油清漆） 柔光清漆 聚氨酯清漆 虫胶清漆
渗透型		**· 着色型** 干性油 染色剂 木材保护着色涂料 **· 透明型** 防腐防虫染色剂	染色剂 染色剂

由于木材的色调、木纹、图案、质地因树种而异，具有自然创造出来的特有的美感。在我国及日本，内、外装修时人们大都希望能显示木材的自然色调和木纹，与欧美相比对透明涂料的要求非常高。但透明系涂料的耐久性通常不到着色型涂料的一半，因此，原本用于金属或无机材料的氟树脂和硅树脂系透明涂料也开始在木材上使用起来。这些涂料虽然是透明型的，当用于金属或无机材料时具有 10 年以上的涂膜耐久性，属于高耐候性涂料，但当基材为木材时涂膜在 2 年或 3 年后就会剥落。这是由于涂膜不能适应木材基材大的尺寸变化，以及因紫外线透过涂膜在木材表面产生光劣化而使涂膜的保持力下降的缘故。为此，开始尝试使涂膜具有弹性、提高基材的木材的尺寸稳定性和对表面进行耐紫外线处理等，但到目前为止还不能获得与在无机材料上涂饰时同等高的涂膜耐久性。

2）涂饰方法

图 3.30 表示成膜型涂料普遍采用的涂饰工艺。涂饰工艺中，涂饰前的木材含水率调整和表面基底调整非常重要。木材会对应周围的相对湿度使其含水率达到平衡状态，因此必须将木材含水率调整到适合使用场所的温、湿度环境的平衡含水率。我国地域辽阔，各地区的年平均气温在 6～23℃，相对湿度相差也很大，我国各地区木材平衡含水率有从西北向东南逐渐增高的明显变化分布规律，木材平衡含水率为 9%～15%。对于外装修用木材，由于直接接触雨水其含水率

更高，含水率必须相应调整到 $14\%\sim20\%$。而对于家具等在屋内使用的木材，由于室内大多采用空调，使用环境的相对湿度下降，应将含水率调整至 10% 前后。木材含水率高时，有时会引起涂膜发泡、膨胀和固化不良等问题。

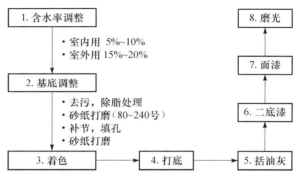

图 3.30　木材涂饰工艺举例

　　表面基底调整是决定涂饰质量好坏的重要工序。对于外装修用木材，虽然很少必须像家具涂饰那样认真地调整，但涂饰前的表面除污和基底研磨很重要。去除尘埃等污垢，必要时通过漂白和着色来抑制色差。漂白使用双氧水、草酸和氨水等。着色，染料虽然易上色且色泽鲜艳，但耐光性低，外装饰用木材的着色大多使用颜料系泥子。表面基底使用 $80\sim240$ 号的砂纸进行研磨，由此可增加表面的平滑性，也可提高涂膜的附着性。

　　花旗松和落叶松等松科木材大多含有较多的树脂。对渗出表面的树脂，可以用有机溶剂擦除，但之后还会从内部重新渗出来，所以必须进行脱脂处理。脱脂一般在木材干燥过程中进行，即在 $90℃$ 左右的蒸汽中进行干燥（脱脂干燥）。

　　打底是为了防止涂料吸收不均匀，使材面均匀一致，另外提高与面层涂料的附着性，一般使用被称为泥子的底层涂料。泥子干燥后需重新用砂纸进行打磨。底层涂料常使用聚氨酯底漆。括油灰是为了填补木材导管和纤维所产生的微细的空隙而使涂饰面平整光滑的作业。油灰一般使用与涂料相同的组分。

　　第二道底漆，是为了使涂膜具有质感并进一步提高涂饰面的平滑性。一般对于透明涂饰使用透明底漆，而对于着色涂饰使用泥子，对于外装饰用材由于要上两道面漆，有时也省略该工序。另外，用着色系涂料进行涂饰或对屋外玩具等进行涂饰时，常省略基底调整和打底而只上面漆。涂饰的方法基本上采用刷涂、辊涂和喷涂。

　　有几种抽提成分多的南洋材对不饱和聚酯系涂料会引起固化不良，须予以注意。

　　3）耐久性

　　成膜型涂料中，着色型涂料一般具有 5 年以上的耐久性，涂膜完好期间能很好地保护基材免受风化，但有时木材会在涂膜劣化之前发生腐朽。哪怕涂膜仅有一点点开裂或剥落，水分或微生物就会由此入侵，木材就会遭受光劣化和微生物劣化。因此，用防腐剂对木材基材进行前处理能大幅度地延长其耐久性（图 3.31）[1]。

图 3.31　是否用防腐剂对基材进行处理与涂膜的耐久性
（左有处理，右无处理，屋外暴露 15 年后）

　　着色系成膜涂料遮盖了木材特有的木纹和色调，因此很多喜爱木材的人们都希望使用透明系涂料来涂饰木材。但如前所述，透明系涂膜的耐久性非常短，只有 2～3 年，涂膜还会不均匀地发生开裂、脱落、膨胀等现象而大大损害其美观。另外，重新涂饰时必须剥除残留的涂膜并重新调整基底，透明涂饰的维护和保养费时且成本增高。因此，作为屋外使用的透明系涂料，目前用户的需求呼声很高，但并没有大量使用。

　　3. 渗透型涂料

　　1）特征与涂饰方法

　　渗透型涂料是指涂料渗入基材中而不形成涂膜的涂料，渗透型涂饰是多孔质吸水性材料的木材特有的涂饰方法。作为渗透型涂料，自古以来干性油和染色剂（油清漆）等就被使用，此外有的在载色剂中添加防腐剂、防虫剂、防霉剂及疏水剂。特别是赋予了防腐性能和疏水性能的渗透型涂料，被称为疏水性防腐涂料或者木材保护涂料或木材保护着色涂料，一般用做屋外用木材涂饰。作为渗透型涂料的主要树脂（载色剂）有醇酸树脂、亚麻仁油、聚氨酯树脂、丙烯变性氟树脂和硅树脂等。另外，在着色型的涂料中添加颜料，现在仅日本就有 30 种以上渗透型涂料在销售。

　　采用渗透型涂料进行涂饰时，不必像成膜型涂料等那样对基材进行严格的含水率调整和基底调整，不管什么树种都反复涂 2 次或 3 次即可。这时，作为底漆，涂不含颜料而含防腐剂、防虫剂及疏水剂的透明基础涂料；作为第二道底漆或者面漆，多采用流水线来涂含颜料的涂料。由于载色剂多为油性，基材的含水率越低，则渗入木材中的涂料量就越多。颜料，使用接近木材色调的黄色或茶色系，其添加量以涂饰后仍看得见木纹为佳。涂饰方法一般采用刷涂，但对于具有复杂形状的制品，有时也采用将被涂饰物浸渍于涂料中的浸渍法。由于保护涂料中含有防腐剂和防霉剂等对人体有害的物质，一般不采用喷雾涂饰的方法。刷涂时的涂布量为每遍 $100g/m^2$ 左右，采用自然干燥，需 4~20h。

2）耐久性

渗透型涂料的耐久性，受所含颜料的影响很大。不含颜料的透明涂料，由于紫外线的穿透，木材产生光劣化，防霉剂被分解，因而不能防止变色，暴露 1 年到 1 年半后与没有进行涂饰处理的木材几乎处于同样的劣化状态。因此，透明系渗透型涂料很少单独使用。颜料的色调越接近黑色、添加量越多，其保护效就越好。

渗透型涂料的耐久性也受木材组织构造的影响。对于针叶树材，早材部分由于密度低，涂料渗透容易，渗入的涂料多；而晚材部分由于密度高，涂料难以渗透。所以晚材部分的涂料脱离比早材部分的早，当涂料为深色系色调时，有时表面会出现色斑（图 3.32）[1]。另外，在年轮宽度狭窄、晚材部分的面积相对变大的柳杉和松木类的径切面上，有时发生颜料早期脱离的现象。

图 3.32　渗透型保护着色涂料在晚材部分的颜料脱离（暴露 2 年后）

渗透型涂料由于不形成涂膜，不会出现像成膜涂料那样显著的涂膜劣化现象，因此难以准确把握什么时候需要重新进行涂饰。透明型涂饰由于 1 年左右其表面就会被污染，故可以以此作为重新涂饰的期限。对于着色型涂饰，大多以伴随颜料的脱离而出现的褪色或变色为目标期限。虽然有地区和使用环境的差别，但一般来说最初的涂饰更换为 2~3 年之后。再次涂饰时可以重叠涂饰（即在原来的基础上进行涂饰），与成膜型涂饰相比其维护与保养简便。另外，因暴露会使木材表面产生细微的裂缝，这将增加涂料的吸收性，故再次涂饰时的涂料渗透量会增加，色调也比初次要深，故到下次涂饰的时间大多可以延长至 4～5 年。

渗透型的木材保护涂料，由于其涂饰和维护比较容易，且能一定程度地保留木材的质感，故在日本，这种涂料经常被用于屋外使用的木材。近年来，以欧洲诸国为中心，因环境问题而强制限定溶剂型涂料，从而也开发出了水溶性保护涂料。该类型中，大多在表面形成若干的涂膜，含有油性同类涂料的成分，有时也称为半成膜型涂料。有的品种具有比完全渗透型涂料更高的涂饰耐久性，但根据涂膜的成型状态，在再次涂饰时有的像成膜型涂料一样要清除残留的涂膜。

表 3.21 总结了成膜型及渗透型涂料的特征和性能。

表 3.21　屋外用成膜型涂料和渗透型涂料的特征

	特　征	成膜型	渗透型
涂饰操作	基底调整	细心进行	不要求成膜型那样细心
	含水率调整	15%～20%	20%以下（干燥者其吸收量增加）
	涂饰难易度	烦琐	简单
	涂饰方法	喷涂、刷涂	刷涂、浸渍
涂饰性能	光泽度	高	低
	疏水性	高	低
	尺寸抑制效果	高	低
	耐久性	着色系 3 年以上，透明系 1～3 年	着色系 2～3 年，透明系 1 年左右
	重涂基准	涂膜开裂、脱落	变色、色斑、污染
	维护保养	去除残留的涂膜	可以重叠涂布

3.3　木质住宅的劣化及其防止

3.3.1　木质住宅的劣化

1. 木质住宅劣化的概念

木质住宅中木质构件出现的劣化现象有风化、磨损、腐朽和虫害等。其中，风化是由于紫外线、红外线或者各种气体、雨水、尘埃和风等自然外力从构件的表面慢慢侵蚀组织的物理或化学现象，一般不会在短时期内发展至材料的深层内部。磨损是在物理使用过程中由于摩擦力作用在地板和建筑器具等装饰/装修构件上而在材料表面产生的物理性破坏或损耗现象，与建筑物整体的结构强度没有直接关系。而腐朽是由于各种腐朽菌对木材组织进行化学分解的现象，如果条件具备，容易在短时期内加害至材料深部。

另外，虫害中尽管粉蠹虫等产生的危害一般限定以阔叶树材为中心的非结构构件，但由白蚁所产生的蚁害如果具备与腐朽相同的条件，则很容易在短时期内加害至处于湿润状态或干燥状态的结构构件的深部，从而给建筑物的安全性和居住性带来极大影响。因此狭义地说木质住宅的劣化时，一般多指腐朽和蚁害。

这样随着木质构件的腐朽和蚁害的发生，建筑物的各种性能将会下降，其中最严重的问题就是结构安全性的降低。即建筑物的骨架——地梁、立柱、横梁和斜撑等发生劣化时，除建筑物本身的耐震性和耐风性能下降之外，当基础发生劣化时其所支持的装饰材料就会脱落或损伤，或者招致建筑物的刚性下降（图3.33）。这不仅由此使每年失去的建筑物其经济价值达到巨大的数额，有时还会发生生命危险，因此查明木质住宅的劣化原因，并想办法防止其发生，具有极其重要的社会意义。

图3.33　劣化为原因之一而倒塌的住宅举例（日本兵库县南部地震）

2. 木结构建筑发生劣化的原因

腐朽菌和白蚁的生长发育，需要成为营养分的木材及适度的温度、水分和氧气这4个条件。木质住宅发生腐朽和蚁害，是由于在木质住宅内部形成了这样的适合于生物生长发育的环境。其中，关于氧气这个条件，除埋在地下且常年在水面以下的木桩等外，对于建筑在地表面上的建筑物，不得不认为什么时候都是满足的。因此，剩余的3个条件就成为掌握木结构建筑发生劣化的关键。

首先，关于营养分这一条件，没有进行防腐/防蚁药剂处理的耐朽性低的树种木材，或即使是耐朽性高的树种，当使用其边材部分时，都能成为腐朽菌和白蚁的营养源。

对于外界气温，不管是腐朽菌还是白蚁，从室内环境来看，几乎所有地区都进入了差不多可以生长发育的范围，什么时候都满足最低温度条件。但如果木建筑各部位中的木质构件其周边的温度环境与室外的温度联动，即与外部通气充分的话，由于适合生物生长发育的温度其时间受到限制，就能够抑制这些生物的繁殖范围和速度，从而能够推迟木构件的劣化。

传统的住宅，建筑物各构件有的如梁、柱构件那样露在外面，有的像楼面构架和桁架构件那样即使隐藏于楼盖和屋盖中，但也做成能充分通气的构造。构件周边的温度环境与外界大气进行着联动，当外界气温很低时构件周边的环境温度随之下降，从而不适合生物的生长与繁殖。但对于现代住宅，如轻型木结构和预制板式结构的墙壁，其内部空间完全被封闭，墙壁内部的温度不与外界气温联动，长期处于适合生物生长发育的温度环境下，现在这种密闭结构的住宅越来越多。由此可知，温度条件在多数情况下也是满足的，这样认为比较妥当。

对于水分条件，由于建筑物的基本机能就是使人类的生活避免外部空间的雨水干扰，不使雨水渗入建筑物内部是设计的基本要求。另外，作用在外部的雨水也尽量不要直接作用在木材部位，或者即使作用在木材上也应该尽快排水并使其容易干燥，这是设计的大原则。因此，从原理上讲就是水分不应该作用在建筑物中的木质材料上，可以说防止劣化灾害的关键就是断绝该水分。但实际上除构造方法上的特点外，由于设计失误、施工不当或者维护、材料管理不好、装修和防水材料的劣化等各种各样的原因而常常产生水分或湿气的作用，结果有时上述 4 个劣化条件全部满足。由上可知，水分条件是决定劣化危害是否发生的最大要因。

作用于木质住宅的水分与湿气，根据其供给形态有雨水、生活用水、结露水和地板下滞留的湿气等，它们是分别通过如下途径带给建筑的。

1）雨水

雨水主要作用于屋顶和外墙等建筑外周部位。除直接淋雨的构件外，雨水来自防水或防雨不良的地方所发生的漏水及渗水。在屋顶，有时雨水会从屋顶盖瓦破损或错位的地方往桁架或者墙体基材或骨架渗透；另外，当屋顶坡度不适应盖瓦和规模时，有时也会从屋顶盖瓦的连接处向桁架内部漏水。对外墙，在以墙脚部位为中心的外墙装饰材料和墙脚线的龟裂部分或者开孔部位的框架周围、阳台和单坡屋顶等与其他部位的连接处的防水不良的地方发生雨水渗漏。特别是檐沟和垂直排水管连接不良的地方或者檐沟容量不足而溢出时，会给外墙带来大量雨水（图 3.34）[1]。另外，落在基础周围地基上的雨水有时也会溅到外墙墙体上。

2）生活用水

生活用水是指人们生活上所使用的水，这里一般指在厨房、浴室、洗脸台和厕所等用水部位主要作用于建筑物的楼面和墙壁的水。在厨房、洗脸台和厕所，生活用水常从水龙头及水槽周围防水不良的地方渗入楼面和墙壁；在浴室，则从

图 3.34　垂直排水管漏水产生的柱子劣化

地面、墙壁和天花板等各部位防水防漏不良的地方及浴缸与墙壁连接部位的防水密封破坏的地方等渗入楼面和墙壁的内部，给木质构件提供水分。

　　3）结露水

　　结露是指物体表面温度低于附近空气露点温度时表面出现冷凝水的现象，即空气由于接触某温度低的物体而冷却至露点温度以下时，空气中的过剩水蒸气在该物体表面凝结的现象。对于建筑物，含有大量水蒸气的室内暖空气除接触墙壁等表面而结露外，当各部位没有切实采取防潮措施时，有时会侵入墙体和屋顶空间等里面而引起内部结露。在部件表面结露时容易发现也容易干燥，而在部件内部的材料表面和隔热材料内部发生的部件内结露则发现迟且难以干燥，是最麻烦的水分供给现象之一。另外，在地板下和墙体内的供水管道周围的表面也常会发生结露而给木质构件提供结露水。

　　4）楼面下滞留的湿气

　　楼面下空间的水蒸气，是从偏湿润的、排水不好的地基下的土壤中通过水分蒸发带来的。正如图 3.35 所示在日本和歌山的民宅 10 月份所测定的结果那样，在传统的木结构建筑物才看得到的周围开放型的高架空楼面下的空间，由于经常与外部通气而很少有湿气滞留的现象；而通过建立基础使外周围及内部成封闭状态的条形基础形式的现代住宅的楼面下的空间，当不是干燥的土壤时，只要没有实施特别的防湿措施就很容易滞留湿气，这会使楼面构件、地梁和柱脚等骨架下部的构件吸湿而处于高含水率状态。

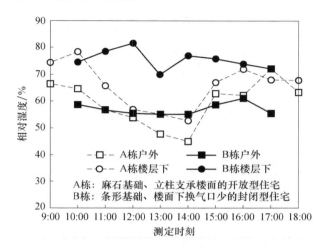

图 3.35　不同构造楼面下湿度变化的差异

这样，水分或湿气以各种各样的形式作用于住宅的内、外部位，但即使有水分或湿气作用，如果在设计各部位的结构时考虑使之能马上干燥，也难以直接达到劣化环境。但当木质构件被其他材料覆盖，或楼盖、屋盖和墙壁内部等各部位处于封闭空间而难以通气时，这些水分或湿气比较容易形成使木质材料长期置于纤维饱和点（约 28%）前后含水率状态的环境。如果这种水分容易滞留的环境长期持续，进而若温度条件达到一定时间以上，就会变成劣化环境而发生劣化。

传统木结构住宅，一般出檐较深，用水与主屋分开，尽可能不使水分作用于木材，同时许多构件采用外露的结构形式或在通气状态的环境中使用，因此难以在短期内形成劣化环境。而现代木结构住宅，由于追求造型西洋化和建造的方便性，在性能上又谋求高气密性、隔热性或防（耐）火性与高抗震性能，从而增加上述各种水分或湿气作用于建筑物的机会，同时由于木质构件被覆盖或在密闭空间内使用的情况增多，若因某原因一旦有水分或湿气渗入就往往长期滞留其中，结果在木质材料周边容易形成劣化环境。现在这样的建筑状况有增加的倾向。

3. 劣化实态与劣化倾向

1）腐朽与蚁害的特征

钢筋混凝土，一般由于中和这一现象而到达其寿命。这是由于空气中的二氧化碳由混凝土表面徐徐渗入，与混凝土中的氢氧化钙反应而中和混凝土本来具有的碱性，结果使埋入其中的钢筋容易生锈而劣化的现象。该现象由于是纯粹的化学反应，只要不在混凝土的表面进行透气性相当低的装修，中和虽不可避免但不会激烈地发生，而是随岁月缓慢地进行。而对于木质住宅的腐朽和蚁害，有时经过很多年数也完全不会发生，但有时也仅数年就发生了严重的灾害而不得不重建。这意味着木质住宅的腐朽和蚁害不是像混凝土的中和那样随岁月不可避免地进行下去的现象，而是深受腐朽菌和白蚁的生长发育条件是否成立左右的一种劣化现象。

另外，钢筋混凝土结构和钢结构中的钢材，一般当表面的覆盖材料或防锈涂膜等劣化后，自身就开始劣化，而木质住宅中的木质材料的腐朽和蚁害，有时尽管外墙装修材料和地板几乎没有劣化，而内部的木质结构材和铺垫材料已相当劣化。即有时外观的劣化状态不足以说明内部骨架的劣化程度。

这些腐朽和蚁害所具有的加害特征，使得木质住宅中的劣化受害倾向的解析、概括及劣化诊断都很困难。

2）不同劣化因子的劣化倾向

根据过去有关木质住宅劣化实态的调查报告，只单有腐朽的危害或只单有白蚁的危害很少，多为由这些劣化因子所产生的复合性危害。这是由于腐朽菌与白蚁，特别是黄胸散白蚁的生长繁殖条件相似。图 3.36 为日本研究人员 1959 年调查的不同经历年数的木结构住宅的受害状况[1]。由该图可知，经历年数短的住宅大多只有腐朽的危害，而随着经历年数的增加，大多变成了腐朽和蚁害的复合危害。这表示木质住宅的劣化过程是首先从腐朽开始，接着白蚁啃食而使危害扩大下去的一个过程，因此作为预防劣化危害的对策，必须在防腐和防蚁两方面采取措施。另外，对于家白蚁，由于它有水分供给能力，对桁架等干燥材也进行食害，必须采取特别的对策。

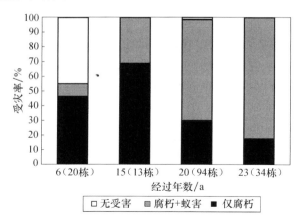

图 3.36　不同劣化因子的劣化比率

3) 不同方位的劣化倾向

建筑物至少是由具有 4 个壁面的立体集合。因此，建筑物墙面根据相对太阳的方位一般可分为东、西、南、北 4 个面。劣化环境形成的难易度受该方位的影响很大，通常北面最容易劣化。这是由于北面无光照难以干燥，加上人们有将卧室放于南侧的习惯，用水设施大多配置在北侧，生活用水和结露水往往作用于建筑物北侧部分。图 3.37 是日本研究人员在东京（国立市）和长崎就住宅不同方位的劣化比率所作的调查结果[1]。不管是哪个地区，都是北面地梁的受害率最高，然后是西面、东面，南面的受害率最低。南面卧室为了采光等一般采用大开口，这使得劣化危害容易集中的北面不得不相应地多配置剪力墙，因此北面发生劣化的概率差异将对木质住宅的结构安全性，特别是耐震和耐风性产生很大影响（图 3.38）。

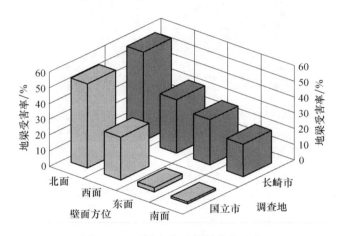

图 3.37　不同方位地梁的劣化比率

4) 不同构件的劣化倾向

即使使用相同的树种，构件位于容易形成劣化环境的空间和不容易形成的空间，自身遭受劣化危害的概率将发生变化。因此，不同构件的劣化倾向与建筑物的用水位置和各部分的结构有很大关系。其中，容易滞留水的部件，即位于建筑物下部的构件或者水平构件、用水周围和房屋外围的构件等遭受劣化危害的概率高。例如，地梁、柱脚和斜撑等骨架构件的下部和楼盖构件等，容易受楼面下滞留湿气和雨水、生活用水或因某原因产生的结露水等的影响，当构造不合适、施工或管理上有缺陷时，特别容易发生劣化。图 3.39 为日本研究人员在本州地区的神奈川县和四国地区香川县作的不同构件劣化情况的调查结果，图 3.40 为其受害实例[1]。

图 3.38　北侧骨架劣化抗震性下降实例

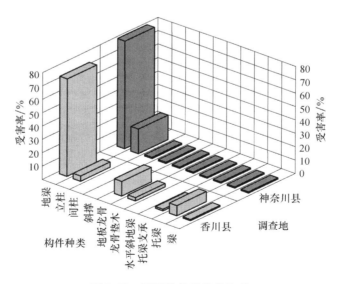

图 3.39　不同构件的劣化比率

图 3.40　地梁、柱脚和垫板劣化受害实例

由此可知，地梁、立柱、楼盖构件和横梁等构件受到的危害比率特别高。重要的是，这些构件都在结构上起着很重要的作用，即使受害量很小也对其结构安全性带来非常大的影响。

3.3.2　木质住宅的耐久与耐火设计

1. 耐久设计

1）耐久设计概念

木质住宅的耐久设计可以定义为：为了在一定期间内继续维持建筑物或其构成构件和部件的性能在某水平以上的状态，避免发生如前所述的劣化，而妥当地制定建筑物各构件的材料、构造方法、施工和维护管理的水平。简单地说，可以说是控制建筑物耐久性的方法体系。该技术的确立必须使各种木质材料和构造方法与建筑物各部分的耐久性之间的关系定量化，来合理地推算使用任意材料和构造方法时的耐用年数，因此这种想法虽然很早就一直在提倡，但对其具体方法的总结归纳还是从近年才开始的。通常建筑设计师是这样进行耐久设计的：在和业主与施工方等达成协议后，和外形设计、结构设计一样对各种各样的条件进行考虑，使其满足目标耐用年数。

2）耐久设计的基本方法

耐久设计的大致顺序如下所述（图 3.41）[18]：

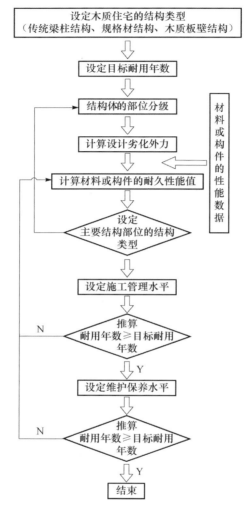

图 3.41　耐久设计的大致顺序

（1）首先确定其建筑物应有的目标耐用年数。这主要根据业主个人的情况和想法来确定，但近年强烈要求同时也考虑环境和资源与能源的有效利用等社会要求。确定目标耐用年数时，判断建筑物成为什么样的状态就认为达到了寿命的标准很重要。一般普遍公认的标准是：建筑物或其部位、构件和部件等由于各种劣化或者不利于经济和陈旧贬值等达到了必须大规模地改造、改建或者拆除和交易的时间。

（2）计算其建筑物在所建地区的白蚁和腐朽菌等区域劣化外力及不同建筑部位的劣化外力。

（3）根据设计方案确定的构件的树种、截面尺寸和药剂处理方法计算各结构构件的耐久性能值。

（4）计算不同构造方法产生的微气候带来的劣化环境的差值。

（5）确定有关耐久性的施工管理水平。

（6）推算根据以上一系列设计和施工管理的内容与程度得到的耐用年数，如果耐用年数满足目标耐用年数，则结束设计。若不满足，则变更设计和施工管理内容，或进入（7）。

（7）由于建筑物在使用阶段的维护管理其好坏也对耐用年数有影响，故考虑维护管理后再重新推算耐用年数，将该值与目标耐用年数进行比较，若满足则结束设计，若不满足则返回（3）变更设计、施工和维护管理的内容重新计算。

从以上顺序可知，耐久设计的一大特征就是以建筑物在生命周期的各阶段为对象，这是由于建筑物的耐久性不是仅由设计决定的，而是深受施工和维护管理好坏的影响这一事实决定的。

3）建筑物各部位耐久设计要点

设计、施工和维护管理各阶段其耐久设计上的要点具体表示如下。

（1）设计阶段。在设计阶段，以使用耐久性能高的材料和采用避免各种水分作用或滞留在建筑物的建筑方法为基本原则，因此对有关地基、材料、平面和各部分构造的规划要注意以下关键几点。

① 地基，除比周围的道路高和恰当设置排水管和排水沟外，还应确保通风和日照。当为潮湿地盘和回填地等时，应采取堆土和地盘改良等措施。

② 除《木结构设计规范》所规定的构件外，外墙衬板和用水部分等易腐朽的地方使用防腐/防蚁处理的木材或者具耐朽性树种的心材部分、截面尺寸尽可能大。对连接五金类，应根据盐分、氧化物和水分等区域劣化外因和使用部位采取适当的防锈措施。

③ 在平面与断面设计上，尽量将用水部分归结于一个地方，同时极力减少平时照不到太阳且通风不良的外墙部分。

④ 为避免产生劣化环境，各部位的构造要注意以下几点。

a. 采用混凝土整体板式基础或者在地面铺设防潮膜后打上厚度 60mm 以上的三合土。基础高度，一般部位 400mm 左右，浴室用水部位为齐腰高的条形基础，使木材部分远离地面和作用水，同时考虑换气口的数量和位置以提高楼盖下的换气效率。

b. 外墙体应设防水层、隔气层和防潮层来防水防潮。图 3.42 为一种等压防水墙体[2]，可以通过外墙墙面的装饰板、泛水板和防水层等构成的等压防水层达到防水的目的。隐柱墙结构的外墙采用通气构造，做成墙内难以结露的层状结构（图 3.43）[1]。

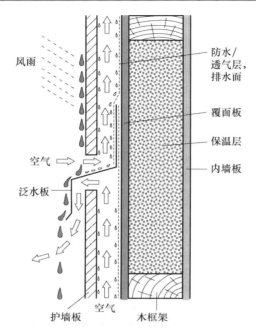

图 3.42　等压防水墙体

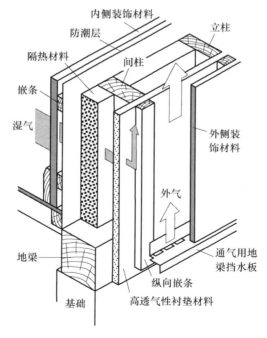

图 3.43　外墙通气构造举例

c. 檐沟和垂直排水管应有足够大的容量。另外，在建筑上应想办法使垂直排水管远离建筑物墙脚处。

d. 外墙的单坡屋顶、外墙与阳台的连接处、开口部位周围的防雨和防水层各部分应有足够大的尺寸。

e. 房屋隐蔽部分应设通风孔洞。屋顶与天花板构成的空间及屋檐空间都应设置换气口，以便屋盖内通气。

f. 露天结构在构造上应避免任何部分有积水的可能，并应在构件之间留有空隙（连接部位除外）。

g. 在桁架和大梁的支座下应设置防潮层。桁架和大梁的支座节点或其他承重木构件不得封闭在墙、保温层或通风不良的环境中（图 3.44）[15]。

h. 根据盖瓦和规模配置适当的屋顶坡度（表 3.22）[1]，同时屋檐和山墙应有足够的深度。另外，外墙开洞部位必须配置帽檐。

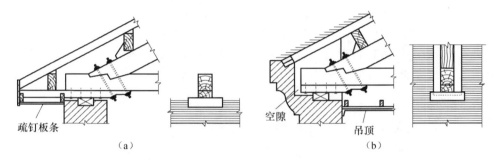

疏钉板条　　　　　　　　　　（a）　　　　　　　空隙　　　　吊顶　　　　　　（b）

图 3.44　屋盖支座节点通风构造示意图

表 3.22　屋顶盖瓦与屋顶坡度

屋顶盖瓦材料与施工方法	合适坡度
长尺金属板瓦木楞式接缝铺盖	1/10 以上
金属板水平直线铺盖	1/4 以上
住宅用屋顶石棉瓦铺盖	3/10 以上
波浪形石棉瓦铺盖	7/20 以上
悬挂栈木瓦屋顶	1/5 以上

注：坡度也根据流水的长度和重叠尺寸变化。

⑤ 必须设置维护管理容易且尺寸足够大的楼盖下面和屋盖里面的检查口。

（2）施工阶段。施工阶段的基本原则是确认工程是否按照设计进行。关于材料品质、精度和工程顺序等的施工管理有以下几项要点。

① 防腐/防蚁药剂处理，应在对干燥的木材进行所需的加工后进行。像防腐地梁等已经处理过的木材，在现场进行加工后要重新进行防腐/防蚁处理。另外，有家白蚁生息的地区，土壤也要一并实施处理。

② 不要把残余木材填埋在地基内或放置在楼面下的架空层，以免引起蚁害。

③ 不管什么理由都不要使用高含水率的木材，特别是用做隐柱墙内的构件时要注意。

④ 为了防止墙内结露，注意不要损坏隔热材料的防潮层，破损了的要立刻进行修补。

⑤ 注意浴室和各室水龙头周围的防水，另外注意外墙安装栏杆的部位、安装阳台的部位、壁板的连接处与安装部位和铝合金窗，特别是断水内侧的防水密封等的施工。

⑥ 除根据设计图纸检查确认基础高度、换气口位置与大小、隔热材料位置、屋顶坡度、土壤处理场所等外，还要确认各种材料的品质。

（3）维护管理阶段。维护管理阶段的保养维护密度（检查场所数和检查周期）、防腐/防蚁药剂的再处理间隔和结构上的保护容易度等有以下几项要点：

① 实施每年或数年一度的以易损伤部分为中心的定期检查。

② 对应于药剂种类、地区和部位切实设定药剂的再处理间隔时间。

③ 在防、耐火方面等允许的范围内，采用构件外露或在各部位设置检查口等容易直接检查木质构件的结构。

2. 防、耐火设计

1）防、耐火技术的进步与木质结构用途的扩大

日本人自古以来就一直非常喜欢木结构住宅，但日本在第二次世界大战后的很长一段时间里，木结构的用途仅限于单户建筑住宅或小规模的集体住宅，建造 3 层以上住宅的建设地区等受到法规上的强行限制。这是由于考虑到木材具有可燃性，在发生火灾时防火安全性得不到保证的缘故。但之后围绕各种木质结构进行防、耐火技术开发，在技术进步的背景下，其限制慢慢得到了缓和。现在如果条件满足的话，可以建造木结构的准耐火建筑物、3 层建筑的集体住宅或大规模建筑[19]。这样，防、耐火设计就成了取消木质结构用途和规模及建设地区限制的关键技术体系，其发展历史如下所述，即使说它与日本战后木质结构的复兴和发展的历史相重合也不为过。

日本战后木质结构的防、耐火历史，以 1960 年建筑标准修改时首先将有蔓延可能的外墙和屋檐做成防火结构的防火木结构规定开始。1983 年承认用石膏板等不燃材料覆盖木料、采用隔火条等结构性延迟燃烧措施的规格材结构和木质板壁结构等作为简易耐火结构。1988 年认可了防火覆盖技术和大截面木质材料的耐火性能，在准防火地区可以建造 3 层木结构住宅，同时也可以建筑大截面的木结构建筑，从此木质结构的用途不再只是住宅，迅速扩大到了学校和体育设施等非住宅建筑上。1992 年出台了准耐火结构这一新的防、耐火结构框架，如果

是在防火或准防火地区外，就可以建造过去长期不可能建造的总面积达 3000m²
的 3 层木结构集体住宅。

从防耐火设计技术的观点来看日本战后木质结构的历史，可以认为是由外部
防止火灾蔓延的防火结构向由内部在火灾发生时延迟建筑物的燃烧、维持一定时
间所需要强度的耐火结构发展，是其用途和规模得到扩大的历史。

2）防、耐火设计的基本方法

建筑物的防、耐火设计是以火灾发生时确保人身安全和物的损害最小化为目
的，为此基本必要条件是一方面切实保证灭火活动，另一方面使居住者能够安全
避难，同时建筑物自身为难燃、难倒塌的结构。这些条件根据各自的技术特点可
以整理出以下对策。

（1）防止在建筑物内部起火，是指防止因厨房等用火空间的起火等及因事故
而起火时建筑物自身着火，主要的方法是限制内部装修和垫板。

（2）抑制建筑物内部火灾的扩大，是指不幸建筑物自身发生着火时，抑制火
焰从建筑物内部的起火场所向其周边空间扩大，避免增加人和物的危害，可以从防
止区域内的燃烧蔓延和防止区域间的燃烧蔓延两个方面采取对策。这里的防止区域
内燃烧蔓延，是指使火灾终止在一住户内的 1 间房子里为目标；防止区域间燃烧蔓
延，是指意图防止火灾蔓延到长排建筑或集体建筑的上下、左右的相邻住户。我国
《木结构设计规范》在吸收国外规范有关规定的基础上，规定木结构建筑不应超过
3 层，不同层数房屋的最大长度与防火分区的面积不应超过表 3.23 的规定[15]。

表 3.23　木结构建筑的层数、长度和面积

层　数	最大允许长度/m	每层最大允许面积/m²
1	100	1200
2	80	900
3	60	600

注：安装有自动喷水灭火系统的木结构建筑，最大允许长度和面积允许比表中的数字大一倍，局部设
置时应按局部面积计算。

（3）防止燃烧在建筑物间蔓延，是指防止街道等建筑物密集地区的建筑物之
间的燃烧蔓延，防止火灾扩大到街道，原则上从蔓延的加害方和受害方两方面采
取对策。为避免火灾殃及周围建筑，建筑物间应有一定的间距，即防火间距。该
间距与其相邻建筑物的耐火等级有关，我国《木结构设计规范》根据建筑设计防
火规范和国外经验，规定防火间距不得小于表 3.24 的规定。

表 3.24　防火间距　　　　　　　（单位：m）

建筑种类	一、二级建筑	三级建筑	木结构建筑	四级建筑
木结构建筑	8.00	9.00	10.00	11.00

注：防火间距应按相邻建筑外墙的最近距离计算，当外墙有突出的可燃构件时，应从突出部分的外缘
算起。

（4）确保火灾时建筑物的结构强度，是以防止因建筑物倒塌而使火灾扩大及阻碍灭火活动于未然，或者防止构架显著变形使防止蔓延区域维持一定时间为目的，主要采用增大构件截面和防火覆盖等方法。

（5）确保避难和灭火手段，是以居住者安全地到建筑物外避难，圆满地实现灭火活动为目标，主要对策是确保平面规划有多条避难路径，确保直通楼梯的设置和避难、报警、灭火设备的设置，确保消防进入有宽敞的连接通道、用地内的通道和建筑物内的进入口等。

从建筑设计的立场来看，从（1）到（4）这4项可以认为主要是有关建筑物各部位的材料与构造方法及开口部位的设置问题，最后的（5）可以说是作为用地与道路的关系或者建筑物的配置计划、整体平面计划和设备计划问题所应该采取的对策。

3）木质住宅防、耐火设计要点

如上所述，防、耐火设计上的对策来自建筑设计的不同方面，综合发挥这些对策的作用就能首先确保安全。特别当注重木质住宅主要部位和构件的防、耐火时，其具体方法可以集中于以下5条。

（1）主要构件防火覆盖。防火覆盖是作为木质结构防火对策的最基本的方法，它是通过采用富有隔热性、隔火性和耐热性的材料和构造对木质材料进行覆盖来防止楼盖、墙壁、天花板、屋顶和屋檐等部位因燃烧而松动拔脱，抑制建筑物内部火焰的扩大，同时形成防火区域为主要目的。图 3.45 所示为木结构房屋各部位构件防火覆盖举例[1]，外墙的屋外侧和屋顶用石灰胶泥和瓦等不燃材料覆

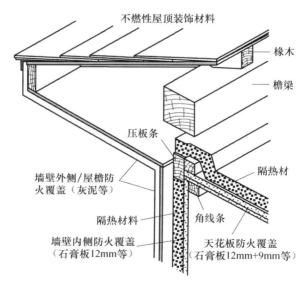

图 3.45　各部位防火覆盖举例

盖，外墙的屋内侧和除最下层外的楼面及其下方的天花板等用 12mm 以上的石膏板覆盖。防火覆盖材料的选择应根据使用部位的耐久性和施工性进行综合考虑。另外，屋顶的里侧和屋顶下方的天花板如果发生燃烧脱落，特别容易变成大火，所以其防火覆盖必须加重，使用 12mm＋9mm 的石膏板等。为使石膏板在火灾中不致脱落，铺钉石膏板的紧固件应有足够的锚固深度，通常应满足表3.25 的要求[2]。

表 3.25　铺钉石膏板的紧固件最小钉入深度　　　　（单位：mm）

构件耐久等级	墙　面		顶　棚	
	钉	木螺丝	钉	木螺丝
45min	20	20	30	30
1h	20	20	45	45
1.5h	20	20	60	60

（2）构件大截面化。木材是可燃性材料，但当截面增大时，即使着火了，在标准火灾状态下的平均燃烧速度也只有 0.6~0.7mm/min，变得非常慢。其主要理由是其表面形成的碳化层在阻隔氧气供给的同时还起到了隔热材料的作用，使木材内部的温度不会升高等。利用该性质，如图 3.46 所示，如果在结构设计时预先对碳化部分进行预测，将该部分作为碳化层按比例增加到本来结构所必需的截面尺寸中来决定最终的截面尺寸，则火灾时就不容易引起骨架的倒塌和显著变形。我们将此叫做耐火设计，该碳化层尺寸对准耐火建筑物规定为 35mm（耐火时间 45min）或 45mm（耐火时间 1h），对一般的大截面木结构建筑物的柱和梁规定为 25mm（耐火时间 30 min）。若满足这样的规定，木质材料也可以不进行防火覆盖而采用外露[1,2,14]。

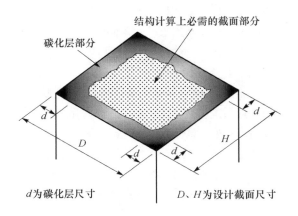

d 为碳化层尺寸　　　　D、H 为设计截面尺寸

图 3.46　耐火设计概念

（3）隔火条设置。为了抑制建筑物内部火灾的扩大，考虑到火在防火覆盖的里侧移动，在墙壁内每隔一定的高度（一般不超过 3m）用具有足够截面的水平构件隔开，另外在墙壁与天花板的构件相连接的部分也要隔开以免相互串火。这种在某部位内抑制火灾扩大的构件称为隔火条，一般使用如图 3.47 所示[1]大小恰当的木材或者不燃性隔热材料。

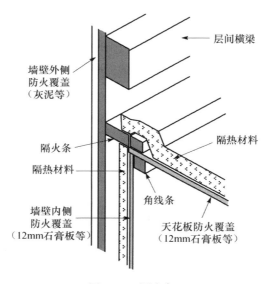

图 3.47　隔火条

（4）连接部位与接缝的防耐火。由于左右木质结构的结构安全性的关键之处是其连接部位，在防止火灾时建筑物倒塌或变形的意义上，接头/接口和五金类也必须采取防耐火措施。即主要结构构件柱和梁及其接头/接口必须和（2）一样进行所谓的燃烧层设计。另外，连接五金必须用足够厚的木材或石膏板等不燃性材料进行防火覆盖或者将五金埋入构件燃烧层之内。

另外，（1）所介绍的主要部位的防火覆盖的相互连接处，广义上也可以说是连接部位（接缝处），该部分若有间隙则容易发生烧脱，所以这些防火覆盖的接缝部分也必须采取适当的防耐火措施。具体是除在接缝部分的内侧设置隔火条外，如图 3.48 所示在同一部位内的石膏板采用相互倾斜连接的方法（将石膏板的端部切削成斜面，放入加强带，用不燃性灰泥处理接缝的方法）；安装在天花板与墙壁上的石膏板之间的连接，原则上采用天花板覆盖[1]。另外，为了使接缝部分难以产生间隙，材料上的重要对策之一就是用充分干燥的木材防止变形。

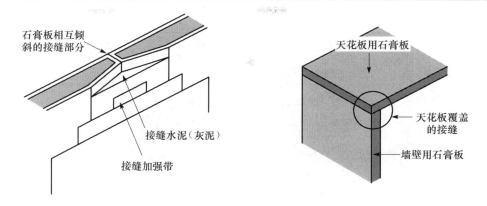

石膏板相互倾斜的接缝部分

接缝水泥（灰泥）

接缝加强带

天花板用石膏板

天花板覆盖的接缝

墙壁用石膏板

图 3.48　作为防火覆盖的石膏板的接缝

（5）抑制层间位移。如果建筑物发生大的变形，各部位的防火覆盖层就会龟裂、脱落或者连接处出现间隙而容易发生烧脱。为了防止其发生，对于准耐火建筑物其建筑物的层间位移必须控制在 1/150rad 以内。1995 年日本阪神淡路大地震中，许多木结构住宅外墙壁的防火砂泥脱落，从而引发一部分大火，由此可以理解该对策的重要性。

以上是对木质住宅特别重要的主要防耐火设计上的要点，另外嵌入天花板和墙壁中的照明器具和插座周围的间隙部分或者屋檐里的换气口的防火措施等细节也必须考虑。对 3 层建筑的集体住宅，由设备配管等产生的分隔墙和分隔楼面等的防火区域贯通部分必须采取对策等，都要求进一步进行更细致的考虑。

3.3.3　木质住宅劣化诊断

1．劣化诊断的意义

准确了解住宅是否发生了腐朽、劣化，或者达到了怎样的程度，不仅从高效维护这一点来说是必需的，从预测结构耐久性的耐用年数这一点上也是非常重要的。但木质住宅的构造目的是防、耐火、高隔热性、高气密性和高抗震性，其构造方法越来越采用隐柱墙（将构架包在墙壁内）化，这从居住者的住这一点来讲是好事，但同时事实上造成了劣化的发现和诊断困难。

住宅不用说，对木质构件，当劣化原因为腐朽或虫害等生物因子时，与其他劣化要因不同，其影响很激烈，因此预先预测其发展速度不是容易的事情。另外，劣化不仅从构件表面进行，腐朽和白蚁的食害大多在内部发生，使得其查明更加困难（图 3.49）。

特别是从腐朽所产生的木材强度性能的变化来看，最受影响的是韧性及冲击强度，当质量减少 10% 时其值下降 60%~80%；其次是弯曲强度，当质量减少

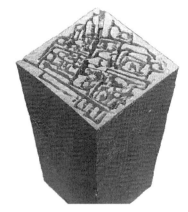

（a）木材内部腐朽　　　　　　　　　　　（b）白蚁蛀食通道

图 3.49　木材内部腐朽和白蚁蛀食通道

10％时其值下降 50％～70％。该倾向虽也因腐朽菌而异，但不管哪种腐朽菌，在质量减少仅一点点或外观的变化还很难查出的阶段，其强度下降就已经很显著，这充分说明了腐朽诊断的重要性。

2. 木质构件劣化诊断方法

1）由外观识别

在用于建筑构件的木材中可以见到的腐朽中，大多是由褐色腐朽菌产生的，这时的材色变成了褐色，可以看到早材部分陷入或纵横交错的细的裂纹。而喜欢危害阔叶树材的白色腐朽菌，在初期呈淡黄色或黄白色，末期则接近于白色，在木材上出现白斑或着色的线状色带，有时呈海绵状。接近土壤或在水分较多的场所经常产生的软腐菌，木材呈发黑的褐色，表层极软但内部健全，边界分明。但如果只检查构件的表面，很少能判断腐朽是否已发生及发生的程度。

另外，当水分适度且腐朽菌的生长发育旺盛时，可以观察到在木材表面黏附着腐朽菌的菌丝。腐朽菌的菌丝与大多带有白、绿和黑等孢子的霉菌不同，通常更白，时常可以看到菌丝呈束状。但除在很寒冷的地区可以看到干朽菌（serpula lacrymans）那样显眼的菌丝和具有根状菌丝束之外，一般来讲木材表面干燥后就难以看得到菌丝了。

随着腐朽的进行，构件表面就会生长出称为菌子的子实体。菌子生长于温度变低或营养状态变差时，除在木桥的桥架下等干湿变化比较少的地方或者被干朽菌侵食了的场所外（图 3.50），一般难以在住宅发现菌子。菌子形状各种各样，有伞状的蘑菇形，也有呈带状附着在木材表面的，但与食用菌的形状不同，大多形体小得看不清楚。

图 3.50　室内短柱上的干朽菌子实体

2）生物化学化验法

生物化学化验法是从认为腐朽了的部分切取试件并切片，放于显微镜下观察，通过发现木材细胞内腔中有无菌丝或由其攻击所形成的细胞壁上的穿孔来进行判断的方法，能准确地知道该木材是否已受腐朽。另外，也开发了使用与腐朽菌丝发生特异反应的血凝素与荧光物质相结合，在紫外线下清楚地观察菌丝存在的方法，和利用荧光显微镜根据由腐朽所产生的木材成分的变化与吖啶橙（acridine orange）等荧光物质反应而具有色相变化的原理来分析腐朽程度的方法。化验法无非是做准确的抽样调查，实际上观察结果很难与腐朽程度相关联。

另外，还有一种方法就是对随机取样的木片进行无菌培养来判断有无腐朽菌，该方法准确且可以作为预防性手段，缺点是麻烦且培养费时间。

采用化学分析的方法，是着眼于木材受到腐朽菌的攻击但还看不到质量减小的阶段，木材构成成分也发生变化或分解，从而化验出腐朽的方法。以化学性质的变化为指标的诊断法只对特定的腐朽菌才特征显著，且试料调制麻烦，因此很难说实用，但如考虑到腐朽菌活动的部位其 pH 下降，喷或涂布溴甲酚绿和溴酚蓝等指示剂通过颜色的变化来检验，这可能是实用的（这时如果发生腐朽都会变成黄色）。

3）以强度性能的变化为尺度的诊断法

如果能直接跟踪强度性能的变化，不用说作为劣化诊断法是非常受欢迎的。例如，对木材进行横向加压，比较产生一定变形量时的强度值的方法，如果对材料没有大的影响且能够准确取样的话，将是更具体的一种方法。但天然的木材其强度偏差很大，如何确定标准的基准强度是很困难的。

有人提出了一种现场简易检测法，此法无须采集供强度试验的试件，而是在现场用钉状物从木材表面采集裂片然后观察其性状。这是利用强度性质中的韧性显著受腐朽的影响，将腐朽材会产生脆性裂片作为劣化指标的方法（图 3.51）[1]。

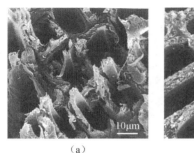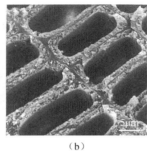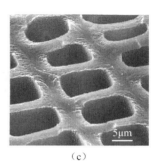

|（a）|（b）|（c）|

图 3.51　柳杉健全材（a）和褐腐材（b，c）的断截面（b→c 劣化进行）

以 Pilodyn 的名称在市场上销售的木材劣化诊断器，能简便预测出构件所保持的强度，它用数字表示用一定的压力将钉打入的深度[20]。由于该钉的打入深度与静曲强度之间有很高的相关性，故能用来预测劣化部位及其保持的强度。

穿孔插入式测定仪，是通过测定用钻在木材上开孔时转矩的变化来推测反作用力，从而探知劣化部分的[21]。受该原理的启发，开发出了在自动送料穿孔机上用一定的力送入钻头，根据速度的变化来检出劣化部分的装置。即根据在健全部分以较慢的一定的速度前进，到达腐朽部分或者蚁道等脆弱或空洞部分时速度急增的原理，用光传感器感知该速度的变化，通过微型处理器演算成图示的装置。

4）利用导电的诊断法

由于木材腐朽部分的电阻值发生了变化，因而根据电阻值就能知道腐朽是否存在，称为 Shigo meter 的仪器就是利用该原理的代表。它是用钻在被检测体上开小孔，将探针插入其中，根据通过尖端的脉冲电流来测定其电阻值。在健全的木材部分其值变动很小，而在腐朽的地方变化很大。该检出方法不是很灵敏，另外不可否认，根据试件的状态其结果的变动很大。

5）利用声波（超声波）传播的非破坏检查法

它是利用声波（超声波）的传播速度与材料的刚度相关，通过测定声波在木材中的传播速度来非破坏性地预测其强度，是以声波的传播速度与刚性进而与破坏强度有很高的相关性为前提的[20]。由腐朽产生的劣化，初始阶段会使木材的纤维素链切断或木质素分解，到后期会使细胞壁崩溃，范围很广，因此劣化程度与声的传播具有很高的相关性。另外，腐朽材由于纤维素链被切断，间隔扩大且非结晶部分增加，其声的衰减也更激烈。

　　在构件一端的端面上安装受讯器，而在另一端面上用摆发声，测定声速或者衰减来非破坏性地检出腐朽的程度，这种尝试正在完善之中。另外，还有一种与之相同的方法，但不同的是通过测定共振频率来解析其刚度和材料的健全程度，这种方法也正在研发之中[1,20]。

　　利用声波或超声波的这些方法，以前在木材的非破坏检查或强度分等上进行了尝试，近年由于高性能传感器的开发和计算机数据处理的导入而再次盛行起来，用图像再现内部腐朽的检测仪器也得到了实际应用。例如，用检出腐朽处的声传播时间的延迟量来包围该部分的表示方法（图 3.52），或固定发讯器，在木材构件的周围转动受讯器，通过像素解析传播时间的计算机/X 射线断层摄影术（CT）的图像解析法都正在进行研究[22]。

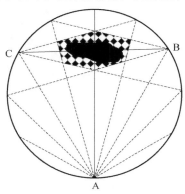

图 3.52　采用超声波检出木柱内部腐朽的顺序

　　但是，由于声速的变化只有当木材的劣化已相当厉害、细胞壁的崩溃已达到显著的阶段才可以检测出来，以及声在不均匀物体的木材中传播时，作为信号往往通过传播速度最快的路径而不一定进行直线传播等原因，其结果缺乏可靠性。另外，腐朽材的刚度和破坏强度对质量减小的下降倾向不相同，与破坏强度相比刚度的变化更缓和。这是基于强度比刚度更反映材料中的缺陷，更具结构敏感性，由此有时声速与破坏强度不一定相对应。因此，也可以说测定声的衰减比测定声速更能得到检出腐朽的正确信息。

　　近年还开发了利用伴随微观破坏而发生声发射（AE）的检出方法。只要因腐朽而受到劣化，木材组织中就会形成弱的部分，当由外部施加力时仅微小的负荷就会发生 AE，通过测定 AE 就可以把握木材有无劣化及发生程度（图 3.53）。另外，通过监视白蚁食害木材时伴随微小破坏所发生的 AE，也可以检出其加害状况，用于现场诊断的仪器现正在研发之中[21]。

3. 木质结构物的劣化诊断

　　现实的且由居住者自身检查住所劣化的关键，是充分理解与腐朽的发生和白蚁的侵入路径相关的劣化因子的生理与生态，以防患于未然和尽早发现，另外注意前述容易引起劣化的部位。特别是对于腐朽，应该注意雨水的通路和容易滞留结露水的地方木材中水分状态的变化。当有起因于钉和连接五金的铁污染、藻类和草等发生时，也表示木质构件的水分状态变高，这也是应该考虑的。

　　由于住宅结构的密闭化和隐柱墙方式的普及，住宅的劣化诊断变得更加困难。作为木质住宅的劣化或者老朽度诊断法，目前主要采用目视和击声诊断，这

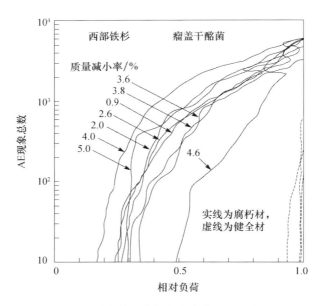

图 3.53　健全材和腐朽材在弯曲试验时的 AE

需要经验，且诊断是定性的和主观的。要正确地进行劣化诊断，需要适当的手段和方法，但目前还没有看到能作为普遍使用的方法[1]。

　　作为砂浆墙壁等包含覆盖构件的木质构件的劣化检测方法，正尝试对振动波形进行频率解析和采用热图像仪的检测方法，振动特性的解析也已被应用于胶合强度的评价，期待今后的发展[20]。

3.3.4　木质住宅的维护管理

　　1. 维护管理的概念

　　正如前所述，住宅的各部位和构件常常暴露于各种各样的劣化外部条件下，由于构件各自的材料性质和所处的环境条件等原因，其性能会不断下降。如果放置不管，则不管设计和施工多么好，住宅在建造当初所持有的结构安全性、防耐火性、居住性、便利性和美观等各种各样的初期性能都会随时间而下降，这不仅不利于居住者的生活，对社会也存在不好的影响。为了防止这种事态出现，必须日常性或定期性地对建筑物进行检查，必要时必须对构件或部件进行修补、更换或修缮，这种行为就叫做维护保养。由于维护保养的重要性，许多木结构使用多的国家都作出了明确的规定，如日本建筑标准第 8 条中就明确记载：所有建筑物的所有者或者管理者和使用者（木质住宅时此 3 者大都相同）有尽量维持其建筑物经常处于正常状态的义务。

　　随着年数的变化，建筑物的维护保养活动与其性能的关系大致如图 3.54 所示[1]。维护保养是指以使建筑物的性能恢复到建造当初的状态或者实际使用上没有障碍的状态为目的的各种行为，与在使用途中的某时刻以超过建造当初的水平性能值为目的的增（改）建或者重建等改善保护是有区别的。保养管理是指在这样的维护保养行为中，特别是以日常性或定期性的检查为基本，在必要时对构件或部件进行修补或更换的行为。

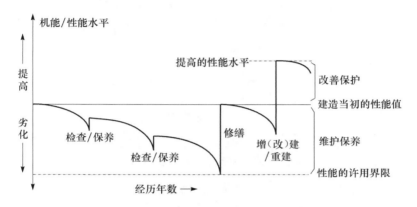

图 3.54　建筑物的性能与维护管理

　　不过，维护保养对应于实施时期可以分为事后保养和预防保养。事后保养是当建筑物或机械设备发生故障或损伤，机能或性能下降或停止时进行的保养行为，住宅的维护保养基本上都相当于此保养。而预防保养是实施有计划的检查和修补等防止建筑物或机器故障或性能下降于未然的理念，汽车的车检制度等就相当于此。根据场合，事后保养往往修补需要花费很大的费用，且往往存在大的危险。如果要抑制建筑物的经济价值损失及恢复费用在最小限度内，且重视居住者的安全，木质住宅的维护保养更应该导入预防保养的理念。

　　2. 计划性保养管理应有的状态

　　1）保养管理的实施主体与作用

　　当要切实实施木质住宅的保养管理时，从其建筑的设计到使用与维护管理相关的所有人员都必须从自身的角度切实积极参与，即如图 3.55 所示[1]，设计者就保养管理的方法必须向所有者或管理者提供详细的信息，如应该作为检查对象的部位或地点，应该检查的故障或劣化现象项目，各种不同检查项目的检查方法、检查周期，每个故障或劣化现象项目的保养方法或者保养委托方等。材料生产厂家或者施工方必须协助设计者提供各种材料的保养方法或者材料与施工方法的耐用年数和施工设计图等维护管理上不可缺少的信息。而所有者或者管理者必须根据设计者提供的保养管理上的信息实施日常检查、定期检查或临时检查，根据其结果查找建筑物保养措施，同时记录查找到的措施内容。

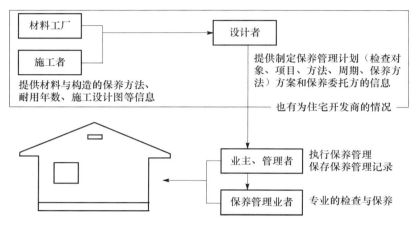

图 3.55　保养管理的各参与者及其作用

　　传统的住宅保养管理，以乡土关系相联系的木工师傅为中心的建筑工匠组织发挥了很大作用，但在经历了围绕住宅供需的各种各样的社会性和结构性变化的现代，建筑物的保养管理行为基本上都受业主或管理者的委托。其中，保养管理业务中设计者或住宅开发商所应该承担的作用可以说是越来越重要了。

　　2）保养管理检查的目的与对象

　　保养管理的检查目的是，早期发现劣化和收集判断是否需要修补等的资料。因此，根据检查的结果，必须弄清劣化的发生部位、劣化现象的种类及其劣化的主要因子、劣化机理和劣化进程预测等。

　　不过劣化中有的容易看到，如装饰材料的劣化；有的则难以看到，如发生在墙壁中构架上的劣化。另外，有的限定在单一的部位和构件，如装饰材料的污染与磨损等劣化组织；有的扩散到其他部位，如楼面的倾斜或下沉等情况。可见由因果关系容易判断的劣化，容易限定检查对象；而不可见且必须在大范围内来捕捉劣化机理时，必须以建筑物全体或者部位全体作为检查对象。因此，根据过去用于建筑物的材料和构造方法的数据与经验等预测可能发生的劣化现象，在此基础上选定应该作为检查对象的部位或地方是很重要的。

　　3）应检查的项目

　　检查项目根据每一个对象分别确定。如前所述，主要有两大情况，即将建筑物全体或者特定部位作为检查对象的情况，以及将一个一个的部件作为检查对象的情况。前者以表现在建筑物各部位的变形、龟裂、漏雨和腐朽等作为检查项目，这些将成为发现隐蔽构件劣化的第一步。后者可以分为两种类型，即与构成其对象的材料的变形、变色、腐蚀和腐朽等各种变质相关的项目，以及发生在将其对象固定在建筑物上的连接部位和连接件上的机能上的劣化等与施工构造方法上的故障相关的检查项目。因此，应在弄清劣化种类和主要原因的同时决定应该采取的修补或更换等具体的措施。

4）检查方法

作为检查方法，必须讨论所要检查的精度问题和对应其精度的具体检查方法的问题。所要检查的精度，是指必要的劣化度调查的准确性程度，由对象建筑物的劣化进程和调查经济性观点等决定。通常从第一次到第三次分为 3 个阶段，次数越高其调查的检查范围就越被限定，同时其精度就越高，即第一次是尽可能以广范围为对象，以定性地把握劣化的有无、范围和程度等为目的，然后对判断不了的项目再实施第二次、第三次检查。

检查方法因劣化现象不同而不同，第一次采用目视或指触等简单的方法。这时劣化状况的记录不必一定是专业人士，但其结果的判断有时需要专业知识，如龟裂和腐朽的种类与程度的判断等。第二次、第三次由于是分别采用非破坏检查仪器和试件取样或部分破坏检查为主的方法，通常必须依靠专业人士。

5）检查周期

如前所述，根据实施时期，检查有临时检查、日常检查和定期检查 3 种。临时检查是台风、地震和火灾等过后根据需要进行的检查，日常检查是结合平常的清扫等对建筑物采取的目视等检查，而定期检查是在一定的周期下实施的检查，其中有的是由法令决定的，如消防设施类等的检查，有的则不是由法令决定的。建筑物本体多为后者，一般除材料和构造法的耐用年数等外，还要综合考察部位与构件的机能重要性、发生劣化的难易度和检查作业的难易度等来决定检查周期。

6）检查结果的判决与对应

由于检查是为了判定是否需要修补或更换等保养而实施的，因此必须根据某标准来判断检查结果并与其标准有一定的对应关系。这种检查结果的判断行为一般称为劣化诊断，其标准叫做劣化诊断标准。诊断标准因各自的劣化项目和检查方法不同而异，通常将检查结果进行定性的或定量的分等，对应其分等判定是否保养。判定结果时，不是只单单表示是否保养，对于应该修补或更换的时期或者应更进一步实施的调查项目等也应该明确表示。

3. 保养管理实践

根据以上概念，下面将对象限定在木质住宅的本体部分，就其保养管理的实践进行举例说明[1]。

1）检查实践

建筑物本体的检查，首先对建筑物全体进行整体性检查，然后对应其结果再进入细部，这样不会有疏漏，其效率也高。

（1）建筑物全体检查。建筑物全体检查，是为了通过对建筑物的内、外装饰材料的观察，尽早察知隐蔽部分的状况有无变化，以判断是否需要更详细的检查及检查对象为主要目的，因此检查应在日常进行，定期检查时也应将其放在基本检查对象的首位。因此，检查方法应以目视为主，结果判定简单明了。检查对象的主要部位为地基、基础、垫梁、柱、内外墙壁、楼面、天花板和屋顶，各自的检查项目如表 3.26 所示。基本上各部位都是以日常生活中如果稍微注意一下就很容易发现的劣化现象为主的检查项目。检查结果的判定很简捷，就是决定各部位是否需要更详细的检查。

表 3.26　建筑物全体的检查对象与项目

检查对象	检查项目
地基	龟裂、不同程度下沉、软弱
基础	龟裂、缺损、不同程度下沉
垫梁	偏离基础、浮离基础、截面缺损
立柱	倾斜、脚部截面缺损
外壁	砂胶泥龟裂或剥落、腐朽、漏雨
内壁	龟裂、剥落、腐朽
楼面板	弯曲、倾斜、摩擦吱吱声
天花板	剥落
屋顶	漏雨、变形

（2）装饰部分的检查。建筑物全体的检查，主要是以探查含隐蔽部分的建筑物的重大变化状况为目的；而装饰部分检查的主要目的，是关注装饰构件及它们相互连接处（接缝），早期发现那里发生的劣化或故障，在维持建筑物美观的同时防止其里面的结构体发生劣化。因此，对于该部分，在建筑物全体检查的同时，业主有必要尽可能地进行日常性检查。检查对象与检查项目如表 3.27 所示。这些检查对象中，特别重要的是劣化或故障的发生容易直接与水分的渗入相关联的部分，如屋顶盖瓦的偏离或破损、排水沟堵塞、石灰胶泥等外墙装饰材料的龟裂、剥离或剥落，外墙壁板破损或接缝处密封填料剥离或脱落，开口部位、阳台或垂直排水管固定五金等与外墙壁的安装部分，或者内部用水处等防水不良的地方等。装饰部分的检查对象中，有一部分与建筑物全体的检查相重复，这些也可以根据情况进一步省略。

表 3.27　装饰部分的主要检查对象与项目

检查对象	检查项目
楼板	(1) 有无装饰材料的污染、龟裂、损伤、松动、生锈、磨损、涂饰劣化、结露； (2) 防水层的好坏； (3) 用水部分排水状态的好坏、有无堆积物； (4) 楼板检查口的变形、安装状态是否良好
楼梯	(1) 装饰材料的污染、龟裂、损伤、松动、生锈、磨损； (2) 防滑板的变形、损伤、磨损、安装状态是否良好
墙壁	(1) 有无装饰材料的污染、龟裂、损伤、剥离、锈、磨损、涂饰劣化、结露、雨水渗入； (2) 防水层的好坏； (3) 装饰材料安装状态的好坏； (4) 有无密封填料的污染、龟裂、剥离、变形、损伤、脱落、劣化； (5) 五金类的污染、变形、生锈、腐蚀、涂饰劣化、安装状态的好坏
建筑用具	(1) 污染、变形、损伤、生锈、涂饰劣化、动作及安装状态的好坏； (2) 有无密封填料或密封件的污染、龟裂、变形、损伤、磨损或劣化
天花板	(1) 有无装饰材料的污染、龟裂、损伤、剥离、生锈、磨损、涂饰劣化、结露、雨水渗入； (2) 窗帘盒及天花板检查口的变形、损伤、生锈、涂饰劣化及安装状态的好坏； (3) 五金类的变形、生锈、腐蚀、涂饰劣化、安装状态的好坏
屋顶	(1) 有无屋顶盖瓦的污染、偏离、龟裂、变形、破损、生锈、涂饰劣化； (2) 安装状态是否良好； (3) 有无铺垫材料的变形、生锈、腐蚀； (4) 防水层的好坏
排水沟	(1) 污染、变形、损伤、生锈、结露、涂饰劣化、与屋檐或外墙壁的安装状态的好坏； (2) 有无堆积物、堵塞
扶手	污染、变形、损伤、生锈、结露、涂饰劣化、安装状态的好坏

（3）结构部分的检查。结构部分直接关系到建筑物的安全，当日常性的建筑物全体检查其结果怀疑结构体存在某种变化状况时，不用说必须进行进一步的检查，最好定期性（可能的话 1～3 年 1 次）地对下面所述的每个部位实施检查。另外，不管哪个部位，由于第二次以后的检查大多必须要有专业的知识和器具，通常各个检查都委托专业人士来实施。

① 基础。基础处于建筑物的最下部，是结构上最重要的部位，必须进行检查。木结构住宅一般采用混凝土造的条形基础，这时的基本检查项目为混凝土表面的变质、龟裂（特别是换气口的折角部位）、缺损和不同程度的下沉等。当发现混凝土表面变质时，应进一步进行第二次检查，用施密特锤（Schmidt concrete test hammer）等推定混凝土的强度，必要时进行修补或加强。当加入了钢筋时要进一步根据出现在混凝土表面的龟裂和锈汁等判断钢筋有没有腐蚀，必要时进行中和（碳酸化作用）试验。

② 楼盖。楼盖的劣化，作为平面构件表现为刚性下降、倾斜、弯曲、发声和松动等，因此以这些作为检查项目。第一次检查时，首先通过目测或者步行的

感觉来判断有无异常、劣化种类及其范围，必要时进行第二次检查。第二次检查，以其特定的原因为目的进行目视检查，包括结构与铺垫和基础。楼盖木材部分的检查，是观察有无钉或五金的生锈与松动、构件间的间隙和腐朽或蚁道等，根据结果进行修补或者进行其他部位的检查。

③ 外墙壁。墙壁，特别是涂抹了石灰胶泥的隐柱墙构造的外墙壁，最容易劣化且难以被发现，其检查非常重要。对于隐柱墙构造，由于墙壁里面看不见，与前面所述装饰部分的检查一样，首先根据目视或打击声实施第一次外墙壁装饰的检查，必要时对石灰胶泥部分进行修补，如果怀疑有雨水等渗入时实施对铺垫材和结构体的腐朽与蚁害诊断。

④ 桁架。由于桁架构件的劣化会使屋顶或天花板发生某种状况的变化，第一次检查时除根据目视观察屋顶面的起伏形状和檐线及屋脊线的弯曲等外，还要调查天花板的下降量和有无漏雨等。若此时发现了异常，则进行第二次检查，即进入屋顶里面，对木材及钉或五金的劣化状况进行实际检查，必要时进行修补或进行第三次检查。

⑤ 腐朽与蚁害的检查。当怀疑上述各部位的木质材料中存在腐朽或蚁害时，必须特别针对腐朽和蚁害进行调查，实施第二次或者第三次检查与诊断。由于必须直接接触木材，各层楼面和天花板上必须设置检查口，以便能够容易地进入楼盖和屋顶里面等。对于外墙壁，目前还没有为检查方便而想特别的办法，今后有必要在设计时考虑，以便采取某种方法能够容易地对骨架进行检查。

具体的检查方法因部位和构件不同而异，还因劣化因子的种类（按一般腐朽菌、干朽菌、家白蚁和黄胸散白蚁分类）和木质材料的种类（按素材、锯材与胶合板分）不同而发生变化，但基本上都是首先用目视或打击声确认菌丝或子实体、蚁道和有无空洞，接着第二次根据触摸或压入或打击声判断劣化进行程度，第三次实施截面减少率、打击声和显微镜检查等专业与定量的调查来判定是否需要修补。

⑥ 连接五金类。近年的木质结构，其连接五金类发挥了越来越大的作用，其检查在各部位都很重要。木质结构上的连接五金类，除检查作为金属材料的生锈和缺损等以外，连接部分的松弛和周边木材的腐朽也必须加入到检查的对象。连接五金类可分为连接五金和螺栓/螺母等连接件，第一次都通过目视检查生锈的状况，第二次观察直接接触的连接五金的生锈程度和连接件的松弛，第三次将它们卸下来进行强度试验，若低于许用强度则进行更换。另外，对于周边的木材，由于有时会因金属表面的结露而发生腐朽，第一次通过目视观察木材表面，第二次用螺丝刀等实施压入诊断来判定是否需要修补。

2）保养实践

根据检查与诊断的结果，如果判定必须采取某种措施，则接着根据部位、材料、劣化或损耗的种类、程度和范围等进入具体的保养作业。

（1）装饰部分。主要装饰部分的保养方法如表 3.28 所示[1]。不管哪个部位的表面污染，都要进行清扫处理，但必须注意其方法（洗洁剂的种类和洗净方法等）因材料不同有多种多样。生锈的五金类必须在除锈后再进行涂饰。对于防水不良的地方和内部装饰材料的剥离等，虽然弹性密封材料和各种黏结剂市场上都有销售，但由于施工时大多需要经验，可以的话最好交给专业人士处理。喷涂在瓷片和消石灰混合物等外墙壁装饰材料上的涂膜（一种防水剂），即使没有看到特别显著的劣化也最好每数年替换重涂，以防止装饰材料发生微小的裂缝和剥离。

表 3.28　按主要劣化项目分类的保养方法

劣化项目	保养方法
装饰材料的污染	（1）清扫［方法因污染的种类（霉菌、苔藓、风化、其他附着物）不同而异］； （2）替换或重贴（织物等）
装饰材料的龟裂或损伤	（1）替换； （2）在龟裂部分开 V 形槽填充树脂（一部分灰胶泥装饰的场合）
装饰材料翘起	（1）注入树脂（灰胶泥装饰、石、瓷片等场合）； （2）重新替换（干法材料时）
屋顶装饰材料偏离	重新替换
装饰材料变形	（1）变形修正后，重新替换（板材、木制建筑用具等时）； （2）替换
五金类生锈	去锈后，涂饰或者再涂饰
木材、五金类的涂饰劣化	（1）木材根据涂料的种类进行前处理后，再涂饰； （2）五金类去锈后，再涂饰
连接五金类（螺栓等）松弛	重新拧紧
密封料剥离、损伤、劣化	重新填入（交换）
建筑门、窗等的动作不灵活	（1）清扫沟槽； （2）给滑轮注油
堆积物或堵塞	（1）去除堆积物； （2）消除堵塞的原因
雨水、生活用水、结露水的渗入	（1）清扫因表面结露而产生的霉菌； （2）对防水、防湿层和密封填料实施检查； （3）对结构体实施检查

（2）结构部分。结构部分的保养，由于多数情况下要拆除装饰材料后才能实施，其作业比较费事。在充分考虑作业安全性和周边的同时，制定切实可行的工程计划是必不可少的。结构部分的保养方法如图 3.56 所示，对素材或锯材，采用以填充木或嵌入木等进行部分修补或更换构件为主的方法；对木质板件等，根据劣化的范围，采用更换面板或框架或者以构件或部件为单位进行更换为主的方

法。这时重要的是必须采取切实的防腐/防蚁措施，以防止劣化的再次发生。对连接五金类，根据锈蚀程度进行重新涂饰或更换，出现松弛时要重新拧紧。对木质结构，当有可能因木材的收缩而使五金松弛时，在设计上必须考虑五金周围要留有容易重新拧紧的空间。对于传统的梁柱构造法等，其修补或更换方法已确定到了细部，包括木质构件的分解顺序；而对于现在的住宅，其构造方法缺乏以分解为前提的设计理念，其修补工程就不仅仅只是该构件，范围相当广泛，往往也涉及含周边连接构件。但如果考虑结构的安全性和作业工作量的问题，修补工程应该尽量限制在最小的范围内。

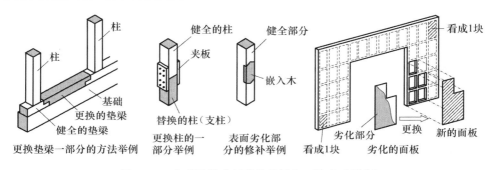

图 3.56　木质构件或部件的修补与更换方法举例

　　另外，从广义上来说，建筑物恰当的使用方法，即建筑物为住宅时其居住方法也应该看做保养管理行为的一部分。如果住户使用不当，如在基础换气口的前面像塞东西一样放置物品，使用浴室后还没换气就把门打开，气密性高的住宅在冬季使用开放型的取暖器具等，不用说建筑物就会相应地提早老朽化。

参 考 文 献

[1]　今村祐嗣,川井秀一,则元京,等.建築に役立つ木材・木質材料学[M].東京:東洋書店,1997:173—266

[2]　潘景龙,祝恩淳.木结构设计原理[M].北京:中国建筑工业出版社,2009:299—311

[3]　戴玉成,徐梅卿,杨忠,等.我国储木及建筑木材腐朽菌（Ⅰ）[J].林业科学研究,2008,(1):49—54

[4]　高橋旨象.きのこと木材[M].東京:建地書館,1989:36—89

[5]　李文英,李汉萍,刘绪生.大贵寺国家森林公园鞘翅目昆虫调查初报[J].中国森林病虫,2007,(2):24—27

[6]　日本木材加工技術協会関西支部.木材の基礎科学[M].東京:海青社,1992:47—78

[7]　山本幸一.スギ下見板のウエザリング[J].木材工業,1991,(2):78—80

[8]　木口实.木材の劣化気象因子と劣化機構[J].木材保存,1993,(6):262—271

[9]　菅野襄作,森屋和美.エゾマツ集成材の耐候性[J].木材工業,1983,(11):530—533

［10］　藤井毅. 集成材建築の耐久性能調査 2——耐久性能評価方法［J］. 木材工業,1980,（11）：
　　　　495—501

［11］　今村祐嗣. 耐朽・耐蟻性——木質ボ-ドの諸性能［J］. 木材工業,1987,（12）：585—589

［12］　今村浩人，木口実，大黒昭夫. 木造家屋の外壁における釘の劣化からみた木材の劣
　　　　化環境［J］. 林業試験場研究報告，1987：101—149

［13］　中华人民共和国国家标准. 木结构工程施工质量验收规范 GB 50206—2002［M］. 北
　　　　京：中国建筑工业出版社，2002：29—36

［14］　樊承谋，王永维，潘景龙. 木结构［M］. 北京：高等教育出版社，2009：59—65

［15］　中华人民共和国国家标准. 木结构设计规范 GB 50005—2003（2005 年版）［M］. 北
　　　　京：中国建筑工业出版社，2006：63—70

［16］　石原茂久，川井秀一. 炭素材料積層パーティクルボード 1—木炭積層パーティクルボ
　　　　ードの耐火性能と物性［J］. 木材学会誌，1989,（3）：234—242

［17］　石原茂久. 屋外に 1，2，3，7 および 15 年暴露した難燃合板の耐久性［J］. 材料，
　　　　1994,（3）：297—303

［18］　有馬孝礼，高橋徹，増田稔. 木質構造［M］. 東京：海青社，2001：211—230

［19］　谢力生. 日本木结构的发展历程与现状［J］. 木材工业，2009,（3）：20—23

［20］　张洋，谢力生. 木结构建筑检测与评估［M］. 北京：中国林业出版社，2011：105—142

［21］　今村祐嗣. AE モニタリングによる木材の劣化診断［J］. 木材研究・資料，1990,
　　　　（26）：38—60

［22］　有田紀史雄ほか. 超音波を利用した木柱内部腐朽検知［J］. 木材工業，1986,（8）：
　　　　370—375

第 4 章　木质住宅的可居性

作为住宅所要求的机能，首先是对强风和地震具有十分安全的结构，进而在此基础上，生活方便且具有优良的可居性，这也是非常重要的机能。如前所述，木材质轻而强度高，作为住宅结构材料具有优越的性能，同时作为住宅的室内装修、家具和家饰等材料也具有优越的性质。

由于木材是放/吸湿性高、比热容大、导热系数小的材料，如果住宅的室内装修和家具大量使用木材，则室内的温度和湿度其变动将比外面小，即能够调节室内气候。由于住宅内的温度和湿度与螨虫和霉菌等微生物的繁殖、居住者的健康和舒适性密切相关，对可居性来说，住宅具有优越的气候调节性能这一点非常重要。

与金属、混凝土和玻璃相比，在触摸木材时感觉比较温暖；由于木材的色相属于黄红，为暖色，在心理上也给人们以温暖的感觉。木材色泽和木纹图案浓淡相宜、丰富多彩、千变万化，看上去非常自然舒适；来自木材的反射光由于紫外线成分少而红外线成分较多，眼睛看起来更加舒服。另外，来自木材的光反射因方向而异，因而赋予木材特有的光泽与质感。由此可知，若增大木材色在住宅内所占的比例，则将增加温暖、厚重的自然印象；相反，若增加混凝土所占的比例，则将增加阴暗、寒冷这种不好的感觉。

用于住宅楼盖、墙壁和家具等的材料，其硬度与人在跌倒和碰撞时的安全性、步行感和感觉都有很深的关系。由于木材硬度适当、不易打滑，给人以安全、安心的感觉。另外，由于木材能适度地吸收从低音到高音的声音，对吸声性能并没有太大的问题，但由于其透过损失小，隔声性能较差，当用做墙壁材料时必须在墙壁的结构上想办法。此外，当把木材作为楼盖材料使用时，上一层的楼盖冲击声会成为大问题，必须在楼盖——天花板的防声系统上采取措施。

大家都已注意到，作为住宅内部装修材料的木材，对居住者的健康、生理和心理产生了优良的效果，本章就作为内部装修材料的木材的特性和可居性进行介绍。

4.1　木质住宅的室内气候

4.1.1　木质住宅与温度

1. 人与温度

各温度下人体的温热感觉、生理反应和健康状态之间的关系如图 4.1 所示[1]。在人体内，热由糖类物质、蛋白质和脂肪类物质的代谢而产生，进行化学性调节。而来自体表的放热，通过对流、放射和蒸发来进行，根据皮肤血流、出汗和衣着进行物理性调节。在舒适的环境中，体温通过血液流动来进行调节；当热平衡被打破时，则依靠发抖来增加发热或通过出汗来增加放热。生理上的舒适状态是在调节体温所消耗的负担为最少时，心理上的舒适状态通常与之一致。最适宜的温度条件是人类的健康、舒适感和劳动生产效率所必需的。死亡率最小的温湿度条件是在平均气温 16～21℃、平均相对湿度 60%～80% 时。工业生产值和智慧性或社会性业绩也是在该条件的气候或季节为最高。通常，在炎热的条件下消化器官系疾病增加，而在寒冷的条件下呼吸器官系疾病增加，这是人体对温度直接的生理性反应，可以认为是由于鼻、口腔黏膜和消化器黏膜对细菌侵入的抵抗力受温度支配的缘故。

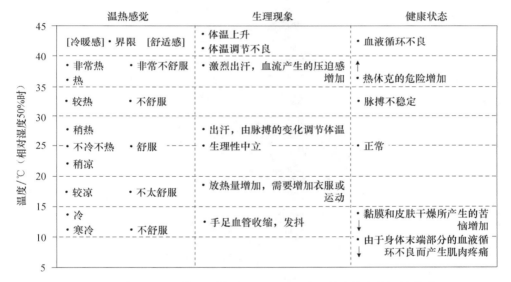

图 4.1　各温度下人体的温热感觉、生理反应和健康状态之间的关系

表示人类对气候条件的舒适或不舒适感的指标有很多，其中被经常使用的有不舒适指数、新有效温度和热感觉平均标度预测值。

不舒服指数 THI（temperature-humidity index，温度-湿度指数，温湿指数），只考虑了温度和湿度的影响，可根据下午 3 点的气温 T 和相对湿度 H 的组合由下式求得：

$$THI = 0.81T + 0.01H(0.99T - 14.3) + 46.3 \qquad (4-1)$$

不同地域的人对温湿度的感受有所不同，如日本人的身体感受，不舒服指数达到 75 以上时感觉稍热，达到 80 以上时就热得出汗，达到 85 以上时就感觉热得受不了。

新有效温度（new effective temperature）ET* 是以皮肤湿度变化为基础，

反映环境的干球温度、平均辐射温度、湿度对人体热交换的综合作用的热舒适指标。人在不同湿度的试验环境中达到热平衡以后与相对湿度为 50％的均匀温度空间的辐射、对流、蒸发的换热量相同时，均匀空气的温度值为新有效温度值。试验表明，新有效温度与皮肤湿度、人的热感觉变化规律相吻合。图 4.2 表示风速在 0.25m/s 以下、着轻装时的 ET* 与舒适范围[2]。例如，在温度 30℃、相对湿度 80％的环境（图中的 P 点）与温度 33℃、相对湿度 50％的环境下其感觉是同等的，因此，前者环境的 ET* 为 33℃。

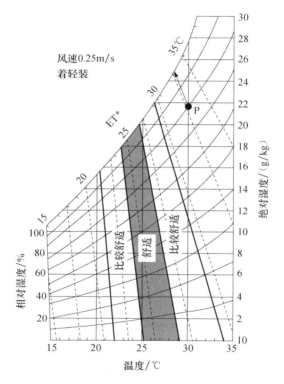

图 4.2　新有效温度 ET* 与舒适范围

　　热感觉平均标度预测值（predicted mean vote，PMV）是以热感觉七级制为标准度，预测一组人对某一热环境舒适程度的主观分级的平均值；是表征人体热反应（冷热感）的评价指标，代表了同一环境中大多数人的冷热感觉的平均。PMV 的研究是把不同活动量的穿衣者对环境的热感觉通过上千人次的试验得出人体平均热感觉与人体热负荷的函数关系（人体热负荷是人体新陈代谢产热与实际环境散热量之差），同时以范格热舒适方程为基础导出 PMV 值与空气温度、平均辐射温度、水蒸气分压力、气流速度、人体着衣及新陈代谢之间的数学关系式。这样就可以用计算的方法预测人体在已知的环境条件下的热感觉，并达到检测热环境质量的目的。PMV 为 0 表示人体舒适，PMV 为 +1、+2、+3 分别表示稍暖、暖与热，PMV 为 -1、-2、-3 分别表示稍凉、凉与冷。ISO 7730 对 PMV 的推荐值为 -0.5～+0.5。

2. 热与木材

住宅室内和室外间的热的移动，主要依靠由间隙的流入、流出和通过墙壁等的热贯穿流动而发生。热由室内通过墙壁往外流出时，首先由室内空气传递到墙壁的表面，接着通过墙壁材料的热传导传递，最后由墙壁的表面传递给屋外的空气。在墙壁的表面附着薄的空气层，使热变得难以传递。表示通过该空气层的热传递程度的量，叫做表面导热系数。其值根据风速和墙壁表面的放射率不同而有很大的变化。墙壁的热传导与构成墙壁的材料的热传递难易度和墙壁的厚度有关。材料的热传递难易度用导热系数 $k[\mathrm{W/(m \cdot ℃)}]$ 表示。设厚度 $h(\mathrm{m})$、面积 $A(\mathrm{m}^2)$ 的材料两侧的温度分别为 $T(℃)$ 及 $T_0(℃)$，当 $T > T_0$ 时，时间 $t(\mathrm{s})$ 内流过材料厚度方向的热量为 $Q(\mathrm{J})$，则 k 可以用下式表示：

$$k = \frac{Qh}{A(T - T_0)t} \tag{4-2}$$

式中，k 表示当材料的厚度为 1m、温度差为 1℃ 时流过材料面积 $1\mathrm{m}^2$ 的热量。

每 1s 流过墙壁面积 $A(\mathrm{m}^2)$ 的热量 $Q/t(\mathrm{J/s} = \mathrm{W})$ 可以用下式求得：

$$\frac{Q}{t} = KA(T - T_0) \tag{4-3}$$

式中，$K[\mathrm{W/(m^2 \cdot ℃)}]$ 被称为传热系数，表示热移动的难易（隔热性）程度。设墙壁由 i 层构成，第 i 层材料的厚度为 $h_i(\mathrm{m})$、导热系数为 k_i，屋外侧及室内侧的表面导热系数分别为 $\alpha_0[\mathrm{W/(m^2 \cdot ℃)}]$ 和 $\alpha[\mathrm{W/(m^2 \cdot ℃)}]$，则 K 可以由下式求得：

$$\frac{1}{K} = \frac{1}{\alpha_0} + \sum \frac{h_i}{k_i} + \frac{1}{\alpha} \tag{4-4}$$

式中，$1/K$ 为传热阻抗；$1/\alpha$ 及 $1/\alpha_0$ 为表面传热阻抗；h_i/k_i 称为热阻抗。

给予材料热量 $Q(\mathrm{J})$，则其温度上升。设上升的温度为 $\Delta T(℃)$，则 $Q/\Delta T(\mathrm{W/℃})$ 表示温度每上升 1℃ 时所需要的热量，称为材料的热容量。用材料的质量（g）除以热容量的值，即使 1g 材料上升 1℃ 所必需的热量，称为材料的比热容 $c[\mathrm{J/g℃}，\mathrm{kJ/(kg \cdot ℃)}]$。热在材料中的传递速度由 k 决定。而温度在材料中的传递速度由材料的密度 $\rho(\mathrm{kg/m}^3)$ 和比热容的乘积 $c\rho$ 除以 k，即 $k/c\rho$ 决定，称为导温系数（或称热扩散率）。表 4.1 表示各种材料或物质的密度、比热容和导热系数[2]。木材的导热系数为 $0.10\mathrm{W/(m \cdot ℃)}$，比混凝土的 $1.3\mathrm{W/(m \cdot ℃)}$、玻璃的 $0.78\mathrm{W/(m \cdot ℃)}$ 和钢的 $45\mathrm{W/(m \cdot ℃)}$ 都小很多。在室温时触摸混凝土和金属感觉冷，而触摸木材时感觉温暖就是这个原因。木材的导温系数为

$0.45\times10^{-3}\mathrm{m^2/h}$ 左右，混凝土、玻璃和钢的分别为 2.9×10^{-3}、1.4×10^{-3} 和 $43\times10^{-3}\mathrm{m^2/h}$ 左右。由于木材的导温系数小，因而温度在木材中的传递速度慢。

表 4.1　各种材料或物质的密度、比热容和导热系数

分　类	材　料	密度 ρ /(kg/m³)	导热系数 k /[W/(m·℃)]	比热容 c /[kJ/(kg·℃)]
金属、玻璃	钢材	7860	45	0.48
	铝及其合金	2700	210	0.90
	玻璃	2540	0.78	0.77
水泥、石	ALC（蒸压轻质加气混凝土）	600	0.15	1.10
	石灰胶泥	2000	1.3	0.80
	瓦、石板	2000	0.96	0.76
	瓷砖	2400	1.3	0.84
	岩石	2800	3.5	0.84
土、沥青、塑料	京都土墙壁	1300	0.68	0.88
	草席（榻榻米）	230	0.11	2.30
	地毯类	400	0.073	0.82
	沥青屋顶材料	1150	0.11	0.92
	墙壁、天花板用壁纸	550	0.13	1.39
	防湿纸类	700	0.21	1.30
纤维材料	玻璃纤维保温板	10～16	0.044～0.05	0.84
	岩棉保温材料（石棉）	40～160	0.038	0.84
木质纤维	软质纤维板	200～300	0.046	1.30
	硬质纤维板	1050	0.18	1.30
	刨花板	400～700	0.15	1.30
木质材料	胶合板	550	0.15	1.30
	木材（杉）	450	0.10	1.76
	木材（柏）	530	0.10	1.76
珍珠岩、石膏	石膏板、涂灰泥板条	710～1110	0.14	1.30
	石棉水泥硅酸钙板	600～900	0.12	0.76
	纸浆水泥板	1100	0.2	—
	石棉瓦板	1500	0.96	1.2
泡沫塑料	发泡聚苯乙烯	20	0.041	1.0～1.5
	硬质聚氨酯泡沫体	30～40	0.024	1.0～1.5
其他	水	998	0.6	4.2
	霜	100	0.06	1.80
	空气	1.3	0.022	1.00

木材由于导热系数小，常用做烹调器具的把手与手柄和寒冷地区玻璃门窗的把手。另外，由于木材具有很好的隔热性和强度，热膨胀率也小，常被作为运输液化天然气油轮储藏库的主要构件使用。还有，采用板式组合法的木结构建筑物，由于隔热性高、质轻和组装容易，常被用于南极越冬基地。此外，木制窗框、木制甲板和桑拿浴室的内部装修也都是利用了木材的隔热性。

3. 木材的调温作用

当使密闭箱子的外围温度发生变化时，其对箱子内部的影响程度与温度在构成箱子的材料中的传递速度即材料的导温系数相关。箱子内部温度的变化量与箱子外围温度的变化量之比，可以通过导温系数和厚度进行计算。当外围温度以 1 天为周期进行正弦性变化时，箱子内部温度的日较差（最高温度与最低温度之差）与外围温度的日较差之比（室温变动比）与材料厚度的关系因材料而异，各种材料之间的比较如图 4.3 所示[2,3]。室温变动比为 1 时，箱子内部温度变化的振幅与外围的相等，说明箱子的材料几乎没有温度调节作用，即内部温度随着外界温度一起变化；为 0 时箱子内部的温度没有发生变化，说明箱子的材料具有很好的温度调节作用，内部温度不随外界温度的变化而变化。

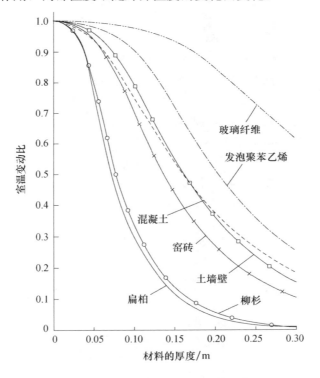

图 4.3 室温变动比与材料厚度的关系

由材料产生的缓和温度变动的作用叫做调温作用。材料的调温作用主要与三个因素相关：一是材料的导热系数，导热系数越大，说明热量在该种材料中传导的速率越快；二是材料的容积比热容 $c\rho$，即比热容与密度的乘积，容积比热容越大，说明材料的储热能力越强；三是材料的厚度，厚度太薄的话，无论哪种材料，其温度调节作用都不会明显。相同厚度比较，如图 4.3 所示，木材的室温变动比，比混凝土及用做隔热材料的玻璃纤维和发泡聚苯乙烯的小。木材与混凝土相比调温作用优越，是由于木材的导热系数比混凝土的小；调温作用比玻璃纤维和发泡聚苯乙烯优越，是由于木材的容积比热容大的缘故。混凝土的导热系数和容积比热容的值都很大，虽然它能储存大量的热量，但传递热量的速率也很快，会在短时间内迅速散发，因此温度调节作用不强；而玻璃棉和岩棉这类材料则相反，它们的导热系数和容积比热容均很低，虽然有很好的保温隔热作用，但由于其储热能力很差，对住宅的温度调节作用很小。而木材和木质材料则处于两者之间，其导热系数稍大于玻璃棉等材料，因此也能减缓热量的传递，同时又具有相当的容积比热容，可以储存一定的热量，这样就可以起到缓解室内温度变化的作用[3]。

4. 木质住宅的温热特征

北京、广州、东京和伦敦的年间温度与相对湿度的关系（气候图）比较如图4.4所示。我国幅员辽阔，各地区的气候有较大的差别。例如，北京的冬季，气温和相对湿度都很低，而夏季的气温和相对湿度都较高，四季的差别很大；广州为南方城市，与北京相比，气温和相对湿度都较高，且四季的差别较小。广州8～10月份的气候和东京的夏季差不多，广州12月份前后的气候接近伦敦的夏季。以前，我国广大南方地区，为了缓和夏天的闷热，在住宅上采取了许多办法，如将开口部分扩大以便通风良好、增加屋檐的长度以避免日晒。近年，由于冷暖空调设备的发展与普及，气密性高的住宅增加了。

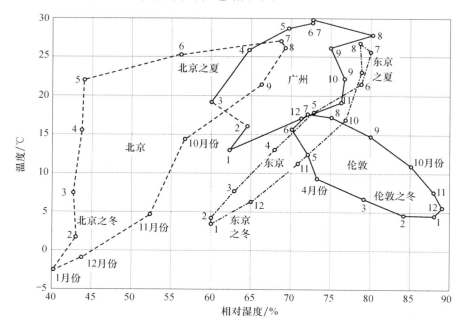

图 4.4　北京、广州、东京及伦敦的气候图

　　住宅可以分为木质住宅和非木质住宅。主要结构构件使用木材或木质材料的住宅为木质住宅，其构造方法有梁柱式构造法、板壁组装式构造法、框架组合壁构造法（2×4 规格材构造法）、原木构造法和集成材构造法等。而主要结构构件使用石材、窑砖、轻质钢架、轻质混凝土和钢筋混凝土的住宅为非木质住宅。木质住宅的代表是梁柱式构造法的木结构住宅，非木质住宅的代表为钢筋混凝土构造（RC 构造）的集体住宅。

　　评价住宅所具有的调温作用的程度，除室温变动比外，还可以使用在 6 时、14 时和 22 时的温度、最高或最低温度、住宅内外的温度日较差和最高温度时的时刻差（相位差）、室内温度与相对湿度的关系（室内气候图）和热损失程度等来表示。一般来说，与室外空气相比，住宅内的日平均温度大，日温度较差小，温度变化的相位延迟。它们的程度因住宅的热容量、气密性和方位等不同而不同。图 4.5 表示 1 年间的夜间 2 点时的屋外空气与木结构住宅及 RC 结构住宅内的温度变化[2]。与室外空气相比，住宅内的温度年较差及日平均温度的变动减小，住宅的调温作用得到了确认。与 RC 结构住宅相比，木结构住宅一般温度年较差大，年最高温度及年最低温度下降。

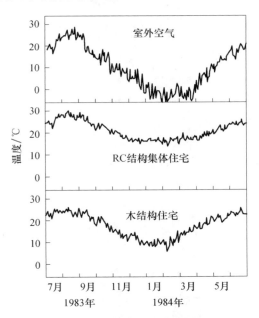

图 4.5　1 年间室内外夜间 2 点的温度变化

　　与混凝土相比，木材的调温作用优越，但木结构住宅的调温作用却比 RC 结构住宅的要差。这是由于木结构住宅的墙壁并不是仅由足够厚的木材构成的，其气密性差、热容量小。与 RC 结构住宅相比，木结构住宅的特征是在冬天的平均室内温度降低，而在夏天夜间的室内温度也较低。

4.1.2 木质住宅与湿度

1. 人与湿度

与温度相比，人类对相对湿度的反应比较迟钝，因此住宅内的相对湿度往往被轻视。但是，住宅内的相对湿度除与人类的舒适感相关外，还与住宅内生存的微生物的繁殖和人类的生理、健康等也都有很深的关系。图 4.6 表示住宅内所希望的相对湿度范围[2,3]。细菌类会因人的行走等而与室内灰尘一起在空中飞舞成为浮游菌，浮游菌的生存时间和相对湿度之间关系密切。相对湿度为 20％时，浮游菌的存活率很高，2h 后仍有大量的细菌存在；相对湿度为 80％时，浮游菌数量比相对湿度 20％少得多，但存活率仍很高，即在高湿度或低湿度时都能长时间继续生存。而如果相对湿度控制在 50％时，几分钟内大部分的浮游菌就会死亡。因此，为了防止细菌感染，医院的手术室的湿度控制在 55％～60％。霉菌类除使食品类腐败、寄生于人体的呼吸器官和脑之外，还会在混凝土壁面和壁橱的衣服类中繁殖而成为霉菌污染源及使楼面下和墙壁内的木材发生霉变而腐朽。要防止霉菌，必须使相对湿度在 70％以下。

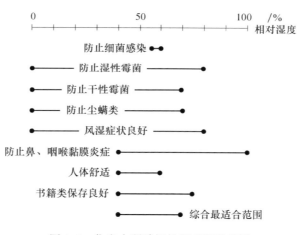

图 4.6　住宅内所希望的相对湿度范围

蟒类在分类学上属于节肢动物门，其大小可从 0.1mm 至数厘米长。目前已知的蟒类已达 5 万种，室内也可发现几十种。室内的蟒类虽然一般尺寸很小，但是由于其繁殖能力很强，又具有很强的适应能力，所以危害性很大。它可以引起一系列的问题，如皮炎、虫蚊症等，并可以使人感觉不舒服，引起失眠、过敏等症状。在住宅内被发现的蟒虫，以尘蟒类的粉尘蟒和屋尘蟒为最多。它们都是有强烈引起咳嗽、鼻炎和特应性皮炎等过敏性疾病的东西。地毯、沙发和睡觉用具等是螨虫喜欢栖息的场所。用木材做的地板替换地毯，螨虫类将会减少。这些螨虫最适合生长发育的条件为温度 25℃、相对湿度 85％。为了防止螨虫异常发生，保持通风良好使相对湿度在 70％ 以下是很重要的。

当温度达到约 30℃ 以上时，人体开始出汗，发挥体温调节功能。当相对湿度很高时，出汗不能顺利地进行，此时会感到很不舒服。而除出汗之外，还可以由皮肤及气管蒸发体液水分来调节体温，由于相对湿度对水分蒸发量有影响，因而相对湿度与皮肤的生理功能有很深的关系。皮肤、鼻腔和咽喉黏膜的血管，在低温时其抵抗力下降、容易发生炎症，而相对湿度对抵抗力的减退有很大影响。在冬季，住宅内的相对湿度不要下降到 40％ 以下是非常重要的。人体舒适的相对湿度范围，一般被公认为是 40％～60％。

相对湿度对书籍和工艺美术品的保护也有很深的关系。如果采用木材对收藏库内壁进行装修，则可以严格地控制其相对湿度。一般来说，为了保存工艺品等，希望相对湿度控制在 40％～70％。

综上所述，住宅内的相对湿度希望确保在 40％～70％。

2. 湿气与木材

如果将木材长时间放置在某温度和某相对湿度的条件下，木材就会吸湿或者放湿而使其含水率达到其条件下的平衡值（称为平衡含水率）。图 4.7 表示由温

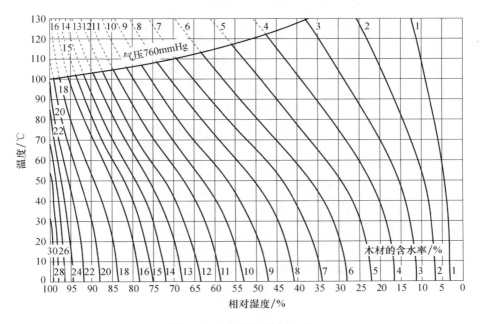

图 4.7　木材的平衡含水率

度和相对湿度条件所决定的木材的平衡含水率[2]。木材的平衡含水率基本上不受树种的影响。由于温度和相对湿度因地区和季节而变化，以及在住宅中木材的平衡含水率也因场所而异，对于住宅构件用木材和木制品，最终达到与使用场所对应的含水率，对防止变形是很重要的。

　　用通湿气的材料将空间分开，当材料两侧存在水蒸气压差时，湿气就会从水蒸气压高的一方通过材料向低的一方移动，这种现象称为透湿。在住宅中，通过间隔向邻室、楼盖和屋盖里面等进行透湿。保持两侧水蒸气压差的大小一定，当透过的湿气量达到一定值时，水蒸气压差 Δp(mmHg) 与材料单位面积（1m²）在单位时间（1h）内透过的湿气量（透湿量）W[g/(m²·h)] 之间有如下关系：

$$\Delta p = RW \tag{4-5}$$

式中，R(m²·h·mmHg/g) 叫做透湿阻抗，其倒数 $1/R$ 称为透湿系数。材料均匀时，用材料厚度除以透湿阻抗所得值叫做透湿比阻抗，其倒数称为透湿率。材料的透湿阻抗通过透湿量来计算（$R=W/\Delta p$），即在透湿杯中放入干燥剂，用试验材料盖住，用蜡封口后将其放于一定温度和相对湿度的空气中，根据杯的质量求取稳定状态下的透湿量。表 4.2 表示住宅内部装修常用材料的透湿阻抗及透湿系数[2]。

表 4.2　内部装修常用材料的透湿阻抗 R 和透湿系数 $1/R$

试　件	R	$1/R$	试　件	R	$1/R$
乙烯基壁纸（0.55mm）	17.2	0.06	刨花板（9mm）	3.92	0.26
乙烯基壁纸（1.00mm，吸湿性）	6.94	0.14	木材（9mm）	1.08	0.09
乙烯基壁纸（0.35mm，烯烃系）	1.20	0.83	石膏板＋乙烯基壁纸（烯烃系）	1.60	0.63
布质壁纸（0.90mm）	0.55	1.82	石膏板＋布质壁纸	0.94	1.06
纸质壁纸（0.30mm）	0.55	1.82	胶合板＋乙烯基壁纸（烯烃系）	3.13	0.32
石膏板（9mm）	0.96	1.04	胶合板＋布质壁纸	2.12	0.47
胶合板（2.8mm）	1.76	0.57	刨花板＋乙烯基壁纸（烯烃系）	4.15	0.24
胶合板（5.5mm）	2.00	0.50	刨花板＋布质壁纸	4.24	0.24

　　资料来源：冈野健外. 木材居住環境ハンドブック. 1995

　　住宅墙壁中的结露和住宅内长时间的周期性湿度变动都与透湿有关。

　　住宅内相对湿度变动的主要原因：一是温度变动，如室外气温的变化和冷暖空调引起的住宅内的温度变化等；二是水蒸气的发生或流入，如通过窗口或换气口的水蒸气的进出入、换气扇或除湿器产生的水蒸气的排放、由墙壁等产生的透湿、由热空调和加湿器发生的水蒸气和由炊事场所或浴室流入的水蒸气等。前者为相对湿度变动的基本原因，后者可以看成是附加原因。即我们在做饭时打开换气扇、雨天关窗和晴天开窗，都对应着水蒸气的发生或流出入所引起的相对湿度的变动。

　　相对湿度是用百分比来表示实际存在的水蒸气的量（绝对湿度）对单位体积中的饱和水蒸气的量（饱和绝对湿度）的比值，即湿空气的绝对湿度与相同温度下可能达到的最大绝对湿度之比。例如，设 20℃时水蒸气量以 8.7g/m³ 存在，由于 20℃时的饱和水蒸气的量为 17.3g/m³，相对湿度为 50％。如果水蒸气的量不发生变化，当温度变为 30℃时，由于 30℃时的饱和水蒸气的量为 30.4g/m³，相对湿度变成了 28％；当温度变为 10℃时，由于 10℃时的饱和水蒸气的量为 9.4g/m³，相对湿度为 92％。温度变动之所以引起相对湿度的变化，是由于饱和水蒸气量随温度而变化所引起。

　　3. 木材的调湿作用

　　作为住宅的内部装饰材料，如果大量使用木材等富于吸/放湿性的材料，则当住宅内的相对湿度增高时，由于材料吸湿而使相对湿度下降；反之，当相对湿度变低时，由于材料放湿而使相对湿度提高，因此住宅内的相对湿度变化得到缓和，这种作用称为材料的调湿作用。评价由材料所产生的调湿性能时，一般来说最重要的是评价缓和基于温度变动的相对湿度的性能。

　　保持绝对湿度分别为 5.0g/m³、8.7g/m³ 和 14.0g/m³，温度变化时的相对湿度的对数与温度的关系如图 4.8 所示[2]。温度在 0～40℃的范围变化时，相对湿度的对数与温度的关系可以近似地用直线来表示。绝对湿度在 1.7～15.6g/m³ 范围所求得的各直线群的斜率的平均值为 -0.0245℃⁻¹。若将 20℃时相对湿度

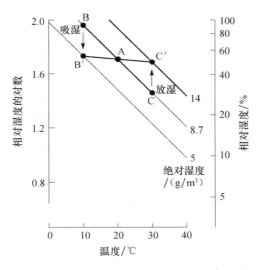

图 4.8　不同绝对湿度下的相对湿度的对数与温度的关系

50%的绝对湿度（A 点）在温度 10～30℃变化，则相对湿度沿绝对湿度 8.7g/m³的直线从 B 点到 C 点，即在 92%～28%的范围变动。考虑温度变化到 10℃时，A 点变化到 B′点，温度变化到 30℃时变化到 C′点的情况。由于 B′点在绝对湿度 5.0g/m³ 的直线上，C′点在绝对湿度 14.0g/m³ 的直线上，前者绝对湿度必须减小 3.7g/m³，后者必须增加 5.3g/m³。在用木材等具有吸/放湿性的材料进行内部装修的密闭空间，由于材料进行吸/放湿，就会出现这种绝对湿度增减的现象。由于连接 B′C′的直线的斜率与连接 BC 的直线的斜率相比变大了，可以根据该斜率来评价材料的调湿性能。我们将该斜率的大小称为 B 值。相对湿度的对数和温度之间的关系可以用线性关系进行表征

$$\lg H(T) = \lg H(0) + BT \tag{4-6}$$

式中，$H(T)$ 和 $H(0)$ 分别表示温度为 T 和 0 时箱体内的相对湿度值；B 为 $\lg H(T)$-T 曲线的斜率。

　　由于随着温度的升高，饱和水蒸气压增大，空间对湿度呈下降趋势，所以 B 值均为负值。$B=0$ 时表示室内相对湿度不随温度变化而变化，即室内装饰材料在温度变动时表现出很强的调湿能力。$|B|$ 值越大，说明材料在温度变动时的调湿能力越差。B 的值很小，一般情况下用 $B \times 10^4$ 来表示[3]。

　　在密闭的空间，内部装修材料的吸湿性、材料的表面积对空间容积的比值（气积率）和温度的变化速度等都对 B 值有影响。

　　日本学者曾对一间 6 张榻榻米（2.7m×3.6m，内部装修时的空间容积 21m³）大小的平房住宅除窗（0.9m×1.8m）及门（0.9m×1.7m）外用 5mm 厚的胶合板进行内部装修，然后观测住宅及百叶箱内 1 天的温度和相对湿度的变化，结果如图 4.9 表示[2]。图 4.9（a）表示温度及相对湿度与时刻的关系，图 4.9（b）表示相对湿度的对数与温度的关系。由图 4.9（a）可知，用木材进行内部装修的住宅与外面的空气相比，尽管温度的变动幅度大，但相对湿度的变动变得非常小。相对湿度的对数与温度的关系可以近似地用直线表示，外面空气的 B 值为 $-0.0245℃^{-1}$，木材内部装修住宅的 B 值为 $-0.0055℃^{-1}$。

4. 内部装饰材料的调湿性能

　　现在，用于住宅内部装修的材料种类及其数量已经非常庞大，各种装修材料的调湿性能有很大的差别，因此要求有简单的方法对材料的调湿性能进行评价。一般使用钢制箱（20cm×20cm×30cm）来评价材料的调湿性能比较方便。先在箱子里面用内部装饰材料贴规定的面积以制作供试体，并在上面中央处开小孔；将温度和湿度传感器插入中央小孔中，并对传感器与小孔之间的间隙进行严格的封闭处理；然后将供试体（钢箱）放入恒温干燥箱中，通过调节恒温干燥箱的温

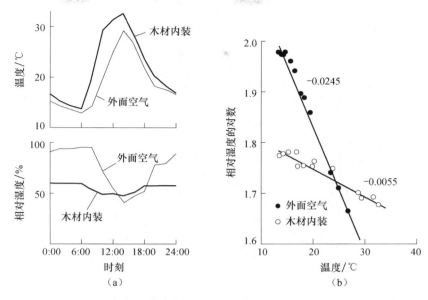

图4.9 木材内部装修住宅内及外面空气的温度和相对湿度的日变化（a）及
1天中的相对湿度的对数与温度的关系（b）

度，以1天为周期模拟外面气温的变动使供试体（钢箱）外部的温度发生变化；按经过的时间测定供试体（钢箱）内中央的温度和相对湿度，以相对湿度$H(\%)$的对数$\log H$和温度$T(\text{℃})$作直角坐标图。它们的关系可近似用直线表示，即可根据其斜率B来评价材料的调湿性能。

　　图4.10为日本学者根据上述方法测定的各种内部装饰材料的调湿性能结果[4]。其中，图4.10（a）表示B值与内部装修面积$A(\text{m}^2)$对供试体（钢箱）的容积$V(\text{m}^3)$之比$A/V(\text{m}^{-1})$（气积率）的关系，图4.10（b）为以木材为标准来表示相同B值的气积率的关系。由图4.10（a）可知，当A/V之值很小时，木材的B值急剧地变化；当A/V值达到1.5m^{-1}以上时，B值变得接近于0，几乎看不出湿度的变动。6张席（榻榻米）房间的A/V值为2m^{-1}左右，所以湿度变动很小。值得注意的是，即使是木材，如果进行涂饰，其调湿性能也会下降。另外，铺垫的影响也比较明显。聚酯化装饰板和P瓷砖几乎看不到调湿效果。调湿性能优越的材料有木质纤维板、刨花板及胶合板等木质系材料，还有灰泥土墙壁、砂浆、硅酸钙板、草席面和棉织物等。根据研究得到的试材的B值，可以将不同材料按照调湿性能的大小分成四组，如表4.3所示[3]。图4.10表示的木材当量，即表示要想得到用某种内部装饰材料装修某面积的内部所呈现的调湿效果，若用木材装修内部空间所需面积。

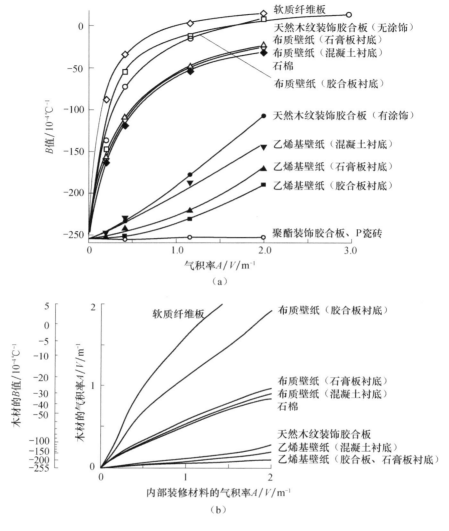

图 4.10　内部装修材料的 B 值与气积率 A/V 的关系（a）及木材当量（b）

表 4.3　不同材料根据其 B 值的分组情况

组　别	$B \times 10^4$	调湿性能	材料举例
Ⅰ	$0 \sim -70$	优良	隔热板、轻质纤维板、胶合板、土墙、硅酸钙板、榻榻米等
Ⅱ	$-70 \sim -100$	较好	12.5mm 厚刨花板、13mm 厚胶合板、0.5mm 厚窗帘布等
Ⅲ	$-101 \sim -200$	一般	PVC 瓷砖、地毯等
Ⅳ	-201 以下	差或几乎没有	不锈钢板、玻璃等

5. 内部装饰材料所产生的湿度设计

实际的住宅中使用各种各样的材料进行内部装修。用各种各样的材料进行内部装修时也可以根据图 4.10 (b) 进行调湿性能预测，即读取构成天花板、墙壁及楼面的各材料的气积率（横轴）所对应的木材的气积率（纵轴），然后求取其和；再将其和作为木材的总气积率，由此读取该总气积率所对应的 B 值，则该值就是所求 B 值的推断值。例如，相当于 6 张草席（榻榻米）面积的气积率 A/V 为 1.99m^{-1}（天花板及楼面为 0.417m^{-1}、墙壁为 1.16m^{-1}），可以考虑采用调湿性能优越的材料进行组合，如软质纤维板（天花板）与天然木纹装饰板（栎木：无涂饰）（墙壁及楼面）；也可以考虑采用调湿性能差的材料组合，如聚酯装饰板（天花板）、乙烯基壁纸（石膏板衬底）（墙壁）和 P 瓷砖（楼面）。根据实际内装在钢箱里的试验所求得的 B 值，前者为 4×10^{-4}℃$^{-1}$，后者为 -226×10^{-4}℃$^{-1}$。而按上面的步骤求得的推断值，前者的组合为 6×10^{-4}℃$^{-1}$，后者的组合为 -222×10^{-4}℃$^{-1}$，与试验值非常一致。根据 B 值由下式可以求出对应于 1 天的温度变动幅度（温度日较差）的相对湿度的变动幅度（湿度日较差）。

$$相对湿度变动幅度（\%）=-2.303\times平均相对湿度（\%）\times温度变动幅度（℃）\times B（℃^{-1}） \tag{4-7}$$

根据日本学者则元京等在上述小住宅的中央楼面上方 90cm 的位置处所实际测得的结果，其值与用钢箱所求得的 B 值非常一致[5]。因此，只要是密闭空间，实际住宅中的内部装修材料所产生的湿度是可以设计的。日本学者山田正等通过大量试验得到了如图 4.11 所示[3]的湿度设计诺谟图，其中 ΔT 表示一天内的外界温度变化，$H(T_0)$ 表示一天内的平均相对湿度值，ΔH 表示住宅内的相对湿度在一天内的变化。通过该湿度设计诺谟图，一方面可以预测某一住宅内的相对湿度在一天内的变化，另一方面也可以根据所要求的相对湿度变化程度来确定所需要的内装面积。图 4.11 是以 $\Delta T=10$℃，$H(T_0)=60\%$ 为基准制作的，在其他数据的情况下可根据图中的斜线进行修正。下面举两个例子来说明该图的使用方法。

例一：在一间小房间内墙装饰 5mm 厚的胶合板，装饰面积占房间总表面积的 30%，房间的体积为 10m^3，外界的温度在 20～25℃变化，相对湿度在一天内的平均值为 40%，请预测该房间内的相对湿度在一天内的变化量。

从湿度设计诺谟图 4.11 (a) 可以查到 $V=10$m^3，$\delta=0.3$ 所对应的 B 值，$B\times10^4$ 约为 -100。然后再从图 4.11 (b) 左图查到 $\Delta T=10$℃所对应的点，沿着斜线查到 $\Delta T=5$℃所对应的点后，再查图 4.11 (b) 右图，找到 $H(T_0)=60\%$ 所对应的点，再沿着斜线查到 $H(T_0)=40\%$ 所对应的 ΔH 值。该值约为 4.7%，

所以该房间内的相对湿度在该日的变化量为 4.7% 左右。

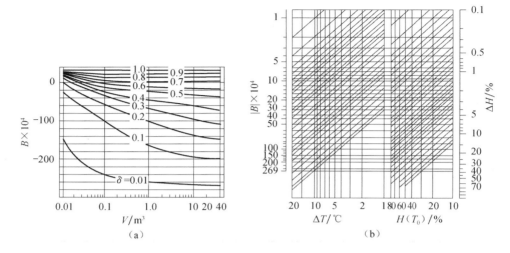

图 4.11　湿度设计诺漠图

例二：假设有一间房间还未进行内墙装饰，已知房间的体积为 40m³，外界的温度在 20～25℃变化，相对湿度在一天内的平均值为 40%，如果希望房间内的相对湿度变化量小于 5%，这时以 5mm 厚的胶合板作为装饰材料的话，至少需要装饰多少面积比例？

从湿度设计诺漠图 4.11（b）右图可以查到 $\Delta H=5\%$、$H(T_0)=40\%$ 所对应的点，沿着斜线找到 $H(T_0)=60\%$ 所对应的点后再查图 4.11（b）左图，找到 $\Delta T=5℃$ 所对应的点，再沿着斜线找到 $\Delta T=10℃$ 所对应的点，该点所对应的 B 值（$|B|\times10^4$ 约为 105）就是要达到 5% 的相对湿度变动所需的值。从图 4.11（a）可以查到 $B\times10^4=-105$，$V=40\text{m}^3$ 所对应的装饰面积率在 0.32 左右，因此，室内装饰面积占总表面积 32% 以上时，才能使房间内的相对湿度变化量小于 5%。

4.1.3　木质住宅的隔热与防露设计

1. 热损失系数与房间的隔热性

室内开暖空调时热从室内的流出称为失热，而室内开冷空调时热从室外的流入叫做得热。

热损失发生于房间四周的墙壁和开口部位，即由热流通产生的损失＋换气产生的损失组成，设该量为 $q(\text{kcal/h})$，则

$$q=\sum K_i A_i (T_1-T_2)+c_p\rho_a n V(T_1-T_2)$$

$$= \left(\sum K_i A_i + c_p \rho_a n V \right) (T_1 - T_2) = KA(T_1 - T_2) \tag{4-8}$$

式中，K_i 及 A_i 为部位 i 处的热流通率［kcal/(m²·h·℃，W/(m²·K)］及面积（m²）；$K_i A_i$ 为部位 i 处的热损失系数［kcal/(h·℃)，W/K］；c_p 为空气的比定压热容［0.24kcal/(kg·℃)，10³J/(kg·K)］；ρ_a 为空气密度（1.2～1.3g/m³）；n 为换气次数（1/h）；V 为室容积（m³）；nV 为换气量（m³/h）；T_1 为室温（℃）；T_2 为外气温（℃）；KA 为综合热损失系数或者房间的热损失系数［kcal/(h·℃)，W/K］。

由式（4-8）所求得的 KA 为室内外温差为 1℃时每 1h 的热损失，所以它可以表示房间或建筑物的隔热程度。经常使用由总楼面面积除以 KA 的单位面积热损失系数。白天室内因日射而得热，晚上因热放射而失热；对于多房间的室内，室内房间之间热的受授也必须进行修正。用式（4-8）进行隔热设计时，如墙壁，根据热流通阻抗＝［传热阻抗＋热传导阻抗之和（含隔热材料和中空层）＋另一面的传热阻抗］，计算出其倒数的热流通率 K。计算热传导阻抗（厚度/导热系数）时，可采用表 4.4 中的各材料和表 4.5 中的隔热材料的导热系数[2]。K 值的计算举例请参考表 4.6。

表 4.4　常用建筑材料的导热系数

材　料	密度/(kg/m³)	导热系数/[kcal/(m·h·℃)]	材　料	密度/(kg/m³)	导热系数/[kcal/(m·h·℃)]
木材 1 类（柳杉、扁柏、鱼鳞云松、冷杉）	350～450	0.10	轻质骨架混凝土	1990	0.7
			水泥砂浆	2110	1.3
木材 2 类（松、柳桉类）	450～630	0.13	轻质气泡混凝土	500～700	0.15
胶合板	420～660	0.14	普通窑砖	1700 以下	0.53
硬质纤维板	950	0.15	织壁、土墙壁	1300	0.6
刨花板	400～700	0.13	瓷砖	2400	1.1
石膏板	700～800	0.19	草席垫（席面：230、0.06）		0.095
石膏灰泥		0.52	塑料砖瓦	1500	0.16
隔热木丝水泥板	400～600	0.09	铝合金	2700	175
木片水泥板	1000 以下	0.15	钢	7830	46
混凝土	2270～2310	1.4～1.6	铜	8300	320

注：1kcal/(m·h·℃)=1.16W/(m·K)，下同。

表 4.5　常用隔热材料与隔热窗的热常数

材　料	密度/(kg/m³)	导热系数/[kcal/(m·h·℃)]	材　料	密度/(kg/m³)	导热系数/[kcal/(m·h·℃)]
玻璃纤维	10K 10±1	0.045	泡沫聚苯乙烯	1 号 30 以上	0.031

材　料	密度/(kg/m³)	导热系数/[kcal/(m·h·℃)]	材　料	密度/(kg/m³)	导热系数/[kcal/(m·h·℃)]
玻璃纤维 16K	16±2	0.039		3 号 20 以上	0.034
玻璃纤维 24K	24±2	0.034	硬质聚氨酯泡沫体		
玻璃纤维，吹入用的 1 种 13K	约 13	0.045	保温板 1 种 1 号	45 以上	0.021
石棉，保温板 1 号	71~100	0.031	现场发泡	25 以上	0.022
石棉，隔热材料	30~50	0.034	软质纤维板 A 级	300 不到	0.042
石棉，吹入用 25K	25	0.040			

隔热窗	热流通率/[kcal/(m·h·℃)]	隔热窗	热流通率/[kcal/(m·h·℃)]
单层玻璃/铝合金	5.6~6.2	双层玻璃/树脂或木制空气层 12mm	2.5
双层玻璃/铝合金空气层 6mm	4.0	LoE 双层玻璃/木制空气层 12mm	1.4

注：LoE 表示 Low-E 低放射。

表 4.6　隐柱墙的实质热流通率

LDK 等壁 部位名称		一般部位	间柱	柱	名　称	一般部位	间柱	柱
面积比 $A_r=A_i/\sum A_i$		0.893	0.049	0.058				
	导热系数 k	厚度 d	d/k	d/k	d/k			
传热阻抗 R_i	—	—	0.13	0.13	0.13	热流通阻抗 $\sum R = \sum(d/k)$	2.62	1.45	1.45
胶合板	0.14	5	0.04	0.04	0.04			
石膏板	0.19	12	0.06	0.06	0.06	热流通率 $K_n=1/\sum R$	0.38	0.69	0.69
玻璃纤维 10K	0.045	100	2.22					
空气层								
中间柱	0.1	105		1.05		平均热流通率 $K_A=\sum(K_n\cdot A_r)$		0.41	
柱	0.1	105			1.05	热桥系数 βl		1.00	
衬底板	0.1	10	0.10	0.10	0.10	实质热流通率 $K=\beta l\cdot K_A$		0.41	
板条抹灰泥壁	1.3	30	0.02	0.02	0.02			
传热阻抗 R_0	—	—	0.05	0.05	0.05			

注：k 单位为 kcal/(m²·h·℃)，d 单位为 mm，实际上加上了空气层的相对热流通率；LDK 表示带客厅、餐厅和厨房的房子。

　　隔热材料对于热损失系数的厚度效果如图 4.12 所示[6]。这是使用如图 4.12（b）中表所示 A、B、C、D 隔热样式的墙壁、天花板和楼面板，楼面面积 82.6m² 的 3LK（3 卧室＋客厅＋厨房）建于日本的木结构平房如图 4.12（a）所示的结果。图 4.12（c）也可以按部位进行热损失比较。式样 A 以天花板为首，各部位的热损失系数大，而式样 B、C 和 D 的热损失系数减小 1/3～1/2。由此可见，隔热材料的厚度效果、窗的隔热效果和气密效果等都对建筑物的热损失系数产生影响。

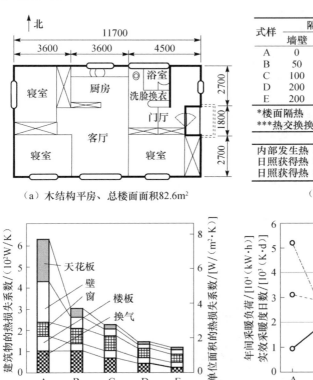

（a）木结构平房、总楼面面积82.6m²

式样	隔热厚度/mm			窗	换气 /（次/h）
	墙壁	基础	天花板		
A	0	0	0	二层	1.5
B	50	50*	100	二层	1.5
C	100	50	200	二层	1.0
D	200	100	300	三层	2/3
E	200	100	300	三层**	2/3***

*楼面隔热　　　**带隔热门
***热交换换气（效率50%）

	kW·h/d	W/m²
内部发生热（4人家庭）	15.0	7.6
日照获得热（二层窗）	17.8	9.0
日照获得热（三层窗）	14.0	7.1

（b）各部分隔热厚度

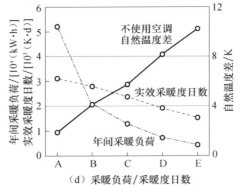

（c）热损失系数　　　　　　　　　（d）采暖负荷/采暖度日数

图 4.12　隔热材料的厚度与采暖消费的热量

　　实际上多大的热损失系数为好，可以由图 4.12（d）中年间采暖负荷（1 年间采暖所必需的热量）得到指引。即定义为：年间采暖负荷＝24×建筑物的热损失系数×采暖度日数。这里的采暖度日数是采暖期间室外温度（1 天的平均值）比室内采暖设定温度低时的温度差的天数的合计［图 4.12（d）中使用了更正确的实效值］。从年间采暖负荷大幅度下降的如图 4.12（d）所示的式样 B 和 C 来看，热损失系数也应该对应地以图 4.12（c）所示的式样 B 和 C 为目标。下面从热流通阻抗对其进行说明。

　　根据图 4.12 所示的各曲线的倾向和数值，表明式样 C 的数据可以适用于日本本州（日本群岛中最大的岛）寒冷地区。采暖的程度受地区差的影响，如图

4.13[2]表示在东京、秋田和北海道楼面面积约 100m² 的住宅，当室温设定为 20℃时对应于周围墙壁的热流通阻抗的期间采暖负荷。北海道与东京相比采暖所必需的热量大，3 地区产生了明显的差别。如果取热流通阻抗为 1.2（东京）～1.5（北海道）程度，曲线变化基本上一定。条件与图 4.12 中式样 C 接近的墙壁的热流通阻抗，其计算值如已给出的表 4.6 所示。

　　日本学者就日本各地区的热损失系数与隔热的关系，以热损失系数 K、采暖度日数 D 和隔热材料厚度一览的形式进行了归纳，表 4.7 表示其精选的一部分[2]。这里的热损失系数为总楼面单位面积的值。表 4.7 根据采暖度日数将日本分为 Ⅰ～Ⅵ六个地区，这也可以与我国的相关地区相对应，如黑龙江省、吉林省和内蒙古自治区符合地区 Ⅰ 的条件，辽宁省除大连外均符合地区 Ⅱ 的条件，海南省符合地区 Ⅵ 的条件。我们可以参考表 4.7 来确定我国各地区的热损失系数与隔热标准。

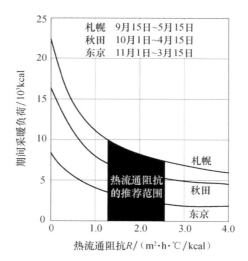

图 4.13　墙壁的热流通阻抗与期间采暖负荷的关系

表 4.7　日本六地区的热损失系数与隔热标准

地　区	K/[kcal/ (m² · h · ℃)]	D/(℃ · d)	隔热材厚度/mm		地名（例）
			墙壁	天花板	
Ⅰ	1.5	＞4000	24K：100	16K：200	札幌
Ⅱ	2.3	4000～3000	10K：100	10K：150	秋田
Ⅲ	2.7	3000～2300	10K：100	10K：100	福岛 · 福井
Ⅳ	3.4	＜2300	10K：70	10K：100	东京 · 大阪
Ⅴ	3.7	＜1500	10K：45	10K：100	鹿儿岛
Ⅵ	5.5	＜1400	0	10K：100	那霸

　　注：K 表示热损失系数，D 表示采暖度日数。

2. 热容量与高隔热、高气密化

在晴天，日照将因二楼的屋顶和天花板的热流通阻抗不同而直接影响室温，并且通过窗玻璃的阳光和夜间屋顶的热放射等也与室温相关。因此，为了提高采暖和空调的效果，隔热材料的效果备受关注。此外，四周墙壁的热容量也与室温相关。

物质具有蓄热的性质，设墙壁材料的比热容为 $c_w[cal/(kg \cdot K)，J/(kg \cdot K)]$、密度为 ρ、体积为 V，则使其温度上升 1K 所必需的热量为 $c_w\rho V$，这就是其热容量（cal/K，J/K）。热容量关系到四周墙壁的变暖和冷却的难易程度，密度和体积越大其效果越好。

现假设一个用 1 种材料制作的内部容积为 V 的立方体，其壁的综合热损失系数为式（4-8）的 KA，假定墙壁体积（面积 $A \times$ 厚度 h）的蓄热为 1/2，设空气的比热容为 c、密度为 ρ_a，则立方体的壁和包含在内部容积中的空气的热容量之和 C(cal/K) 为

$$C = \frac{c_w\rho Ah}{2} + c\rho_a V \qquad (4-9)$$

由初期温度 T_0 的状态，通过采暖器 H(kcal/h) 对立方体内部进行加热。t 小时后的内部温度 $T(t)$ 按下式上升：

$$T(t) = T_0 + \frac{H(1 - e^{-\delta t})}{KA}, \quad \delta = \frac{KA}{C}（室温变动率 1/h） \qquad (4-10)$$

式（4-10）的推导可以参考有关文献。经过一定时间，温度达到平衡为一定值后，若停止采暖，则 $T(t)$ 按式（4-11）下降。

$$T(t) = T_0 + \frac{He^{-\delta t}}{KA} \qquad (4-11)$$

室温的变动经过如图 4.14 所示[2]。由图可知，若墙壁的 $c_w\rho$ 大，室温变动率 δ 就小，这就是混凝土材料的性质（难热也难冷）。这时如果墙壁的内侧安装隔热材料，则会变得易变暖而难变冷。

室温随时间的变动可用式（4-12）的 τ 表示，它也可以表示热容量的效果。设室温的最高与最低之差为 T_1、外界气温的最高与最低之差为 T_2，则

$$\tau = \frac{T_1}{T_2} \qquad (4-12)$$

τ 因住宅的种类和季节的不同而不同，木质住宅的 τ 比混凝土住宅大，从季节来讲冬季较大[7]。由于木质住宅的热容量小，我们可以利用木质材料易升温的特点进行高度隔热，或者与混凝土组合构成混合结构，这也将是今后的发展方向。

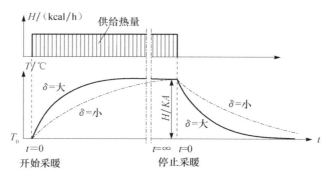

图 4.14　室温变动与室温变动率及热容量

高性能隔热如图 4.12（b）中的式样 C 和 D，此时隔热材料的安装数量很多，具有足够的严寒地区住宅的机能。图 4.15 中的灰色部分[2]表示一般应该安装隔热材料的地方。安装在天花板的隔热材料，也可以改为安装在屋顶垫板上。安装隔热材料时应特别注意缝隙的处理和隔热材料的施工。

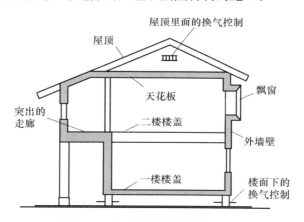

图 4.15　住宅安装隔热材料的地方

要提高隔热性能，必须同时也提高房屋的气密性能。如果用换气次数表示气密的程度，则气密住宅为 0.5 次/h 以下。采用气密性好的框架组合壁构造法（规格材构造法，轻型木结构）的住宅为 0.7 次/h。

气密性能用每 1m² 楼面面积的当量间隙面积表示。对于气密住宅，日本规定其为 5cm²/m² 以下。当量间隙面积 αA 根据 $0.7Q_0$ 求取，Q_0 采用气密试验法由送风量和室内外压差进行计算。测试时人工对房间增压或减压，造成房间内外的空气压力差异，产生空气流动，然后利用流量计得到流量，从而计算出房间通过不同大小的洞流出外面的空气量。日本北海道的独户住宅达成该标准，2.0cm²/m² 时为高气密住宅。我国还没有制定房屋气密性能分级及检测方法，

但已制定了《建筑外窗气密性能分级及检测方法》(GB/T 7107—2002)[8]，可以
参考此标准进行检测。

　　3. 结露的成因与防止

　　图 4.16 为气温和相对湿度与空气中水蒸气量的关系图[9]。例如，当温度约
26℃、相对湿度 50％的空气（A）冷却至 15℃时，相对湿度增加至 100％。温度
只从 A 点下降到 B 点时，空气中的水蒸气量不发生变化，而当温度下降到
10℃(C) 时，空气中的水蒸气成为过饱和状态而起雾，露珠附着于材料的表面。
结露即在该条件下发生，其量为水滴量（C 点与 D 点的水蒸气量之差）。

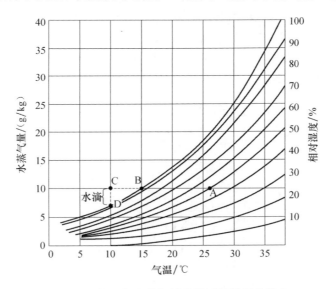

图 4.16　气温与水蒸气量的关系及结露的发生

　　1）表面结露及其防止

　　设朝北的房间的室温为 T_1、窗玻璃的热流通率为 K、玻璃的室内侧表面的
温度和传热率为 T_3 和 α、外界气温为 T_2，则 T_3（℃）可用下式表示：

$$T_3 = T_1 - \frac{K(T_1 - T_2)}{\alpha} \tag{4-13}$$

玻璃面上不结露的条件是：T_3 比室内空气的露点温度高。由式（4-13）可知，
为了提高 T_3，可以减小 K。表 4.5 中的双层玻璃，正如被称为隔热玻璃那样，
其 K 值比单层玻璃要小得多。

　　如果 T_3 比室内空气的露点温度低，玻璃表面就会出现结露，这叫做表面结
露。要防止房屋墙壁的表面结露，也要使墙壁的 K 值减小，并且不使室内的水

蒸气量增加，或通过换气来排出水蒸气。室内的水蒸气即使急增，如果室内有很多具有缓冲作用的吸/放湿性材料，则室内湿度的增加也将受到抑制。这意味着若内壁和天花板使用木质材料，将提高防止结露的效果。我们可以在木质材料上钉上防湿层与隔热材料进行复合。木质材料的表面最好也稍微有点防湿性。室内的家具和厚的窗帘的背面，其温度与室内中央相比急剧下降，在靠近家具的壁面上和有厚窗帘的玻璃上会经常发生结露现象。

2）内部结露及其防止

假设墙壁如图 4.17（a）所示为胶合板、防湿层、隔热材料和中空层组成的简单的复合中空板[10]。在冬季，室内与室外的温度差 ΔT 和水蒸气压差 Δp 增大。以室内的温度 T_1、水蒸气压 p_1 开始朝室外空气下降时为始点，设距离室外侧 x 的热阻抗和湿气阻抗分别为 R_x 和 R_{mx}，若设位置 x 处的温度和水蒸气压为 $T(x)$ 和 $p(x)$，墙壁的热流通阻抗或者湿气流通阻抗为 R 或者 R_m，则墙壁内部的 $T(x)$ 和 $p(x)$ 为

$$T(x) = T_1 - \frac{\Delta T R_x}{R} \qquad\qquad (4\text{-}14)$$

$$p(x) = p_1 - \frac{\Delta p R_{mx}}{R_m} \qquad\qquad (4\text{-}15)$$

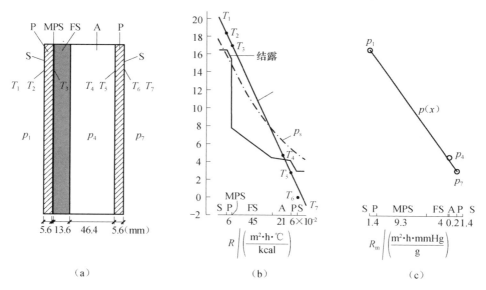

图 4.17　复合中空墙板内部的温、湿度分布与结露的发生

T-温度（$T_1 \sim T_7$ 为实测）；p_s-饱和水蒸气压；$p(x)$-水蒸气压（p_1、p_4 和 p_7 为实测）；

R-各层的热流通阻抗；R_m-各层的湿气流通阻抗；S-表面边界层；P-胶合板；MPS-防湿薄膜；

FS-发泡聚苯乙烯；A-中空层

图 4.17（b）和（c）为室内气温 20℃、相对湿度 94％，夜间室外气温 -1℃、相对湿度 65％时的情况。图 4.17（c）中各层的湿气流通阻抗 R_m 是根据湿气流通阻抗＝厚度（m）/透湿率［g/(m·h·mmHg)］计算出来的。如 P，$1.4=5.6×10^{-3}/4×10^{-3}$；MPS，$9.3=28×10^{-6}/3×10^{-6}$；FS，$4.0=13.6×10^{-3}/3.4×10^{-3}$；A，0.2（文献值）；S，0.05 以下。图 4.17（b）中由于表示了饱和水蒸气压 p_s，可将图 4.17（c）中的 $p(x)$ 移动到图 4.17（b）中对 $p(x)$ 和 p_s 进行比较。图 4.17（b）中室内侧胶合板和防湿薄膜上的结露条件满足 $p(x)>p_s$，试验也确认了在胶合板和防湿薄膜的界面上产生结露。

这样，将在内部的界面上发生的结露叫做内部结露。如果在中空层追加厚 4cm 的隔热材料，则可以防止结露。由于图 4.17（c）的中空层的 $p(x)$ 即 p_4 小，没有达到结露发生的条件，但如果中空层有湿气侵入，$p(x)$ 就容易接近 p_s，这里也有可能发生内部结露。实际上由于长期的内部结露而发生腐朽的案例很多。

当胶合板表面结露时，胶合板内部也会发生水分的凝聚，因此最好对其表面进行一些防湿性的处理。中空层由于滞留湿气而容易接近结露，最好有能进行水分蒸发的空间。其对策之一就是设置通气层，使水蒸气从通气层排除。外装饰材料由于直接与雨水和风接触，如果装饰材料上有小的裂缝水分就会发生渗透，所以必须有排湿气的通气层。但通气层的存在使得墙壁多少为半密闭状态，理想的构造应该为湿气不能进入。

天花板装饰面的防湿、隔热材料的铺设和屋顶里面的换气（如 3 次/h）基本上都是必要的。屋面板由于受日照而升温、因辐射而冷却很强烈，最好安装隔热材料和有防止结露的防湿层。楼面下也必须铺设防湿和隔热材料。由于来自地基的湿气会在楼盖和横梁上结露（内部结露），在地基上铺设聚苯乙烯防湿薄膜或铺设混凝土都有很好的效果；配置具有开闭机能的换气口也有好的效果。

4.2　木材的感觉特征和冲击吸收性

4.2.1　木材的视觉特征

1. 色调与光泽

木材，特别是心材因树种不同而各自呈现出有特色的色调。材色主要是由包含在心材的微量抽提成分产生的。在此基础上，呈现在材面上的细胞与组织的截面和内腔产生不同的微妙的光反射，从而使木材呈现出树种独特的色调。

大家都认为木材的材色很丰富，但色调的范围却比较狭窄。图 4.18 将包含比较多的树种的木材材色表示在色度图上[2]。从色调来说，木材材色以 YR（橙）为中心，在 R（红）到 Y（黄）的有限范围中。一般来说，普遍认为黄色

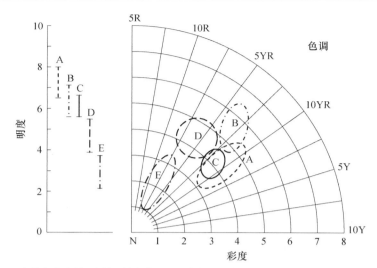

A：明亮浅色的木材（扁柏、柳杉和红松的边材，冷杉、日本椴木和拉明木的边心材）；
B：褐色～黄褐色的针叶树材（落叶松、花旗松）；
C：褐色的阔叶树材（日本栎、栗木、水曲柳、黄婆罗双木）；
D：红褐色～深红褐色的木材（龙脑香木、麦哥利、暗红柳桉）；
E：深暗色木材（黑檀、铁刀木、紫檀）

图 4.18　表示在色度图上的含比较多树种的木材材色

味强的木材其明度高（明亮），而红色味强的木材其明度低（暗）。同一树种，也会因边心材、早晚材及节等部位不同其色调发生变化。

　　刘一星等于 1991 年对我国 110 种木材（其中针叶树材 22 种，阔叶树材 88 种，覆盖了木材的各个具有代表性的材色范围）的材色特征进行了定量测定和系统分析[11]。测定结果也表明，大多数树种材色的色调标号值都分布在 YR 的区间，110 种树种木材的色调标号分布中心在 7.5YR 左右，仅有少数阔叶材树种的材色值分别分布在 R～YR 和 YR～Y 区间。针叶树材的色调变化范围比较窄，全部落在 YR 的区域，其明度和饱和度均分布在较高的区域；而阔叶树材的材色在色调、明度和饱和度上都分布在比较宽的范围，阔叶树材的分布中心在 10YR 左右。

　　我国 110 种木材树种名称在孟塞尔色空间色调标号值的分布如表 4.8 所示[3]。木材树种名称的色调标号值分布表对木材的加工利用，特别是室内装饰时替换树种的选择具有客观的参考价值。

表 4.8　木材孟塞尔色调标号 H 的树种分布

参考值变化范围	符合条件的树种名称
10P～2.5R	紫檀
2.5R～5R	肖韶子，连香树

续表

参考值变化范围	符合条件的树种名称
5R～7.5R	红椿，余甘子
7.5R～10R	色木，火纯树，香樟，红木
10R～2.5YR	（华北落叶松），扇叶槭，光叶桑，厚皮香，重阳木，大叶桉，粗糠柴，野核桃，合欢，沙梨，粤黔野桐，荷木
2.5YR～5YR	（兴安落叶松），（红松），（长叶柳杉），（银杏），（圆柏），（雪松），黑桦，山丁子，米心树，西南桦，亮叶桦，山桂子，大叶钓樟，驱蚊树，滇楸，光叶春榆，猴耳环，毛红椿
5YR～7.5YR	（红皮云杉），（臭冷杉），（广东松），（杉木），（金钱松），（思茅松），（青海云杉），（巴山冷杉），（长苞铁杉），山杨，大黄柳，暴马丁香，白桦，籽椴，粉枝柳，青楷槭，水青树，少脉椆，水青冈，枫木，枫杨，短序润楠，核桃楸，柞木，檫木，榔榆，细叶谷木，七叶树，山黄麻，野芒
7.5YR～10YR	（鱼鳞云杉），（樟子松），（黄山松），（华山松），（短叶柳杉），（红豆杉），山桃，糠椴，大青杨，潺槁树，毛山荆子，罗浮泡花树，齿叶枇杷，白克木，香桦，青榨槭，山玉兰，旱冬瓜，假桂皮，鹅耳栎，黄波罗，冬青，大叶海桐，台湾相思，岭南山竹子，枝花李榄，珙桐，黄檀，水曲柳
10YR～2.5Y	青钱柳，马褂木，八宝树，漆树，月桂山矾，两广润楠，栗叶算盘子，铁刀木，枫香
2.5Y～5Y	亮叶围涎树
5Y～5GY	乌杨

注：表内括号中为针叶树材，其余为阔叶树材。

　　取《世界有用木材 300 种》一书中树种材色和地理分布的记载为原始数据，分析了针叶树材和阔叶树材树种群材色等级的分布特征，以及地理区划分布对材色的影响[3]。

　　针叶树材树种群的材色分布在浅色、高宏观明度范围占有极大的百分比，而在深颜色、低宏观明度范围仅有很少量的分布；阔叶树材树种群的材色分布与针叶树材相比，深颜色、低宏观明度树种所占比例和明显增多，而浅色、高宏观明度的树种比例数少于针叶树材树种群。木材的颜色主要来源于其化学结构的非主要成分。一般来说，阔叶树材比针叶树材含有更多的抽提物（色素、单宁等），所以深颜色的树材也比较多。

　　从地理分布对材色的影响来看，纬度是主要的影响因子，而经度对材色的影响程度不大。在低纬度热带地区，深材色的树种占的比例较大；随着纬度的增高，深材色树种的比例逐渐减少，浅材色树种的比例逐渐增大。可以认为，纬度变化对树木生长的影响作用，实际上是不同纬度的地理区域气候（包括气温、降雨量等）差异的结果。在高气温、高降雨量的热带地区，由于气候的影响，抽提物含量高的阔叶树材树种较多，而抽提物中的色素、单宁等使得木材的颜色加深，这也许是低纬度地区深材色树种所占比例较大的原因之一。

　　选择樟子松、臭冷杉、落叶松、红豆杉、野漆树、白蜡木、红钩栲和水曲柳

8 个树种的木材，研究加热处理对木材材色的影响[3]。结果表明，加热温度和加热时间均对木材材色变化有影响，其中加热温度的作用更为明显，而加热时间的作用随加热温度的升高而增大；对加热处理条件最为敏感的材色参数是明度指数，它与加热条件的关系在各树种之间存在一定程度的共性，但各树种所受影响的程度大不相同；加热处理后木材的色调和饱和度参数也发生变化，且在不同树种之间变化方向和程度各异。原来颜色鲜艳、彩色程度高的树种其材色向低明度的偏红方向变化且饱和度降低，可以认为是由于这些树种的有色抽提物含量较高，加热处理过程中抽提物的挥发对材色变化（变色和褪色）起到了主要作用；原来颜色平淡、彩色程度低（接近中性色）的树种其色度指数和饱和度经加热处理反而略有增高，可以认为主要是木材中的化学组分（木质素大分子中和原本无色的抽提物中均含有发色基团和助色基团）在高温下急剧氧化导致"深色化"（是指吸收光谱向长波方向移动）和"浓色化"（是指吸收光谱强度增大）的变色效果。

　　当一束光照射到非金属物体表面之后，其反射光有一部分是在空气与物体的界面上反射，这部分称为表面反射；还有一部分光会通过界面进入到内层，在内部微细粒子间形成漫反射，最后再经过界面层形成反射光，这部分称为内层反射。

　　木材构造分析的结果表明，由于木材为细胞结构单元的复合体，其纵切面常因切割而裸露出细胞腔，这些细胞腔虽然在肉眼下并不明显，但当平行的光线照射到它的表面时，它们就像无数个微小的凹面镜，光线在当中被胞腔壁往各个方向折射，发生漫反射现象，并有一部分光线被吸收掉，这样使令人眩晕的光线变得柔和。目前，人们正在不断研究代用木材的仿制品，但光泽感的差异仍是仿制品很难替代真实木材表面效果的原因之一。

　　用波谱对这些木材的表面反射光进行分析，如图 4.19 所示[2]，大多为波长

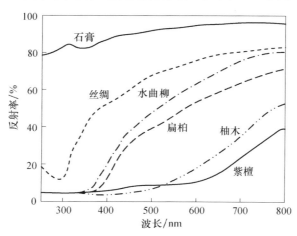

图 4.19　木材表面反射光波谱

600nm 以上的长波（红～黄）成分，波长 500nm 以下的短波（蓝～紫）成分少。木材对波长在 330nm 以下的光线（紫外线）的反射率在 10% 以下，这说明木材能够起到大量吸收阳光中的紫外线、减轻紫外线对人体危害的作用；同时，木材对波长在 780nm 以上的光线（红外线）的反射率在 50% 以上，说明木材能反射红外线，这一点与人对木材产生温暖感有直接联系。因此，住宅、办公室、商店、旅馆、体育馆和饭店等场所室内的木材率的高低对引起人的温暖感觉有影响。

　　木材表面用平刨等刨光后，不同树种会呈现独特的光泽，有时称其为色泽；在物理学上，指物体受光照射时表面反射光的能力，以试样在正反射方向相对于标准表面反射光量的百分率（光泽度）表示。在视觉上用色泽表达。

　　由于在木材的表面上呈现出细胞的内腔面和细胞壁的切断面等，即使表面加工很平滑也必定有微小的凹凸。因此，由于呈现在材面上的细胞和组织的种类不同，以及由其截面和内腔所产生的微妙的光反射不同，木材表面呈现出树种独特的光泽。另外，木材中抽提成分的性质和量有时也对光泽产生影响。

　　从 110 种木材的光泽度测定值来看，木材的光泽度数值比较低，大都在 10% 以下，其变化范围为 2.4%～10.8%。绝大多数树种的平行于纹理入射条件下的光泽度测量值均大于垂直于纹理条件下的测量值，这是木材组织构造上的各向异性造成的结果[3]。由于木材细胞大部分沿木纹方向排列，如图 4.20 所示[2]，当光平行于木纹方向进入时，在细胞内腔的底面上进行正反射的比例大，表面的光泽变大；而当光垂直于木纹进入时，由于光在细胞内腔的侧壁上散射，表面光泽变小。进而由于木纹的倾斜使光的反射面发生变化，根据呈现在材面上的组织种类和木纹排列的变化，如果光的入射方向和观察方

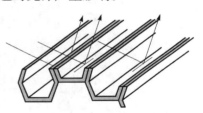

（a）纤维方向的光照射

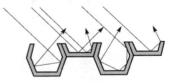

（b）垂直于纤维方向的光照射

图 4.20　光照射到木材表面的方向不同其反射不同

向不同，则其光泽也会发生微妙的变化。正是这种表面光学性质的各向异性，构成了木材独特的视觉特性和美感。

　　另外，木纹（纤维）的倾斜若因部位而变化，则由于光泽随部位变动而呈现出花纹。热带阔叶树材的木纹，其倾斜随成长时期而变化，经常可以见到由此所产生的交错纹理，在径切面上光泽不同的部分呈现与纤维方向平行的缎带状。

　　一般来说，木材的光泽出现在刨光的木材表面，用木贼或糙叶树的叶子这些研磨材料或用研磨原木那样的特殊研磨法对木材表面进行研磨，则会增加其光泽。

2. 木纹与花纹

由于年轮、导管和射线组织等在木材的表面呈现各种各样的图案（木纹）。其表现方式因树种而异，也因横截面、弦切面和径切面等表面的切取方式不同而发生变化。

出现的最普通的木纹是基于年轮的。针叶树材的一个年轮由浅色的早材和深色的晚材组成，由于早、晚材色泽的深浅对比而呈现出木纹［图 4.21（a）］[2]。而在阔叶树材的纵截面上由于导管以细沟的形式出现，环孔材因导管而呈现出明显的木纹［图 4.21（b）］。另外，在热带材上经常见到的交错纹理所产生的缎带状光泽带［图 4.21（c）］和在枫木类及七叶树木上出现的波状纹理所产生的图案［图 4.21（d）］等是由于光泽的变化所呈现出的木纹。

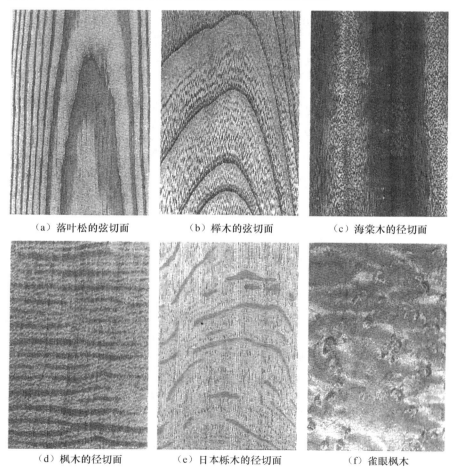

（a）落叶松的弦切面　　　　（b）榉木的弦切面　　　　（c）海棠木的径切面

（d）枫木的径切面　　　　（e）日本栎木的径切面　　　　（f）雀眼枫木

图 4.21　出现在木材表面的各种木纹

射线组织具有特点的树种，会因射线组织而呈现出花纹。例如，日本栎木的径切面上可以见到由大的射线组织所产生的虎斑［图 4.21（e）］，日本七叶树木的弦切面上因射线组织呈阶层状排列所呈现的波痕等。

出现在材面上的节子有时也会成为一个图案。最近人们受西洋建筑的影响和对"自然"质感的喜爱，有接受以节子作为装饰的倾向，在壁面等上面经常使用节子作为装饰。节子出现在表面的木材，由于节子周围的纤维呈立体状倾斜，该部分从不同的角度看时其光泽不同。因此，节子的周围很好地体现了木材的质感。例如，在小的芽节或树枝集中的部分可以见到雀眼花纹［图 4.21（f）］。

材面呈现不规则年轮、木纹和射线组织等的纹样之中，特别是具有装饰性和艺术价值的木纹，被作为花纹而受到珍视。另外，紫檀、黑檀、铁刀木和花梨木等珍贵木材，由于色浓、质地细腻且重硬，是作为重要装饰的木制品不可缺少的材料。这样，好花纹、红木、材形奇特者，还有年轮宽度狭小的木材被作为名贵木材，用做楼面支柱、楼板和天花板等建筑内装、家具和工艺品等的装饰材料非常重要。

3. 木材表面所给予的心理作用

材料本身的颜色和呈现在表面的花纹丰富多彩，这是除木材和大理石外在其他材料上很少可以见到的特征。这种花纹在内部装修、家具和器具用品等居住环境材料上占有重要的位置。材面的花纹、浓淡和凹凸等构造有适度的规则性，给人们的眼睛以自然的感觉。如果详细地对该构造进行解析，木纹的图案不是相互交错，而是呈现出恰如其分的浓淡对比。

树木由于每年气候的变化，生长量不同，其年轮宽度不固定。因此，年轮宽度虽然是有规则性的，但可以看到年轮的间隔和颜色深浅呈现出涨落起伏的变化形式[12]。这种周期中蕴藏变化的图案，充分体现了造型规律中变化与统一的规律，赋予了木材以华丽、优美、自然、亲切等视觉心理感觉，给人的身心以自然和愉快的刺激。这在比较木材径切面上看到的呈平行线状排列的年轮图案和规则的缟纹图案时，就能很好地理解这一点。木纹图案用于装饰室内环境，经久不衰，百看不厌的原因就在于此。

木纹由于组织和细胞的排列方向及眼睛看的位置不同，其光泽等也会发生变化，因而具有立体感和木质感。还由于生物体的特征存在个体差异，不会出现完全相同的木纹，因而材面具有个性。

由于木材以暖色的黄～红系（YR 系）为基调，用眼看时在心理上会感到温暖。另外，由于木材对波长非常短的紫外线几乎不反射，反射光对眼睛的刺激很小。并且出现在表面的细小的凹凸会使光线产生散射，从而使耀眼的光线变得柔和，不易使眼睛产生疲劳。明亮的木材如白桦和鱼鳞云杉给人以明快、华丽、整洁、高雅和舒畅的印象；而明度低的木材如红豆杉和紫檀具有深度感，大多给人以沉着、浑厚和豪华的印象。

　　在生理学上，木材纹理沿径向的变化节律暗合人体生物钟涨落节律[3]。武者利光对木材纹理构造中存在的涨落现象进行了研究，通过对木材径向纹理图案的变化模式进行频谱特性解析，发现木材构造所呈现的功率谱符合 $1/f$ 的分布方式，所以给人以运动的、生命的韵律感及和谐的、流畅的自然感。木材色调、纹理、年轮间隔的这种 $1/f$ 谱分布形式与人的生理指标（如 α 脑波的涨落、心理周期的变化）的 $1/f$ 谱分布形式均相吻合，这种节律的吻合是自然界中所有生物体都具有的共同的内在特性。

　　在墙壁、天花板和家具等室内空间使用木材时，视觉上随着木材所占比率的增加，"冷"的印象减少，木材的存在大大寄予了"稳重感"。特别是"自然的"印象如图 4.22 所示，木材使用率越高，这种自然的印象就越高，这表明了木材是给人以"自然的"印象的材料[13]。

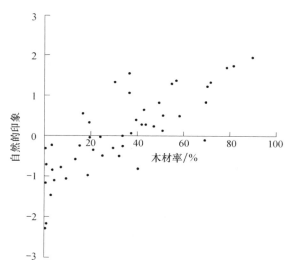

图 4.22　住房内的木材率与"自然度"的关系

　　一定量的木材率有助于提高居室的视觉温暖感，但在木材率达到 45% 以上时，此作用不再明显。温暖感不仅与木材率有关，还与其他因素有关。室内空间平均色调在 2.5YR～5YR 区间，视觉温暖感最强[3]。

　　木材用量增加会使房间内充满稳定和安全，同时由木材所带来的这种感觉刺激又是温和、有限的，因而稳静感相对提高，但并不是室内木材率越高稳静感就越强。木材率在 20%～70% 时稳静感评价值较好。

　　木材率与舒畅感之间的相关性较低。其原因是受室内的材料质地、材料图案、观赏植物和家具等多方面因素的影响。木材率在 40%～60% 时舒畅感评价值较高,木材率过高或过低舒畅感都下降。

上乘感来自于环境的视觉品位与美感。木材具有独特的视觉品位与美感,因而木材率的升高会引起上乘感的升高。但当木材率超过 45% 时,此作用变得不再明显,基本上与 45% 时保持在同一水平。

在所有材料中,木材是给人以自然感较强的一种材料,因而木材率对自然感的影响也较显著。木材具有独特的视觉品位与美感,因而木材率的升高会引起自然感的升高。不过当木材率超过 50% 时,此作用变得不再明显,基本上与 50% 时保持在同一水平。

现在,将具有装饰性的木材作为建筑内部装修和家具用材使用时,实用的做法大多为将薄的刨切单板(装饰单板)贴在各种各样的基材上来使用。太薄的刨切单板在光学上会受基材的影响而失去木材所具有的质感[12]。

4.2.2　木材的触觉特征

1. 木材的手感

人体的内部温度平均约 37℃,体表皮肤温度约 32℃。若人在室温下(18～20℃)与材料接触,必然会产生热量移动。人与材料的接触冷暖感,主要来自接触部位温度差异及其所产生的温度变化的刺激量。当温度变化的刺激量被人体皮肤内的温、冷刺激感受器接收并传递给中枢神经系统时,人就会认知"温暖"和"冰冷"。若外在温度高于皮肤温度 0.4℃ 时,即可产生温暖感;而外在温度低于皮肤温度 0.15℃ 时,即可产生冷感。既不感觉冰冷也不感觉温暖的温度称为生理零度,一般在 32℃ 左右[3]。

木材的手感受冷暖感、软硬感、干湿感和粗滑感等复合性感觉的影响,与之相关联的物理性质也关系到导热系数、比热容、弹性系数、力学性衰减和吸湿/吸水性,并且与多孔构造有关。

即使同一温度的材料,材料的种类不同用手触摸时的冷暖感不同。图 4.23 为用心理尺度表达对用手触摸 20℃ 的各种木材时的冷暖感与其他几种材料的比较[14]。该图中为了比较对其他几种材料也进行了表示,所以可以知道与其他材料相比木材冷暖感的位置。另外还可知,用手触摸密度小(轻)的木材与密度大(重)的木材相比也感觉温暖;用手触摸弦切面和径切面这样的纵剖面也比触摸木材横截面感到温暖。

该冷暖感主要由接触部位的温度或者在界面上的热移动量决定。一般来说,由于室温比皮肤的温度低,当皮肤触及放在室内的材料时,对于导热系数小的材料,人的皮肤上的热难以转移,因而感到温暖;而对于导热系数大的材料,由于热转移快，皮肤与材料接触的部位其温度下降，因而感觉发冷。图 4.24 表示出了上述冷暖感与材料导热系数的对数之间的关系[14]，由图可知两者之间呈明显的负相关性，导热系数小的材料其触觉冷暖感评价高，导热系数大的材料则冷暖感评价低。因此，可以得出这样的结论：人对木材的冷暖感觉主要受皮肤—材料界面间的表面构造、温度变化和热流速度的影响，实际上归根到底受导热系数控制[3]。

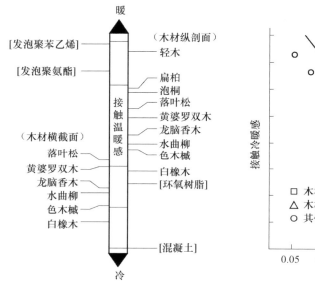

图 4.23　木材的接触冷暖感　　　图 4.24　木材的导热系数与接触冷暖感的关系

当在金属等非木质材料表面覆以木质材料时，其冷暖感将发生变化，即使像混凝土那样导热系数大的材料，如图 4.25 所示在其上铺放 2～5mm 厚的木板，其冰冷感也会得到减轻。对于比这更薄的木板（如 1mm 以下），基材的热特性将对冷暖感产生影响，基材与木材的导热系数相差越大，则与厚板的冷暖感的差别就变得越大，随着木板的变厚（如 6mm 以上）其冷暖感将接近木材本来的冷暖感[15]。

一般认为，木材经涂饰后接触面的热学性质会发生微小的变化，但通过对 10mm 和 20mm 厚的日本柳杉径切面用丙烯酸清漆多次涂刷并测定其接触冷暖感，未出现因涂饰所引起的冷暖感觉的差异，只有当涂层厚度达到 40～50μm 时才能测定涂饰前后冷暖感的微小差别[3]。因此可以说，木材表面采用涂饰之所以千百年来一直受到人们的欢迎，与其具有适当的接触冷暖感也有直接的关系。

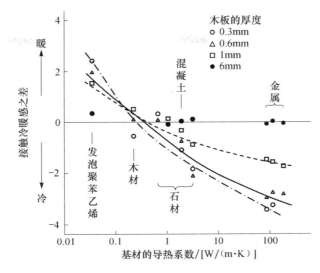

图 4.25　木材厚度及基材不同所产生的接触冷暖感的变化

　　材料表面有的感到粗糙，有的感到光滑。木材的粗滑感除因表面切削的不同所产生的粗糙度不同外，即使加工平滑的表面也因木材组织和细胞所产生的细小的凹凸而变化。针叶树材的早材与晚材的密度差和与年轮间隔相关的切断面的起伏，以及阔叶树材的导管所产生的沟的深度和间隔都与粗滑感相关[16]。因此，木材表面的接触粗滑感主要由其表面上微小凹凸的粗糙程度所决定，常常与木材不同加工表面有关，也因木材被锯切、刨削、研磨等不同加工方式而异，同时又与加工后期是否经过涂饰或其表面是否有水迹或结露有关。此外，接触粗滑感的具体程度还受木材表面的静摩擦系数和滑动摩擦系数及接触介质的影响，这在地板材的步行感方面体现尤为明显。

　　木材表面粗糙度是指木材表面经切削加工或压力加工后形成的具有较小间距和峰谷所组成的微观几何形状特征，它是由加工方法和木材的材料质地及纹理方向所决定。尽管木材经过刨切或砂磨，但由于细胞裸露在切面上，使木材表面不可能是完全光滑的，在显微镜下表现出高低起伏的粗糙平面。因此，木材细胞组织的构造与排列赋予木材表面以粗糙度。木材组织的类型也刺激人的视觉，触觉和视觉的综合作用使人感到木材表面具有一定的粗糙度。

　　用手触摸材料表面时，摩擦阻力的大小及其变化是影响表面粗糙度的主要因子，摩擦阻力小的材料其表面感觉光滑。研究结果表明，针叶树材在顺纹方向上早材与晚材的光滑性不同，晚材的光滑性好于早材；木材表面的光滑性与摩擦阻力有关，它们平均取决于木材表面的解剖构造，如早晚材的交替变化、导管大小与分布类型、交错纹理等。

粗滑感是指粗糙度和摩擦刺激人们的触觉，一般来说材料的粗滑程度是由其表面微小的凹凸程度所决定的[3]。研究表明，对于阔叶树材，表面粗糙度对其粗滑感起主要作用，木射线及交错纹理有附加作用；而对于针叶树材，粗滑感主要来源于木材的生长轮宽度。由于木材细胞组织的构造与排列赋予木材表面以粗糙度，木材表面加工效果的好坏在很大程度上将影响木材表面的粗滑感。

木材表面的细微凹凸不仅影响粗滑感，对其他接触感觉也有影响。大家都知道材料表面的干湿感与粗滑感有很高的相关性。一般来说，像玻璃和铝那样具有平滑表面的材料会给人以湿的感觉，而像木材那样具有凹凸的粗糙表面给人以干的感觉。另外，上述冷暖感虽然深受材料导热系数的影响，但即使具有相同导热系数的材料，表面粗加工者在皮肤与材料的界面之间会出现微小的空气层（隔热层），由于使热的移动变慢，因而感觉比光滑加工者温暖[2]。

木材表面具有一定的硬度，但远远小于石材、钢材和玻璃等材质。通常多数针叶树材的硬度小于阔叶树材，故针叶树材常被称为软材，阔叶树材被称为硬材。木材的端面硬度高于侧面，弦面硬度略高于径面。端面∶径面∶弦面约为1∶0.80∶0.83。不同树种、同一树种的不同部位、不同断面的木材硬度差异很大，因而有的触感轻软，有的触感硬重[3]。

当人们接触到某一物体时，这种物体就会产生刺激值，使人在感觉上产生某种印象。而这种印象往往是以一个综合的指标反映在人的大脑中，一般常以冷暖感、软硬感和粗滑感这三种感觉特性加以综合评定。图4.26表示出了各种建筑材料的软硬感和粗滑感与舒服和不舒服之间的关系[2]。由图可知，木材及木质材料具有中等软硬感和粗滑感，呈现出比中等稍微偏高一点点的舒服感。再加上木材及木质材料的冷暖感偏温和，因而能以适当的触觉特征参数值给人以适宜的刺激，引起良好的感觉，通过这种良好的感官刺激调节人的心理状态。

2. 楼面材料的硬度、摩擦和步行感

人在楼板上步行时的行走难易度与楼板的硬度和摩擦相关，在木质地板与水磨石地板上的步行感有很大的不同。步行感与地板的硬度、弹性、冲击吸收性及滑动性等有复杂的关系。当人赤足（或穿袜子）、穿薄底拖鞋在石板和混凝土这种坚固的楼板材料上步行时，脚趾、脚掌、脚跟或脚踝和膝关节会感受到地板的反冲击负荷，长时间步行时会感到非常疲倦；而当在太柔软的地板上行走时，则因脚跟着地不稳而难以步行。这些都是人们日常生活中所能体验到的，很容易理解地板应当具有适当的软硬度。

楼面材料的楼面硬度感和步行感不仅因楼面的表面材料而异，也因其基材和楼盖的构造不同而不同。胶合板楼面和混凝土楼面相比，胶合板楼面柔软、行走的感觉好，若在其上铺设地毯则更加柔软，步行的感觉更好。以胶合板或刨花板

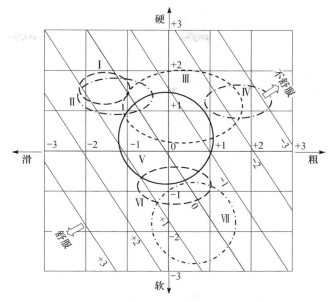

Ⅰ：玻璃、大理石、铝等；　　Ⅱ：P瓷砖、丙烯板、聚酯板等；
Ⅲ：混凝土板、石膏板、窑砖、瓷砖等；　　Ⅳ：沥青、木丝水泥板；
Ⅴ：木材、木质板材、皮革；　　Ⅵ：草席、草垫、鹿皮；　　Ⅶ：地毯、毛皮

图 4.26　各种建筑材料的软硬感和粗滑感与舒服感的关系

等木质材料作为基材时，其地板的软硬度会达到一个较佳值，而上面铺设地毯等软质材料时则会被评为最佳。用木材做楼面板时，因为具有良好的弹性，从运动角度来看多数具有良好的软硬度。但如果直接铺设于地面上，其弹性评价值也会大为降低，步行时会感觉较硬，弹性和运动性也会变差，伤害发生频率也会增高。地板的硬度感虽受材料表面本身软硬度的影响，更主要是由其所产生的挠度大小来决定的。当木地板铺设在横梁上或在其下面铺设有缓冲材料时，其弹性评价值会得到提高。但若横梁间隔太宽，楼板的挠度过大，其步行感会变差[2]。

　　王松永等采用静摩擦系数测定仪测试了 10 种地板材料的静摩擦系数[17]，结果显示，瓷砖、大理石的静摩擦系数值较小，塑料地板、硬槭木等地板材料的静摩擦系数值较大，单板层积材、浸渍纸覆面单板层积材、胶合板及涂饰柚木 4 种地板材料的静摩擦系数值位于 10 种地板材料的中间。但不同摩擦介质间的相互作用对静摩擦系数的影响很大。例如，当摩擦压头材料为橡胶时，以浸渍纸覆面单板层积材、硬槭木的静摩擦系数最大，显著大于其他材料，柚木、单板层积材及塑料地板的静摩擦系数次之，瓷砖、胶合板及大理石的静摩擦系数略小，而以地毯为最小；当摩擦压头材料为丝袜时，以柚木、胶合板的

静摩擦系数最大，单板层积材、硬槭木、浸渍纸覆面单板层积材、瓷砖及塑料地板的静摩擦系数居中，而地毯、大理石的静摩擦系数最小，并显著小于其他材料。

综合来看，木质地板对于丝袜及棉袜的静摩擦系数较小，相对而言对于皮革、橡胶及 PVC 的静摩擦系数较大。这就印证了日常家居生活时，穿着丝袜及棉袜在木质地板上步行时有打滑的感觉，而穿着皮底鞋、橡胶底鞋或拖鞋在木质地板上步行时不易滑倒。此外，在大理石及瓷砖地板上除 PVC 拖鞋较不易滑动外，其他介质均较易滑动；塑料地板上除 PVC、皮革鞋底不易滑动外，其他 5 种介质均较易滑动。

选定福建柏、圆柏、美国铁杉、红花梨、柚木、白栎木、红栎木、黑胡桃、紫檀和硬槭木 10 个树种的木材为地板材料，比较不同摩擦压头介质时其静摩擦系数的大小差异[3]。结果表明，木材的静摩擦系数与其密度成反比，密度越小的木材其摩擦面能产生的塑性变形越大，静摩擦系数也随之越大。针叶树材的静摩擦系数（平均 0.529）略大于阔叶树材（0.477）。针叶树材主要靠管胞直径、生长轮及早晚材差异来影响其粗滑感，早材部位的静摩擦系数通常比晚材部位的大。阔叶树材主要以表面粗糙不平度影响粗滑感效果，其木射线组织或交错纹理会稍微增大静摩擦系数；环孔材的静摩擦系数大于散孔材。木材纹理倾角对地板材的静摩擦系数无显著影响，纹理倾角为 0° 时静摩擦系数最小，纹理倾角为 30° 时静摩擦系数最大。木材地板经涂饰后其静摩擦系数减小，滑动性增加，但不同涂料和不同摩擦介质时各种木材地板的静摩擦系数减小的程度和顺序有所不同。

楼板表面的摩擦不仅仅是对步行感，从安全方面来讲也是很重要的性质，当滑动性不适当时不但会增加疲劳感，也容易发生伤害性事故。不过，由于材料表面的摩擦系数与接触的材料的组合不同而异，在楼板上行走时的滑动阻力因光脚、穿袜子和穿拖鞋而不同。日本学者小野等开发出了模拟人步行滑移的试验机，求出了各种楼面材料的滑动阻力系数。于是对在各种楼面材料上行走时的舒服性和安全性进行感性评价，发现存在最适合的滑动阻力系数值，太过于滑动或太过于不滑动均不适当，舒服性和安全性的评价一致。研究表明，步行时最适当的滑动阻力系数为 0.4 左右，运动时最适当的滑动阻力系数为 0.7 左右，激烈运动时有必要采用更大的滑动阻力系数[2]。无涂饰木质地板的滑动阻力系数，穿鞋为 0.5～0.9，穿袜子为 0.3～0.6；涂饰木质地板穿鞋为 0.4～1.0，穿袜子为 0.2～0.4[3]。可以说，木材是一种较难于滑动的材料。

另有报道，静摩擦系数 μ_s 与动摩擦系数 μ_d 之比越接近 1 就越容易行走。表 4.9 表示出了各种楼面材料的摩擦系数与步行感的关系[18]，表中的步行感是通过调查 38 位自愿体验者穿袜子在各种楼面材料上步行时得到的结果。由此可知，木材楼面的摩擦系数大小适度，μ_s/μ_d 基本接近为 1，对步行感来说具备了好的条件。

表 4.9 楼面材料的摩擦系数与步行感

楼面材料	基底材料	摩擦系数			步行感		
		μ_s	μ_d	μ_s/μ_d	良	中	不好
地毯	混凝土		0.80		22	13	3
铝	混凝土	0.40	0.34	1.2	9	20	9
氯乙烯板	混凝土	0.34	0.20	1.7	5	27	6
氯乙烯板	胶合板	0.43	0.34	1.3	9	27	2
扁柏	胶合板	0.42	0.39	1.1	17	17	4
枫木（镶木地板）	胶合板	0.39	0.33	1.2	14	20	4
干法纤维板	胶合板	0.33	0.23	1.4	3	17	18
桦木楼板	胶合板	0.28	0.25	1.1	1	23	14

资料来源：浅野猪久夫，都築一雄. 木材工業，1974，（7）.

楼面材料的滑动感觉也受楼面水分状态的影响。地板表面在湿润状态时，依据所使用材料种类的不同，有的会变得非常容易使人滑倒，这将对身体障碍者、儿童和老人造成不便或伤害。在此将干燥表面的摩擦系数与湿润表面的摩擦系数的比值称为有关滑倒的水分系数，其值与材料的吸湿性和吸水性有关。表 4.10 表示出了各种材料的水分系数[2]，该数值越小湿润时就越易打滑，可能滑倒的危险性就越大；水分系数越接近于 1 者，可认为湿润时打滑跌倒的概率越小。由表可知，软木和没有涂饰的木材及木质材料的水分系数相对较大，即使被弄湿了也不容易打滑，作为楼面材料可以说是安全的。

表 4.10 各种材料打滑的水分系数

材 料	面状态，打滑方向	水分系数
三聚氰胺树脂板（2种）	光泽面	0.11～0.13
乙烯合成树脂板（2种）		0.15～0.23
合成橡胶地板	体育馆楼面用，皮革图案压花加工	0.30
胶合板地板（3种）	聚氨酯涂饰	0.28～0.33
木材（53种）	无涂饰弦切面，纤维方向	0.47～0.70
同上	无涂饰弦切面，垂直于纤维方向	0.43～0.75
硬质纤维板（3种）		0.56～0.63
刨花板（5种）	无涂饰，砂光面	0.58～0.84
软木	无涂饰，切断面	0.73

注：本表根据佐々木光（1981）的数据做成。

4.2.3　木材的冲击吸收性

1. 冲击吸收能

木材若受到冲击，其冲击波就会在整个木材中高速扩展，而受冲击的地方会发生不均匀的高速变形、折断或挤溃而破坏。从极大的一部分冲击能被转换为破坏能的情况来看，木材耐冲击性小。木材由于是由纤维质组成的组织，能够很好地吸收冲击能而不至于破坏的事经常发生。从木材作为建筑材料利用上来说，这是好事，为了用数值进行表达，进行下面的试验。

将质量及臂长为 M 及 l 的摆锤如图 4.27 所示提至高度 h、摆角 θ 的位置 (a) 放开，摆锤破坏放置在（b）点的试件后反向摆动至摆角 θ' 的（c）点。(a) 点和（c）点位置的能量 E 和 E' 由下式求得：

$$E = Mgh = Mgl(1 - \cos\theta) \tag{4-16}$$
$$E' = Mgh' = Mgl(1 - \cos\theta') \tag{4-17}$$

根据式（4-16）和式（4-17），试件破坏所消耗的能量（ΔE）可以由下式求得：

$$\Delta E = Mgl(\cos\theta' - \cos\theta) \tag{4-18}$$

当 θ' 在 0°以上时，摆锤运动能的几分之一给予了试件，试验片变形、变形能增加而发生破坏；当 θ' 为 0°时，变形能变成热能而消失，试件将不至于发生破坏。

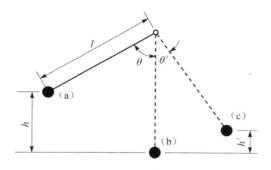

图 4.27　摆式冲击试验

图 4.27 这种类型的试验法，使用支承试件的两端、对试件中央进行冲击的却贝（Charpy）摆锤式冲击试验机，求取冲击弯曲吸收能（U）。设试件的截面积为 A，U 由 $\Delta E/A$ 给出。根据式（4-18），由于 ΔE 的单位为 J 或者 kgf·m（1J＝0.102kgf·m），U 的单位为 J/m² 或者 kgf·m/m²〔注意：截面积 A＝宽(b)×高(h)，ΔE 与 b 和 h 的关系不简单，对于木材用 $\Delta E = Ub^m h^n$ 表示，m 和 n 为常数〕。在我国标准《木材冲击韧性试验方法》（GB 1940—91）和日本标准

JIS 2101 中，使用 98.1J（= 10kgf·m）能量的摆锤冲击跨距 24cm（全长 30cm）、截面积 2cm×2cm 的试件。若高速记录冲击的瞬间，则可得到荷载-时间曲线或者图 4.28 所示的荷载-挠度曲线（模型图）。静曲试验所产生的荷载和挠度越大，弯曲所做的功就越大，静曲的功与冲击弯曲功有 0.7～0.8 的相关性。

埃左（Izod）型冲击试验，是采用和却贝冲击试验同样的摆锤来破坏单头固定的试件，求取冲击吸收能的方法。与却贝冲击试验法相比，试件因荷载集中在局部而被破坏。

采用 Hatt-Turner 法的冲击试验时，将 22.7kg（或者 45.5kg）的摆锤逐渐每次提高 2.54cm 使其落在试件上，直至试件破坏。通过测量挠度求取破坏所需要的能量，也可以求得比例极限应力和弹性模量。试件为截面 5cm×5cm、跨距 71.1cm（全长 76.2cm）的 2 径切面方材，主要在美国实行。

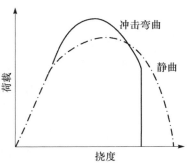

图 4.28　荷载-挠度曲线

2. 木材的冲击弯曲吸收能

1）与密度的关系

图 4.29 表示各种木材的冲击弯曲吸收能（U）与气干状态的密度（ρ）的关系[19]。例如，沿着 $\rho = 0.5g/cm^3$ 或 $0.7g/cm^3$ 来看纵轴的 U，最小和最大值相差 2 倍以上，呈分散状态，U 与 ρ 的相关性较低。这看上去好像与所谓量（细胞壁率）相比，其他因子的影响更大。但通过调查发现，ρ 为 $0.50\sim0.55g/cm^3$ 的小范围的树种，细胞壁率之值大者 U 也大[20]。图 4.29 中，对 $\rho = 0.4g/cm^3$ 的针叶树材和 $\rho = 0.7g/cm^3$ 的阔叶树材，其平均细胞壁率后者较大。因此，由图 4.29 所示的回归曲线求得的 $\rho = 0.4g/cm^3$ 和 $0.7g/cm^3$ 时的 U 的差值（约 0.4）应该仍然还是由于量的原因产生的。可以认为 U 与密度同时与构成细胞的种类和结合的强度有关。

2）纤维倾斜的影响

当木材的纤维方向倾斜于试件的长轴方向时（用纤维倾斜角表示），倾斜角越大其 U 值就越小。例如，当纤维倾斜角为 5°时，U 约下降 20%。其原因是纤维一旦倾斜，在材面上就会出现纤维断头，很容易从其位置发生开裂。倾斜角的影响可以在山毛榉和栗木这种密度 ρ 大的木材上看到，ρ 小的连香木和扁柏上不显著[21]。与木材纤维垂直方向的 U 极小。从显微构造来看，柳杉细胞壁的微纤丝倾斜角越小其 U 值就越大[20]。

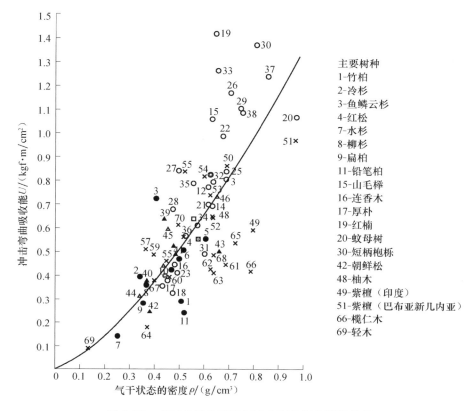

图 4.29　主要木材的密度与冲击弯曲吸收能的关系

3）由冲击面所产生的差别

年轮即晚材在冲击方向连续时（径切面冲击）和狭有早材时（弦切面冲击，有外侧和内侧）其 U 值发生变化。后者冲击方向软硬组织交错排列，结构不均匀，因而 U 的离散度大，但其值比径切面稍大。冲击面在日本标准 JIS 中以径切面为标准，当为弦向时由外侧决定。我国标准《木材冲击韧性试验方法》（GB 1940—91）[22] 中，冲击韧性只要求做弦向试验，且没有规定内、外侧。

4）水分的影响

对于柳杉和红松，如图 4.30 所示，绝干状态时的 U 比较高，在 10% 左右的含水率时 U 有最小值，进而 U 值随水分的增加而增加[23]。据研究，木材动黏弹性的损失弹性率，也是先随含水率的增加而减小，在含水率为 10% 左右时有最小值，之后同 U 一样增加[24]。弹性模量由于水分的可塑化作用而减小，变得容易变形，并且内部摩擦即黏性效果所产生的能量损失（损失弹性率）增加，这很好地说明了 U 在含水率 10% 以上的举动。

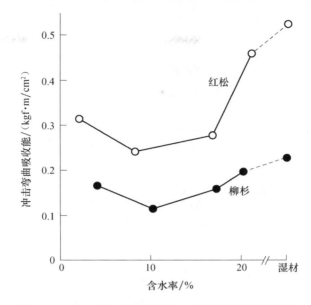

图 4.30　含水率与针叶树材的冲击弯曲吸收能的关系

5）温度的影响

木材在 0℃以下时，静曲强度增加，破坏挠度减小；但静曲功在 −180～20℃几乎不变[25]。由于 U 基本上与该静曲功成正比，故不易受低温的影响。实测的冲击弯曲强度和静曲强度一样直到 −180℃都是增加的。即便是比室温高的温度，只要是在 100℃以下，也可以同样地考虑。

6）冲击破坏面

红柳桉材中有的具有脆心材，其破坏截面的特征如图 4.31（a）所示[26]。在正常材的冲击面相对的受拉侧，破坏的纤维呈尖细的分裂状 [图 4.31（c）]；而脆弱材则呈现为不怎么起毛的面。热带材中有的具有脆心材，其树心部分的 U 值与外周部分的相比极小。不过，即使正常的木材，如果进行化学处理，大多都会变脆，其抗冲击弯曲性能下降。例如，未处理的扁柏材的 U 为 $0.32\mathrm{kgf\cdot m/cm^2}$，

图 4.31　脆心材与正常材的破坏形态

若用 HCL 为催化剂进行甲醛处理，15min 处理 U 值减少至 $0.19 \text{kgf} \cdot \text{m/cm}^2$，并且破坏面的毛刺减少，呈齐切形状，可参考表 4.11 中 WPC 的 U 值。

表 4.11 木质材料的冲击弯曲吸收能

种 类		密度/(g/cm³)	厚度/mm	U/(kgf·m/cm²)
胶合板	红柳桉	0.56	4～5	0.1～0.13
	山毛榉	0.69	5	0.32
		0.67	10	0.28
刨花板		0.63～0.78	13	0.034～0.067
		0.6	12	0.11
		0.6	12	0.18（定向结构）
LVL	柳杉（8层）	0.38	20	0.22～0.30
	花旗松（6层）	0.55	20	0.52～0.57
硬质纤维板		1.0		0.1～0.11
WPC	桦木	0.69		0.375（素材）
	桦木、PMMA			0.3～0.6（PL40-60%）
木质水泥板				0.02（市场销售）
		0.60	13	0.047（改良）
斜面嵌接板				0.89（素材山毛榉）
（倾斜比 1/3）			20	0.34（脲醛树脂胶）
			20	0.18（间苯二酚胶）
			20	0.39（乙烯基甲酸酯）

3. 木质材料的抗冲击性能

表 4.11 对各种木质材料的 U 进行了归纳表示[27～30]。胶合板和刨花板的 U 值在表 4.11 中属于小的群体。只要加入与木材纤维垂直方向的因素，U 值就急剧减小。硬质纤维板和部分 WPC 的 U 值变小，今后应对其进行探讨。伤害细胞壁的处理，给木质材料的抗冲击性留下了问题。而对于 LVL，由于纤维方向被强化，U 值变大。具有斜面嵌接的木材，U 值的保持率（与素材之比）在 50% 以下，有必要进行研究，加以改进。

4. 能量吸收与缓冲效果

我们希望有效地利用木材对冲击能的吸收能力。例如，设扁柏的 U 为 $0.3 \text{kgf} \cdot \text{m/cm}^2$，对于宽 10cm、厚 1.5cm 的扁柏地板，若单纯地使 U 为 15 倍，则为 $4.5 \text{kgf} \cdot \text{m}$。设体重 50kg 的人静立于架设在横梁之间的扁柏地板的中央时的挠度为 1cm，则此时的弯曲功为 $50 \times 0.01 \times 0.5 = 0.25$（kgf·m）。由于该值比上述值小，故不至于破坏。

　　下面我们来计算未知数横梁间距（＝跨距）。根据中央集中、两端支承的条件，跨距 l（cm）可由下式求得：

$$l = \left(\frac{4Eybh^3}{W}\right)^{\frac{1}{3}} \qquad (4-19)$$

式中，E 为地板的弯曲弹性模量（kgf/cm²）；y 为挠度（cm）；b 为宽度（cm）；h 为高度（cm）；W 为荷载（kg）。若 E 用扁柏材的标准值 8×10^4 进行计算，则 $l = 60$cm。实际上，该地板富有弹性，能量吸收大；若将 l 减至 30cm 或 15cm，将失去弹性而变硬。将胶合板（11.3mm）和刨花板（15.2mm）复合安装在横梁（45mm 方材）上构成楼面，设在跨距的中央施加 100kg 的负荷，当横梁间距为 90cm、60cm、30cm 和 15cm 时，中央挠度依次按 19.6、8.2、3.1 和 1.8 递减[2]。通过由 20 位学生进行的步行舒服度感觉试验得知，按照前记的挠度减小顺序，步行舒服度感觉由"柔软、步行感觉差"到"硬、步行感觉好"。

　　如上所述，对于楼面舒适与否的判定，日本学者小野等对楼面的柔软度、硬度和弹性力等进行了总结，综合性地以楼面的硬度进行了评价。即通过重锤和橡胶弹簧对楼面给予近似于人在步行时的荷载，如图 4.32（a）所示求取楼面荷载-时间曲线和变形-时间曲线，由 D_R（变形复元量）和 T_R（复元所要的时间）求取与复元的强度相关的量 $D_R D_R / T_R$。根据荷载-变形曲线求取变形的功 U_F，以及表示楼面硬度的次物理量 $U_F - 8 D_R D_R / T_R$[31]。对于运动的体育馆楼面，用 $U_F - 1.1 D_R D_R / T_R$，如图 4.32（b）所示。同图的 T_{VD} 为振幅减少至 0.2mm 的时间。

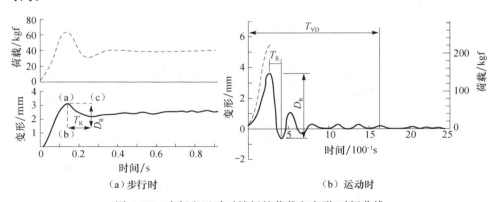

图 4.32　步行和运动时楼板的荷载和变形-时间曲线

　　图 4.33 表示各种楼面（也包含木制）的硬度物理量与感觉的评价[2,3]。用拖鞋步行时，男、女分别用一定的物理量来求取适当性。由图可知，男性和女性对同硬度楼面的舒适感觉有所不同。对于体育馆，楼面的硬度与身体伤害的发生相关联，需要求取最适合的硬度物理量。

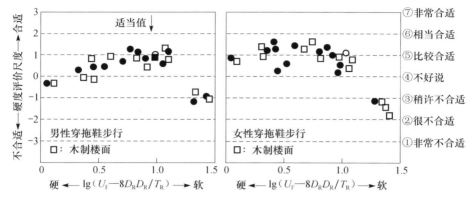

图 4.33　楼面硬度合适性评价

4.3　木质住宅的声环境

4.3.1　木材及木质材料的吸声与隔声

1. 木材及木质材料的吸声

一般人们所指的声音其实是声和音的共称。只有当声具有某种规律性时，才被称为音。人们所处的各种空间环境，总是伴随着一定的声环境。在各种空间环境里，人们对需要听到的声音，希望听得清楚；对不需要听到的声音，则希望尽可能地避免受其干扰。

如图 4.34 所示，当声音对着墙壁时，声音的入射能 E_I 的一部分透过墙壁（透过能 E_T）到另一侧的空间中，还有一部分被墙壁反射（反射能 E_R）回来，剩余的被墙壁自身的振动或声音在其内部传播导致介质的内摩擦变为热能被吸收和消耗（通常称为材料的吸收）（吸收能 E_A）。根据能量守恒定律，E_I 可用下式表示：

$$E_I = E_T + E_R + E_A \tag{4-20}$$

声音的反射率 r 定义为 $r = E_R/E_I$，透过率 τ 定义为 $\tau = E_T/E_I$，内部吸收率 a 定义为 $a = E_A/E_I$。材料对某一频率的吸声能力以吸声系数来表示。吸声系数是指进入材料的声能（包括被吸收的部分和透过的部分）与入射声能的比值，以 α 表示。因此，吸声系数 α 可用下式表示：

$$\alpha = 1 - r = a + \tau = \frac{E_I - E_R}{E_I} \tag{4-21}$$

吸声系数取 0～1 的值。如果声音被全部吸收，$\alpha = 1$；部分吸收，则 $\alpha < 1$。吸声

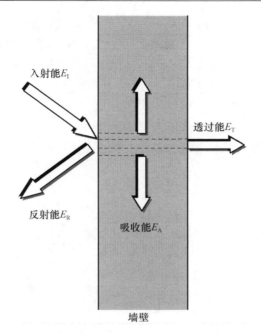

图 4.34　声音的入射、反射、吸收和透过的过程

系数大于 0.2 的材料才认为具有实用价值，才被称为吸声材料。

材料的吸声机制主要有以下三种。

（1）多孔型。多孔材料一直是主要的吸声材料。多孔材料的吸声原理是材料内部有大量微小的连通的孔隙，孔隙间彼此贯通形成空气通道，且通过表面与外界相通，当声波入射到材料表面时，一部分在材料表面被反射掉，另一部分则透入到材料内部向前传播，由于摩擦和空气的黏滞阻力，使孔隙中空气质点的能量不继转化为热能，从而使声波衰减，由此使材料"吸收"了部分声能。高频声波可使孔隙间空气质点的振动速度加快，从而使空气与孔壁的热交换加快，因此多孔材料具有良好的高频吸声性能。

多孔材料吸声的必要条件是材料内部有大量深入的孔隙，且孔隙之间互相连通。应注意两种错误的认识：一是认为表面粗糙的材料具有吸声性能，其实不然，如表面凸凹的石材基本不具有吸声能力；二是认为材料内部具有大量孔洞的材料，如聚苯乙烯、闭孔聚氨酯等具有吸声性能，事实上这些材料由于内部孔洞没有连通性，当声波入射到材料表面时，难以进入到材料内部振动摩擦，只是整体振动，吸声能力并不突出。

（2）薄板振动型。薄板与墙体或顶棚分隔有空气腔体时也能吸声。利用胶合板等刚性薄板状材料固定在闭合空腔的前面分隔空气层时，入射到板上的声波将激发薄板的振动，在该系统的共振频率处，会有极大的振幅。板的振幅将通过板材分子间的摩擦而受到阻滞，声能因此将首先转换为薄板振动能，最后转换为热能。

薄板振动吸声结构的共振频率 f_r 一般为 $80\sim300\mathrm{Hz}$，即在低频具有较好的吸声性能。增加薄板的面密度或板后空腔深度，皆可使共振频率下移。图 4.35 为薄板共振类机构吸声特性的举例[32]。由图可知，在薄板的面密度和板后空腔深度一定时，板越薄其吸声性能越好；在薄板背后的空腔里填放多孔材料，会使吸声系数的峰值有所增加。

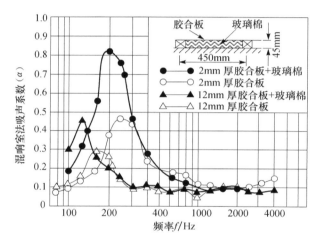

图 4.35　薄板共振型机构吸声结果示例

（3）亥姆霍兹型。当墙面或天棚配置带空气层的穿孔板，如穿孔的石膏板、木板、金属板甚至是狭缝吸声砖等，其结构如图 4.36 所示[3]，即使材料本身的吸声性能很差，这类结构也具有很好的吸声性能，被称为亥姆霍兹（Helmholtz）共振器。在亥姆霍兹共振器中，吸声结构可以看做许多个单孔共振腔关联而成，单孔共振腔由大的腔体和窄的颈口组成，材料外部空间与内部腔体通过窄的瓶颈连接。在声波的作用下，孔颈中的空气柱就像活塞一样做往复运动，开口处振动的空气由于摩擦而受到阻滞，使部分声能转化为热能。当入射声波的频率与共振

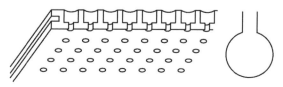

图 4.36　亥姆霍兹共振体结构示意图

器的固有频率一致时，即会产生共振现象，此时孔颈中的阻尼作用最大，声能得到最大吸收。

亥姆霍兹共振器的吸声特点是对频率的选择性很强，只对共振频率具有较大的吸声系数，偏离共振频率时吸声效果变差，吸声的频带也比较窄，一般只有几十赫兹到 200Hz 的范围。改变单孔共振腔的结构尺寸，共振频率发生变化，从而使其吸声频率发生变化。为了使共振器的吸声频带加宽，可在穿孔板后蒙上一层织物或填放多孔吸声材料。

木材、木质材料及其他材料的吸声率如表 4.12 所示[2]。一般认为平均吸声系数大于 0.2 的材料才是吸声材料，而未经任何处理的实体木材平均吸声系数只有 0.1 左右，效果很不理想。木材内部虽然具有大量的纤维腔，但皆为闭孔型，这些内部孔洞之间没有很好的连通性，当声波入射到木材表面时，很难进入其内部产生振动摩擦，只能使木材整体振动，因此木材的吸声并不符合多孔型吸声机

表 4.12　木质系材料的吸声率特性

材　　料	密度/(kg/m³)	厚度/mm	安装条件			频率/Hz					
			开口率	空气层/cm	背后吸声材等	125	250	500	1×10³	2×10³	4×10³
（木　　材）桧木板材	410	20				0.10	0.14	0.12	0.08	0.08	0.12
松木板材	520	19				0.09	0.10	0.12	0.08	0.08	0.12
（木质材料）胶合板	550	3		25		0.12	0.23	0.26	0.11	0.09	0.12
胶合板	550	3		45		0.15	0.46	0.20	0.10	0.10	0.06
胶合板	550	12		45	玻璃纤维	0.45	0.16	0.16	0.10	0.10	0.10
胶合板	550	12		45		0.25	0.14	0.07	0.04	0.10	0.08
刨花板	620	20		45		0.26	0.09	0.08	0.06	0.08	0.08
轻质刨花板	300	30	60距30ϕ			0.06	0.15	0.38	0.66	0.54	0.52
轻质刨花板	300	30				0.48	0.72	0.72	0.79	0.66	0.68
硬质纤维板	1000	5		大		0.20	0.10	0.12	0.08	0.07	0.10
硬质纤维板	876	3.2		2.54	木质毡	0.18	0.19	0.39	0.97	0.61	0.35
软质纤维板	221	12.7			钻孔	0.04	0.06	0.14	0.38	0.69	0.59
刨花水泥板	800	30				0.11	0.19	0.54	0.90	0.70	0.74
木丝水泥板	520	25		45		0.05	0.18	0.58	0.62	0.61	0.75
横梁楼面						0.16	0.14	0.12	0.08	0.08	0.07
（镶木地板、条形地板、舞台等）针织地毯	3.5					0.03	0.04	0.08	0.12	0.22	0.35
（其他）成人（坐在剧院椅子上）	—	—				0.22	0.33	0.40	0.41	0.40	0.40
木制椅子						0.02	0.02	0.02	0.04	0.04	0.03
榻榻米	50					0.31	0.41	0.58	0.50	0.43	0.34

制；同时，由于木材的声阻抗比空气大 4 个数量级，其反射声波能量的能力也较强，相应被其吸收的声波能量也较少。所以，尽管木材孔隙率达到 50％ 以上却没有很好的吸声性能。

木质材料的低频吸声性能平均要好于实体木材，这与它们的组成形态及粒片尺寸大小等有直接关系。吸声能力大小顺序为：纤维板＞胶合板＞刨花板＞实体木材[3]。影响木质材料吸声性能的因素主要有板厚、密度和表面有无涂饰。当板厚增加时，吸声系数有增大的趋势，并且吸声峰位向低频方向移动。但板厚有一个临界值，想获得一个理想的低频吸声效果必须通过理论计算。随着密度的增大，木质材料的吸声性能有降低趋势，并且吸声峰向高频域移动。涂饰对木质材料的吸声系数有降低作用，且纤维板涂饰后吸声性能的降幅比实木大。

根据吸声理论和吸声机制，要想改善木质材料吸声性能，可以采取如下措施：①材料表面微穿孔，符合多孔型吸声机制，改善高频吸声率。②在木质材料与刚性壁面之间设置封闭空腔，符合薄板振动型吸声机制，改善低频吸声率；如果在其中填充多孔软质吸声材料，则吸声效果更佳。③按亥姆霍兹共振体形式进行加工，合理设计孔径、孔深和孔面积率的组合，改善中低频声波的选择吸收性能。④设置双层微穿孔结构组成的吸声体。经过对槽缝、穿孔孔径、深度、间距密度等的严格计算，配合安装时封闭一定的空腔，则吸声板能够在 125～4000Hz 整个范围都有较好的吸声效果，如表 4.13 所示[3]。木质吸声板结构举例如图 4.37 所示。

表 4.13　穿孔中密度纤维条形板贴吸声无纺布的吸声系数（混响室法）

频率/Hz	倍频程吸声系数					
	细条板（宽 3mm），穿孔率 12％			粗条板（宽 8mm），穿孔率 6.5％		
	0（贴实）	50	100	200	50	100
125	0.04	0.20	0.36	0.56	0.16	0.45
250	0.08	0.40	0.84	1.04	0.61	0.81
500	0.16	0.84	1.08	1.00	0.90	0.90
1000	0.28	1.04	0.88	0.68	0.78	0.65
2000	0.60	0.84	0.76	0.84	0.49	0.53
4000	0.76	0.80	0.88	0.84	0.53	0.57
NRC	0.32	0.68	0.80	0.83	0.58	0.65

材料吸声率的频率特性如图 4.38 的模型所示，可分为 5 种类型[2]。虽然对低频域、中频域和高频域的频率分等没有进行定义，可以认为低频域、中频域和高频域分别在 125Hz、500Hz 和 2kHz 附近。

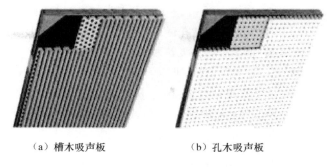

　　（a）槽木吸声板　　　　　　　（b）孔木吸声板

图 4.37　木质吸声板结构示意图

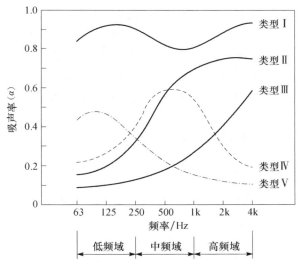

图 4.38　材料吸声特性曲线的分类

　　（1）类型Ⅰ。类型Ⅰ为"全频域吸声材料"，一般为复合构造。表面材料使用纵向细长的截面为方形的肋条（肋条宽度 50mm 以下）或有孔板，在表面材料与墙壁间放入厚的石棉、玻璃纤维或者木纤维等多孔性材料，甚至制造空气层（300mm 以上）。此时的有孔板使用开孔率 28％的 9ϕ-15（直径 9mm，圆孔中心距 15mm），即使同样的开孔率，若改变直径和中心距，如改为 5ϕ-22，其吸声特性将发生变化。

　　（2）类型Ⅱ。类型Ⅱ为"中高频域吸声材料"，其构成为在表面壁材与墙壁之间制造 100mm 以上空气层，其他与类型Ⅰ相同。另外，厚的窗帘、地毡、刨花水泥板、木丝水泥板和轻质刨花板等都具有该特性。

　　（3）类型Ⅲ。类型Ⅲ为"高频域吸声材料"，表面材料上贴十字条，有孔板开孔率20％以上或者肋条宽度50mm以下,背后为15mm的刨花水泥板或木丝水泥板,不留空气层。作为建材有钻孔的软质纤维板和石棉板。

（4）类型Ⅳ。类型Ⅳ为"中频域吸声材料",其构成为表面材料使用吸声孔板（开孔率6％,6ϕ-22、4ϕ-15）,放入厚度25mm左右的吸声材料,并有45mm的空气层。为了吸收中频域的声音,钻孔的水泥预制件等很早就已被使用。

（5）类型Ⅴ。类型Ⅴ为"低频域吸声材料",以表面平滑的胶合板为首的木材与木质系材料属于该吸声率,它依靠板的振动来吸收低频域的声音。

2. 木材及木质材料的隔声

描述隔声性能的指标是隔声量,隔声量可根据下式所示的透声系数来进行评价:

$$TL = 10\lg \frac{1}{\tau} = 10\lg \frac{E_I}{E_T} \tag{4-22}$$

式中,TL 为隔声量（dB）;τ 为透声系数。隔声量的值越大,说明隔声效果越好。隔声量可以粗略地理解为墙体两边声音分贝数的差值。孔洞的隔声量TL＝0dB,隔掉99％声能的隔墙的隔声量是20dB,隔掉99.999％声能的隔墙的隔声量是50dB。墙体在不同频率下的隔声量并不相同,一般规律是高频隔声量好于低频。

单层墙体的隔声量,决定于入射声波的频率 f 和其面密度 m（墙体单位面积的质量,kg/m²）。当声波垂直入射时,单层墙体的隔声量按下式计算:

$$TL_0 = 20\lg \frac{2\pi fm}{2\rho v} = 20\lg fm - 43 \tag{4-23}$$

式中,ρ 为空气密度;c 为空气中的声传播速度（常温下为 344m/s）。实际上,由于受阻尼及边界条件等的影响,并不能达到理论上的隔声量,因此下式更符合实际声场的情况:

$$TL_m = TL_0 - 5 \tag{4-24}$$

由式（4-23）和式（4-24）可以看出,隔声量（TL）决定于墙体的面密度（m）与声音频率（f）的乘积。当墙板的面密度每增加 1 倍,隔声量增加 6dB。从式（4-24）还可推导出,对于密度差异不大的木质板材,厚度对声音的吸收影响就很大,只有厚度达到一定程度的木质板壁才具有明显的隔声效果。太轻、太薄的木质板壁,由于本身容易产生振动,既不利于声的反射,也不利于声的阻隔;而质量越大、越厚的木质板壁,其隔声效果就越好。

木材和木质材料隔声量的频率特征如表 4.14 所示[2]。正如式（4-23）或式（4-24）所示那样与面密度相关,越重的材料其隔声性能越好。木质材料的隔声性能中至差，其原因是面密度较低。例如，2mm 厚的钢板的隔声量比 40mm 厚的刨花板或胶合板的还要大。因此，单纯从隔声方面考虑，不宜用单层木质材料做隔声墙。这时可以采用有空气间层（包括在间层中填放吸声材料）的双层墙。与单层墙相比，同样质量的双层墙有较大的隔声量，或者达到同样的隔声量而可以减小结构的质量。

表 4.14　木材和木质系材料等的隔声量

材　　料		厚度/mm	面密度/(kg/m²)	隔声量/dB					
				125Hz	250Hz	500Hz	1kHz	2kHz	4kHz
（木材）	鱼鳞云杉	11	5.0	9	12	20	21	26	28
（木质材料）	柳桉胶合板	4	2.5	4	11	15	19	22	30
	柳桉胶合板	6	3.0	11	13	16	21	25	23
	柳桉胶合板	12	8.0	18	20	24	24	25	30
	柳桉胶合板	18	11.9	9	24	27	27	23	35
	柳桉胶合板	24	18.3	22	26	27	26	30	42
	柳桉胶合板	40	24.0	24	25	27	30	38	43
	轻质刨花板	30	12.0	13	16	17	23	28	29
	轻质刨花板	40	16.0	15	20	21	29	29	33
	刨花板	12	8.9	15	23	32	30	32	32
	刨花板	20	12.8	17	25	33	33	30	35
	硬质纤维板	4	3.9	9	17	18	24	28	23
	硬质纤维板	12	10.2	20	23	27	31	29	34
	半硬质纤维板	12	7.4	16	20	24	29	29	28
	中密度纤维板	9	6.3	14	18	24	29	31	25
	中密度纤维板	15	10.7	17	21	27	31	27	33
	中密度纤维板	30	20.1	24	23	30	31	31	38
	软质纤维板	12	3.8	13	12	17	23	28	30
	硬质木片水泥板	12	10.8	19	24	29	34	35	35
	硬质木片水泥板	18	20.0	24	27	33	36	29	42
（其他）	石膏板	12		15	16	22	29	35	34
	石棉硅化钙板	12		19	20	27	33	34	36
	混凝土 PC 板	150	360	43	46	50	56	62	65
	钢板	2	15.6	26	29	34	42	45

中间封闭空气层的双层墙的隔声量可由下式求得：

$$TL_2 = 16\lg(M_1 + M_2)f - 30 + \Delta TL \qquad (4\text{-}25)$$

式中，M_1 和 M_2 分别为双层板的面密度；f 为入射声波的频率；ΔTL 为空气层附加隔声量。为了提高双层墙的隔声性能，两板之间的空气层厚度应相对较大。当空气层的厚度大于 40mm 时，则比同样质量的单层墙有明显的隔声效果；空气层厚度太小时其隔声效果不好。带有 5～10mm 厚空气层的双层玻璃窗，其隔声量之所以不理想，其原因就在于此。常用木质双层板的隔声量如表 4.15 所示[3]。

表 4.15 常用木质双层板的隔声量

材　料	面层材料	厚度/mm	空气层厚度/mm	面密度/(kg/m²)	隔声量/dB					
					125Hz	250Hz	500Hz	1000Hz	2000Hz	4000Hz
双贴面木质人造板、木龙骨	胶合板	5	80	5.2	16	18	28	34	40	33
	纤维板	5	80	10.2	25	25	37	44	53	59
	刨花板	20	80	27.6	37	34	42	47	47	58
	木丝板	25	100	77.0	20	24	35	47	50	46
	石膏板	9	100	12	12	33	38	47	56	54
	胶合板 石膏板	5	75		19	25	38	41	50	52
五层胶合板、中填蜂窝纸	胶合板	5	30	8.7	18	19	22	29	34	32
		5	50	10.8	18	20	30	35	40	38

不管什么材料，当被声波激发进行弯曲振动时，在某一定频率下会发生吻合效应，形成隔声低谷。该特定频率由材料本身所固有的物理性质的弹性模量和泊松比决定，称为临界吻合频率 f_c。如图 4.39 所示[2]，在此特定频率下的隔声量会急剧下降。临界吻合频率可由下式计算：

$$f_c = \frac{0.552v^2}{h} \sqrt{\frac{(1-\sigma^2)\rho}{E}} \tag{4-26}$$

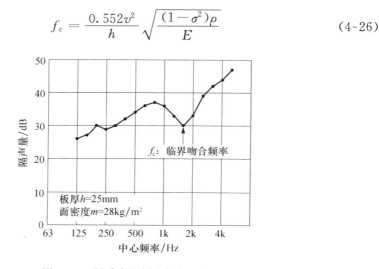

图 4.39 硬质水泥刨花板的隔声量

式中，f_c 为单层墙壁的临界吻合频率；E 为材料的弹性模量；σ 为材料的泊松比；h 为材料的厚度；v 为声音在材料中的传播速度；ρ 为材料的密度。由式（4-26）计算的各材料的厚度与临界吻合频率的关系如图 4.40 所示[2]。可以看出，吻合频率不仅与墙板刚度和面密度有关，而且随板厚的增加而下移。

对于双层壁的临界吻合频率，在低频域时可用下式表示：

$$f_r = \frac{1}{2\pi} \sqrt{\left(\frac{1}{m_1} + \frac{1}{m_2}\right) \frac{\rho v^2}{x}} \tag{4-27}$$

式中，f_r 为双层壁的临界吻合频率；m_1 及 m_2 分别为双层壁各自板壁的面密度；x 为双层壁内侧的空气层厚度。

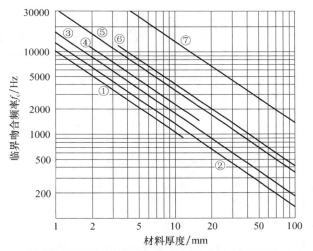

①玻璃/钢板（音速5400m/s）；②胶合板（音速4200m/s）；③刨花板/定向结构板（音速3500m/s）；④硬质纤维板（音速2600m/s）；⑤轻质刨花板/中密度纤维板/硬质水泥刨花板（音速2000m/s）；⑥石膏板（音速1500m/s）；⑦软木（500m/s）

图 4.40 材料厚度与临界吻合频率的关系

双层墙或薄板复合墙两面的墙板，选用两种不同厚度或不同材质的板，可防止两板同时发生吻合现象，从而改善墙体的隔声性能。在双层墙的空气层中放置吸声材料，将进一步提高双层墙的隔声量。并且吸声材料的厚度越大，吸声材料的吸声性能越好，隔声量的提高也就越显著。双层墙空气层中放置吸声材料，对于轻质双层墙来说，其效果比在重质的双层墙中更为显著。

4.3.2　木质住宅的吸声与隔声

1. 木质住宅的吸声

一般建筑内部空间的吸声性能用混响时间 RT 进行评价。混响时间定义如下：当房间内某一频率的声音达到稳态之后，声源停止发声，室内的声能立即开始衰减，平均声压级自稳态时的声压级衰减 60dB（即衰减到原始值的百万分之一）所需的时间称为混响时间，用符号 RT 表示，单位为秒（s）。混响时间必须有适当的大小，过大则使声音含糊，产生吐字不清的效果；过小则使音质较差，缺乏丰满度。混响时间可用赛宾（Sabine）公式计算，如下式：

$$RT = \frac{CV}{A\bar{\alpha}} \qquad\qquad (4-28)$$

式中，C 为常数，约等于 0.161；V 为室容积（m^3）；A 为室表面积（m^2）；$\bar{\alpha}$ 为平均吸声系数；$A\bar{\alpha}$ 为房间表面总吸声量，用各材料的面积 A_i（含侧墙、天花板和地板）与其声系数 α_i 的乘积之和表示。赛宾公式只适用于吸声量低的室内。如果吸声量很高，在赛宾公式的基础上，经研究作了某些修正，导出了在工程中普遍应用的伊林（Eyring）公式，其表达式如下：

$$RT = -\frac{CV}{A\ln(1-\bar{\alpha})} \qquad\qquad (4-29)$$

由于声吸收通常和频率有关，因此混响时间也与频率有关。通常被区分为低频混响（取频率 67Hz、125Hz、250Hz）、中频混响（取频率 500Hz 或 500～1000Hz）、高频混响（频率≥2000Hz）。混响时间是音质的客观标准中的一个。对于语言厅，由于要求语言清晰，混响时间较短，通常 RT 在 500Hz 时取 0.5～1.2s；但对交响乐音乐厅，由于要求声音有很好的丰满性，混响时间要求较长，通常 RT 在 500Hz 时取 1.5～2.2s。木质住宅的吸声量可以用表 4.12 所示数据进行设计。

对木结构、RC 结构和预制装配式结构的和式（传统日本式）房间与洋式房间进行比较，天花板和楼面材料不同所引起的混响时间的频率特性如图 4.41 所示[33]。由图可知，RC 结构高频域的混响时间稍长，易产生回声；在低频域其混响时间也变长，音质饱满。天花板和楼面材料不同，其混响时间也发生变化。在洋式房间，当铺有地板或地毯时，中高频域 0.5s 到达；而在洋式房间，采用石棉板的天花板或在和式房间使用榻榻米时只要 0.3s 左右。当室内放置家具或有人时，混响时间降低 0.1～0.2s。另外，抹泥土墙虽声音反射强，但对于 3 方都被隔扇或拉门围起来的具有大开口部分的宽广的和式房间，其混响时间在 0.2s 以下，只要离开声源就几乎听不到声音，具有屏蔽效果。

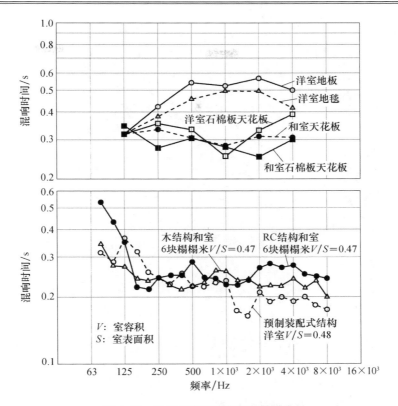

图 4.41　住宅的混响时间的频率特性

2. 木质住宅的隔声

　　木质住宅的隔声性能，一般认为比 RC 结构差，但事实上与内部装修采用木质材料的 RC 结构相比，如表 4.16 所示[2]，在闭窗状态下房屋中央的屋内外声压水平差并没有太大的变化。而当 RC 结构的内部装修采用抹灰时，室内的吸声量也下降，隔声性能变得相当低。隔声性能的评价，在日本标准（JIS 1419）中隔声等级由各倍频程的室内空间平均声压水平差来确定。隔声等级 D 值为频率 500Hz 时的声压水平差值（图 4.42），相当于计权隔声量，D 值大者其隔声性能好。我国《民用建筑隔声设计规范》（GBJ 118—1988）规定了住宅、学校、医院、旅馆建筑隔墙的隔声标准（表 4.17）[34]，隔声值采用计权隔声量。建筑隔墙隔声量大于 50dB 时，隔壁的一般噪声听不到，可以满足不受隔壁噪声干扰和户内交谈"私密性"的要求。

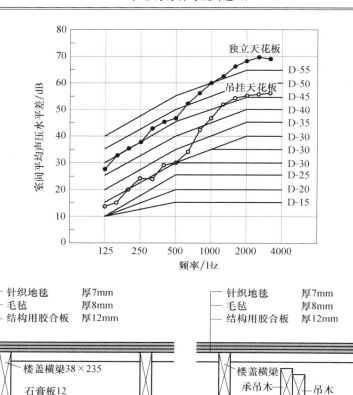

图 4.42　规格材（2×4）楼盖的隔声性能（声压水平）

表 4.16　闭窗时屋外与屋内的隔声性（在室内中央部位测定）

住宅与表面修饰	平均声压水平差/dB
木质住宅	25.6
RC 结构住宅，采用木质材料内部装修	26.2
RC 结构住宅，混凝土内部装修	18.7

1）木结构墙壁的隔声

关于住宅的隔声性能，由于墙壁开口部分的位置和门、窗的隔声量所产生的影响很大，并非只有壁体的质量和结构为隔声的重要因子。壁体即使是轻质结

表 4.17　各类建筑的隔声要求

| 建筑类别 | 隔墙部位 | 计权隔声量 R_w/dB | | | |
		特级	一级	二级	三级
住宅	住户/住户（分户墙）		≥50	≥45	≥40
学校	教室/教室		≥50	≥45	≥40
医院	病房/病房		≥45	≥40	≥35
	病房/噪声房间		≥50	≥50	≥45
	手术室/病房		≥50	≥45	≥40
	手术室/噪声房间		≥50	≥50	≥45
	听力测听室/其他房间	≥50	≥50	≥50	≥50
旅馆	客房/客房	≥50	≥45	≥40	≥40
	客房/走廊（含门）	≥40	≥40	≥35	≥30

构，储藏室等房间的配置构成也能相当大地提高其隔声性能。另外，如表 4.18 所示[2]，对不同类型的木结构墙壁进行比较，露柱墙没有空气层，而隐柱墙增加了空气层且消除了间隙，因此隐柱墙的隔声性能得到了提高。

表 4.18　墙壁的隔声量

| 墙壁形式 | 隔声量/dB | | | | |
	125Hz	250Hz	500Hz	1kHz	2kHz
露柱墙	27	36	48	54	54
隐柱墙	36	45	52	58	62

木结构墙壁的隔声性能如表 4.19 所示[2]，隔声性能 D 值的评价因材料和墙壁结构的不同而不同。概括来说，不同材料进行组合，或者不同厚度的板材进行组合可以提高其隔声性能。

表 4.19　木结构墙壁的隔声性能（D 值评价）

隔声性能	墙壁结构类型*	墙 壁 构 成
D-55	A-(4)	石膏板(12)×2+空气层(75)+石棉(25)+石膏(12)（采用搭接，用 2 个大头钉替代间柱）
D-50	B-(2)	铁丝网抹灰泥+板条抹灰泥（混凝土（150））
	B-(4)	硅酸钙板(10)+石膏板(12)+石棉(25)+石膏板（12）+石棉(25)+硅酸钙板(10)
D-45	C-(4)	石膏板(12)+软质纤维板(12)+石膏板(12)+软质纤维板(12)+软质纤维板(12)+石膏板(12)
	B-(2)	石膏板(12)+胶合板(6)+石膏板(12)
	A-(4)	石膏(9)+石膏板(9)+玻璃纤维+石膏板(9)+石膏(9)
	A-(3)	硬质木片水泥板(12)×2+石棉板+硬质木片水泥板(12)×2

隔声性能	墙壁结构类型*	墙壁构成
D-40	A-(2)	［石膏板(12)＋胶合板(6)］＋［胶合板(6)＋石膏板(12)］
	A-(2)	［石膏板(9)＋石膏板(9)］＋［石膏板(9)＋石膏板(9)］
	A-(4)	［胶合板(9)＋板条灰泥(20)＋油毛毡］＋玻璃纤维(50)＋［板条抹灰板(7)＋灰泥抹面］
	A-(2)	硬质木片水泥板(12)＋硬质木片水泥板(12)
D-35	A-(2)	［石膏板(12)＋软质纤维板(12)］＋［软质纤维板(12)＋石膏板(12)］
	C-(2)	胶合板(6)＋石膏板(12)＋石膏板(12)＋胶合板(6)
	C-(3)	纤维板(19)＋纤维板(12)＋纤维板(19)
	A-(1)	石膏板(9)＋石膏板(9)
	A-(2)	［外表墙板(12)＋油毛毡＋胶合板(9)］＋玻璃纤维(50)＋石膏板(12)
D-30	A-(1)	纤维板(硬质板)(12)＋硬质纤维板(12)＋软质纤维板(19)＋软质纤维板(19)
	C-(1)	胶合板(6)＋石膏板(12)＋胶合板(6)
	A-(1)	胶合板(6)＋石膏板(9)＋胶合板(6)
	A-(2)	胶合板(5)＋石膏板(7)＋胶合板(5)
	A-(3)	胶合板(3)＋RW(50)＋石膏板(9)
D-25	A-(1)	胶合板(6)＋胶合板(6)
	B-(1)	胶合板(6)＋胶合板(6)
	C-(1)	胶合板(5)＋石膏板(7)＋胶合板(5)
D-20	A-(1)	胶合板(3)＋胶合板(3)
D-15	D-(1)	胶合板(12)

＊墙壁结构类型参见图 4.43。墙壁构成的（数值）表示墙壁材料的厚度（mm）。

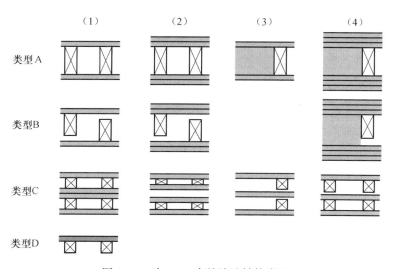

图 4.43　表 4.19 中的墙壁结构类型

2）楼盖结构的隔声

由楼盖结构的空气层所产生的隔声如图 4.42 所示。当为吊挂天花板时，第 2 层楼盖的横梁与第 1 层的天花板直接相连，其值为 D-30；而当把第 1 层的天花板与第 2 层楼盖的横梁分离成为独立天花板时，其值增大为 D-45，隔声性能得到了大幅度改善。这是由于吊挂天花板存在"声桥"的缘故。

3）门、窗的隔声

门、窗的隔声性能依赖于构成门、窗的面材的隔声量和门、窗的气密性。例如，门和窗的隔声量，糊纸拉门 2～3dB，隔扇 5～8dB，木制玻璃门窗 10～20dB，胶合板反光门窗约 15dB，木结构推拉铝合金框窗（玻璃厚 5mm）15dB，RC 结构用 20dB，为防声型铝合金框窗时，根据设计为 25～40dB。窗户玻璃的厚度增加其隔声性能增加，但临界吻合频率下降，其隔声性能变差。

4.3.3　木质住宅楼盖冲击音隔声设计

与 RC 结构住宅相比，木质住宅对外面噪声的烦恼少，但对屋内上层发出声音（楼盖冲击音）的烦恼多。上层的声音主要产生于人的行走、小孩的跑动和椅子等家具的移动。如图 4.44 所示[35]，哒、哒和嗵、嗵这种高跟鞋发出的步行声，叉子和刀子等金属物掉下的声音，以及具有高频特性的由轻量楼盖冲击声发生器（tapping machine）产生的声音具有类似的频谱，称为轻量冲击音（轻音源）或轻敲音；咚、咚这样的裸足步行声，小孩跑动或蹦跳所发出的声音，以及具有低频特性的由重量楼盖冲击音发生器（bank machine，轮胎落下）所产生的声音具有类似的频谱，叫做重量冲击音（重音源）或轮胎下落音。因此，在进行楼盖冲击音测试时，通常以轻量楼盖冲击音发生器模拟高跟鞋的步行声和刀、叉等金属物掉下的轻量冲击音，而以轮胎下落音模拟小孩跑动或蹦跳所发生的重量冲击音。这两种类型的楼盖冲击音，在日本标准（JIS A 1418）中对试验方法等进行了规定。对于轻量冲击音，根据楼板表面的材质在数 100Hz 的频率域内声压水平每倍频程增加 3dB，峰值后每倍频程减小 9dB（图 4.45）[36]；对于重量冲击音，低频率成分时的声压水平最大，随着频率的增加声压水平急速降低。

上层楼盖发生冲击音时，传到下层的声音会感到有多吵闹？描述撞击音隔声性能的指标是冲击音声压级，它表示在使用标准打击器撞击楼板时，楼下声音的大小。冲击音声压级越大，表示楼板对撞击音的隔声能力越差，反之越好。楼板冲击音声压级随频率不同而变化，为使用单一指标比较不同楼板的隔绝撞击音的性能，人们使用计权冲击音声压级 L_{pn}。L_{pn} 是使用标准评价曲线与冲击音隔声频率特性曲线进行比较得到的，具体评价方法可参见国标《建筑隔声评价标准》（GB/T 50121—2005）[37]。日本采用隔声等级基准曲线（L 值，相当于我国采用

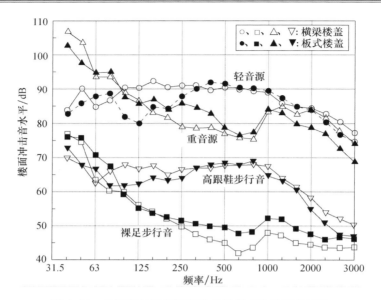

图 4.44　步行音与轻音源和重音源所产生的频率特性

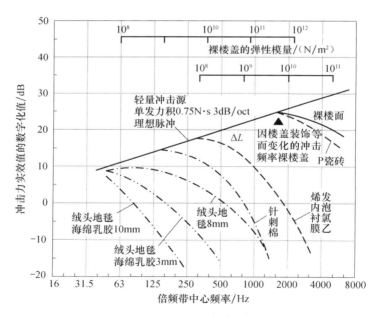

图 4.45　轻音源所产生的楼盖冲击力的频率变化

的计权冲击音声压级 L_{pn}）来评价楼盖冲击音，它是用人类的听感来进行评价的，L 值越大就越吵闹，其评价就越低（图 4.46）[2]。极普通的木质住宅的楼盖冲击音，对轻音源为 L-80，而混凝土结构为 L-70；对重音源，木结构和混凝土结构分别为 L-70 和 L-65。可见普通木质住宅的楼盖冲击隔声性能不如混凝土结构住宅楼盖。质量好的木质系单户住宅，其楼盖冲击隔声性能提高的目标值为 L-50～60。

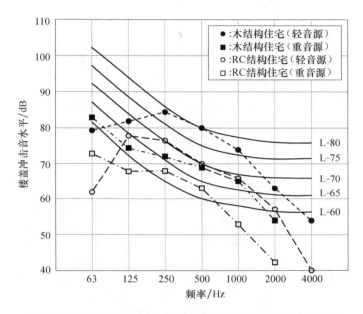

图 4.46　木质住宅与 RC 结构住宅的楼面冲击音特性的比较

1. 楼盖-天花板系统构成要素的楼盖冲击音隔声性能评价

楼盖冲击音发生时所产生的音与振动的传播如图 4.47 所示[2]，可以分为上层的楼盖结构部分和下层的受音室部分两大类型。上层的冲击力和作为楼盖结构的构造方法及梁的结构、楼盖构成和楼面的装饰材料等与楼盖冲击音相关联[38]，下层的天花板内部的构造与天花板材料和壁面的构造及材料与楼面冲击音的传播相关联[39,40]。在下层受音室内也可以看到楼盖冲击音的声压分布[41]。这样，由于与楼盖冲击音相关的因子复杂多变，只有浮动楼面或隔声木质地板等楼面材料时所产生的隔声性，对轻音源只能改善 2～5dB，对与建筑物的结构相关的重音源的隔声性几乎没有效果。因此，对木质住宅楼盖必须采用综合性的冲击音防止系统。采用防音系统施工，木质住宅也可以改善到与 RC 结构同等程度的楼盖冲击音隔声水平。

1）单层楼面对楼盖冲击音的隔声性能

对采用梁柱结构的 6 张榻榻米房间（2.7m×3.6m），采用在下层的天花板里层填充玻璃纤维的吊挂天花板（2mm 厚胶合板）的标准装修，上层楼盖使用

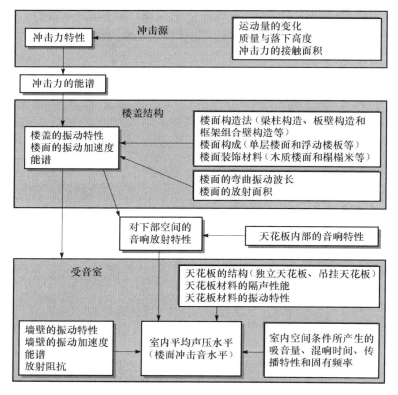

图 4.47　木结构住宅的楼盖冲击音的发生与传播机理

各种木质系楼面板时的楼盖冲击音性能如图 4.48 所示[2]。该图在轻音源时 50Hz 的峰值为建筑物梁的共振产生的，320Hz 的峰值为楼面板的共振产生的。木质系楼盖呈现类似的频谱，特别是轻质刨花板楼盖和硬质纤维板楼盖，呈现跨越全频率区域的比较低的声压水平。对于重音源的楼盖冲击音隔声性能，刨花板和轻质刨花板比较优异。

　　我们来看木质系楼面材料（刨花板）的厚度效果，据研究，轻音源的声压水平的峰值在频率达到 300Hz 都不随材料厚度发生变化，但厚度越大，在高频区域的声压水平相对变大。重音源的楼面冲击音性能，几乎没有由楼面板的厚度所产生的差别。混凝土楼板也有类似的撞击音特性曲线，厚度达到一定程度时，对于改善隔声性没有多大的作用。

　　木质材料隔断撞击音的性能较佳的为轻质刨花板、软质纤维板，其次为普通刨花板、中密度纤维板，再次为胶合板。但总体来说，不加任何处理时，木质材料本身并不是良好的隔声材料。只有对其进行一定的改造和处理，其隔声性能才能提高。

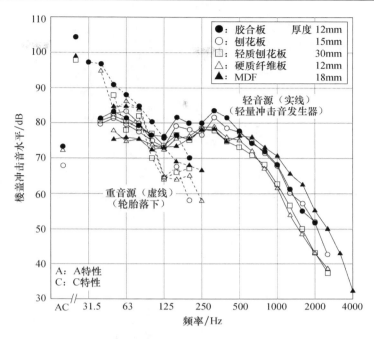

图 4.48　梁柱结构的横梁楼盖组合楼面材（不同木质材料）的楼盖冲击音频谱

2）复合构造楼面对楼盖冲击音的隔声性能

为了提高楼盖冲击音的隔声性能，有效的办法是在楼盖构成体内吸收楼盖的振动，有浮筑楼面、复合楼面和 2 重横梁楼面 3 种方法。

浮筑楼面为在标准楼面（在间距为 450mm 的横梁上放置厚 20mm 的刨花板或厚 15mm 的胶合板）上铺设缓冲材料，再在其上面放置装饰材料的楼面。如图 4.49 所示[2]，在木质住宅的梁柱构造法的标准楼面上，部分放置厚的缓冲材料，再在其上放置厚 40mm 的刨花板装饰材料。对于这种浮筑楼面，当缓冲材料不同时，其 L 值与标准楼面在轻音源时为 L-85～80、重音源时为 L-75 相比，等级Ⅰ（10mm 厚的控振橡胶、10mm 厚的防振橡胶和 10mm 厚的玻璃纤维垫）时轻音源为 L-75、重音源为 L-70，等级Ⅱ（25mm 的石棉）时轻音源为 L-70、重音源为 L-70，等级Ⅲ（50mm 厚的 T 级软质纤维板）时轻音源为 L-65～60、重音源为 L-70。到等级Ⅲ时，楼盖冲击音性能仅轻音源有下降 20dB 的隔声效果，浮筑楼面对重音源没有隔声效果。规格材构造法（2×4，轻型木结构）的标准楼面，上层轻音源时 L-80、重音源时 L-70～65，而当在标准楼面上铺装 9mm 厚的软质纤维板缓冲材料，再在其上用 12～15mm 厚的胶合板装饰时，轻音源和重音源分别下降至 L-75～70 和 L-60～55，对轻、重两种音源都有 5～10dB 的隔声效果。

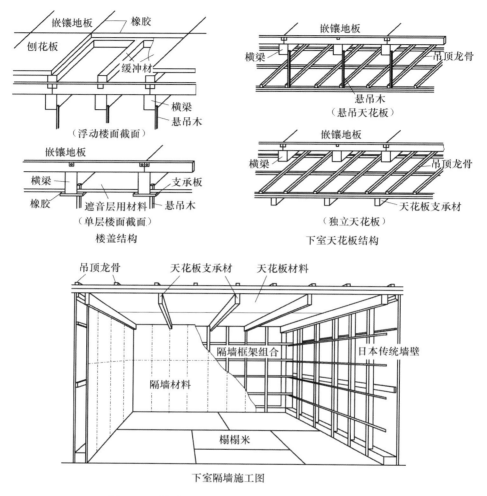

图 4.49　楼盖、天花板和墙壁防音系统的详细结构

复合楼面为由异种楼面材料复合构成的楼面。等级Ⅰ（在 2 张胶合板与橡胶膜之间插入 2 张 18mm 厚的硬质水泥刨花板的 5 层复合楼面）对轻音源为 L-75、重音源为 L-75，等级Ⅱ（在 9mm 的软质纤维板上重叠铺上 12mm 的软质纤维板，再用 12mm 的胶合板装饰）对轻音源为 L-70、重音源为 L-65。对于规格材构造法（2×4），在上层的标准楼面上铺设中芯材，再在其上用胶合板装饰的复合楼面，当中芯材为 35mm 的 ALC 板（发泡轻质混凝土板）或 38mm 的灰泥时轻音源为 L-65、重音源为 L-65，当中芯材为 38mm 的石膏系 SL 材时轻音源为 L-70、重音源为 L-70。

2 重横梁楼面是在标准楼面的基础上再安放贴胶合板的横梁楼面的楼面。在梁柱组合构造法的标准楼面上进行横梁组合，再用 12mm 胶合板地板进行表面装饰的 2 重横梁楼面，轻音源时为 L-60，重音源时为 L-60，楼面冲击音大幅度地改善了 20dB。对于规格材构造法（2×4），如果也采用同样的方法，轻音源时为 L-55，重音源时为 L-70～65，只有轻音源能得到大幅度的改善。

3）楼面装饰材料对楼面冲击音的隔声性能

木质住宅的楼面装饰材料一般使用胶合板地板、榻榻米、地毯和合成树脂板等。对于梁柱组合构造法，使用 12～20mm 的胶合板或刨花板为楼面垫板时的标准楼面的楼盖冲击音性能为轻音源 L-80～85、重音源 L-65～75；而楼面装饰材料为 40mm 的刨花板时，轻音源 L-75、重音源 L-70；为有龙骨的楼面地板时，轻音源 L-75、重音源 L-75；为 NP（针刺棉）地毯时，轻音源 L-75；为 8mm 的圈织地毯时，轻音源 L-65、重音源 L-65；为榻榻米时，轻音源 L-55～65、重音源 L-60～65；为氯乙烯板时，轻音源为 L-80。由此可见，榻榻米和厚的地毯具有较好的轻音源隔声效果和若干重音源的隔声效果（图 4.50）[39]。

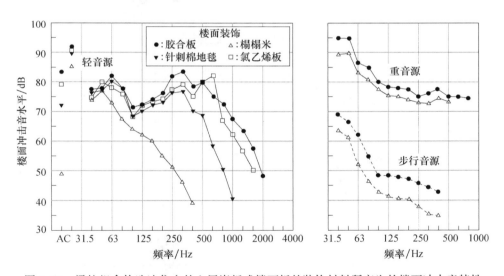

图 4.50　梁柱组合构造法住宅的上层嵌板式楼面板的装饰材料所产生的楼面冲击音特性

4）由上层楼盖的梁结构所产生的楼盖冲击音隔声性能

上层楼盖的梁结构与重音源的隔声性密切相关[35,41,42]。要减小上层楼盖梁的振幅（振动速度），必须提高梁的刚性。若将嵌板楼盖的横梁的梁高增加到 1.5 倍，则重音源的楼盖冲击音水平将下降 7dB；若增加到 2 倍，则能下降 12dB。为了提高楼盖的刚性，将胶合板楼面板等与黏结剂并用钉在横梁上，这种高刚性嵌板，其楼盖冲击音水平下降 3～5dB。为了使楼盖冲击音不影响到整个房屋，上层相邻房间的梁其方向最好垂直。

　　悬吊楼盖，是从与规格材构造法（2×4）的建筑物上层楼盖的间柱头相连的天花板周围的框上，在间柱的中间位置打入金属圆棒，用五金将金属棒的下端与上层楼盖梁相连而吊在上层的楼盖。其楼盖冲击音性能为轻音源 L-60、重音源 L-70，与标准楼盖相比在轻音源时改善了 15～20dB，但重音源不如说反而变差了。如果在悬吊楼盖和下层的独立天花板之间插入 9mm 厚的石膏板隔声层，则轻音源为 L-60、重音源为 L-50，在全频率范围内其隔声性能增加了 2～16dB；另外，若做成以隔声性大的 9mm 厚的沥青板等为缓冲材料，再在其上用厚 3mm 厚的胶合板进行装饰的浮筑楼面，则轻音源和重音源分别能改善到 L-45～50 和 L-45，具有与采用楼盖冲击音隔声施工的混凝土结构的建筑物同样的性能，其成本也并不那么高[44]。

　　5）天花板材料及结构的楼盖冲击音隔声性能

　　梁柱构造法住宅的楼面-天花板防音系统及其楼盖冲击音等级如图 4.51 所示[39]。由图可知，只有上层楼盖而没有安装下层天花板的开放式天花板，其楼盖冲击音性能，轻音源为 L-95、重音源为 L-90，隔声效果很差；而如果做成采用 2.5mm 厚的胶合板为天花板材料并在天花板里面插入玻璃纤维的悬吊式天花

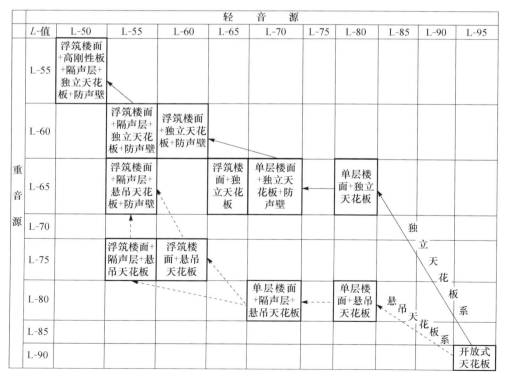

图 4.51　梁柱构造法住宅的楼面-天花板防音系统及其楼盖冲击音等级

板（虚线），则轻音源和重音源都为 L-80；若用 12mm 的石膏板替代天花板材料，且在天花板里面插入 16mm 的石棉板，则轻音源为 L-70、重音源为 L-80。对于独立天花板（实线），单层楼面时轻音源为 L-80、重音源为 L-65，特别是重音源的性能得到了改善；2 张 9mm 的石膏板重叠的天花板，轻音源为 L-75、重音源为 L-65，轻音源的隔声性提高了 5dB。面密度大的天花板材料，不仅对中、高频音域，而且对隔声困难的低频音域也有隔声效果。重音源由于是采用轮胎下落，楼盖地板产生较大的局部变形，通过悬吊天花板的悬吊木会使楼盖下天花板的振动位移增大；而对于独立天花板，由于没有悬吊木，呈现出对重音源较好的隔声性能，并通过使用楼上的浮筑地板使其隔声性能可进一步提高。

6）设置隔声层对楼面冲击音的改善

在楼上地板和楼下天花板之间插入 12mm 左右的硬质水泥刨花板这种隔声层用材料（图 4.49），轻音源下降 5dB 左右，L 值能够改善 1 个等级左右。

2. 木质住宅的楼盖冲击音隔声系统

用木质地板装修楼盖，轻音源的楼盖冲击音水平大，隔声困难。但若如图 4.51 所示从梁柱构造法的材料和结构对楼盖冲击音隔声进行综合性的系统设计，则开放式天花板的隔声等级（轻音源 L-95，重音源 L-90），当追加了隔声系统工程后，悬吊天花板时被改善到轻音源 L-75～55，重音源 L-80～65；为独立天花板系时改善为轻音源 L-80～65 或 L-80～60，重音源 L-65～55。从结构来看，悬吊天花板系与独立天花板系相比，对于重量冲击源其楼盖冲击音水平低 2～3 级（10～15dB）。如图 4.49 所示，下室隔墙材料为 12mm 的刨花板、软质板和石棉板时，轻音源为 L-75，没有隔墙的效果；只对重音源有效果，由 L-75 变为 L-65。对于 12mm 的硬质水泥刨花板或石膏板的隔声材料，轻音源变为 L-80，因隔墙下降了 1 级，但若进一步用吸声材料进行装修，又恢复到 L-75；对于重音源有效果，变为 L-65。

采用木质地板饰面＋浮筑楼面＋高刚性木质嵌板基材＋天花板内部的隔声层＋独立隔声天花板＋防声隔墙，从材料和结构两方面来进行防声，则其隔声等级可达轻音源 L-50，重音源 L-55。该楼盖冲击音隔声等级，为日本建筑学会对独户住宅推荐标准的特级～1 级，即是木质住宅也为 1～2 级。当为规格材构造法时能得到显著改善，可达到 L-45 左右。

3. 楼面冲击音隔声性的性价比

表 4.20 表示出了楼盖冲击音的隔声构造法、隔声等级 L 值和材料及其工程费（成本）[43]。这里将轻音源和重音源的楼盖冲击音隔声等级的 L 值的算术平均值作为平均 L 值。

表 4.20　隔声系统构成所产生的隔声等级及其经济效果

楼　面	隔声系统构成	材料费用 /(日元/m²)	施工费用 /(日元/m²)	平均 L 值 (改善量)	相对经济效果/ [日元/(m²·dB)]
钉钉楼面板	单层楼面＋悬吊天花板（2.5PW＋GW）（标准式样）	4581	11220	L-84.5 (标准值)	
	单层楼面＋独立隔声天花板（12PLAS＋16RWB）	9436	16840	L-75.5 (9.00)	624
	单层楼面＋独立隔声天花板（12PLAS＋16RWB）＋隔声层（12CB）	11386	19340	L-70.8 (13.7)	593
	浮筑楼板装饰＋独立隔声天花板	12961	21465	L-63.5 (21.0)	488
	浮筑楼板装饰＋独立隔声天花板＋隔声层	14728	23782	L-60.5 (24.0)	523
	浮筑楼板装饰＋独立隔声天花板＋隔声层＋下室隔墙（12PLAS＋12IB）	22624	50441	L-58.0 (26.5)	1480
黏结剂与钉钉并用楼面板	单层楼面＋独立隔声天花板（9PLAS×2）	9862	17135	L-72.5 (12.0)	492
	单层楼面＋独立隔声天花板＋隔声层	11629	19452	L-67.5 (17.0)	484
	浮筑楼板装饰＋独立隔声天花板	13387	21760	L-60.5 (24.0)	439
	浮筑楼板装饰＋独立隔声天花板＋隔声层	15154	24077	L-60.0 (24.5)	525
	浮筑楼板装饰＋独立隔声天花板＋隔声层＋下室隔墙	23050	50736	L-54.0 (30.5)	1296
高刚性楼面板	单层楼面＋独立隔声天花板	18775	26028	L-7.05 (14.0)	1058
	单层楼面＋独立隔声天花板＋隔声层（12CB）	20522	28345	L-66.0 (18.5)	926
	浮筑楼板装饰＋独立隔声天花板＋隔声层	24047	32970	L-58.5 (26.0)	837
	浮筑楼板装饰＋独立隔声天花板＋隔声层＋下室隔墙	31943	59629	L-52.0 (32.5)	1490
ALC 板楼面	ALC 版楼面＋独立隔声天花板	15456	53329	L-68.5 (16.0)	2632
	ALC 版楼面＋独立隔声天花板＋下室隔墙	23352	79988	L-59.5 (25.0)	2751
	浮动楼板装饰＋独立隔声天花板	20745	59714	L-59.0 (25.5)	1902
	浮动楼板装饰＋独立隔声天花板＋下室隔墙	28641	86373	L-51.5 (33.0)	2277

注：1. 楼面板是以高 10cm、宽 5cm 的材料为框架组成长 180cm、宽 90cm 的"日"字形。高刚性楼面板将框架做成 180cm×45cm 的"日"字形，黏结剂和钉并用。ALC（轻质加气混凝土）板厚 10cm、宽 60cm 或者 41cm、长 175cm。浮筑楼面缓冲材为 50mm 的 T 级软质板。符号 PW 表示胶合板，GW 表示玻璃纤维垫，PLAS 表示石膏板，RWB 表示石棉板，CB 表示硬质水泥刨花板。符号前面的数值表示厚度（mm）。

2. 在平均 L 值（改善量）栏，L-数值表示轻音源的 L 值和重音源的 L 值的算术平均值，L 值后面的（　）表示与标准式样 L-84.5 的差。例如，L-58.0 之后的（26.5）为 84.5－58.0＝26.5。相对经济效果为各项的材料施工费用－11.20/（改善量），即降低 1dB 楼盖冲击音水平所需的单位面积（m²）的成本。

将 15mm 厚的上层胶合板楼板和下层悬吊天花板（铺设玻璃纤维垫的 2.5mm 胶合板天花板材）的楼面-天花板系作为标准式样，楼盖冲击音隔声系统构成与标准式样每 1m² 的成本之比和平均楼盖冲击音的改善量（差值）如图 4.52 所示[43]。要满足日本建筑学会标准中关于楼盖冲击音隔声的独户住宅的 2 级，作为隔声附加工程费用，成本为标准式样的 2 倍；要满足集体住宅的 2 级隔声标准，则成本为 3 倍；若采用 2 重壁则成本为 4～5 倍，但它可以满足日本建筑学会标准上独户住宅的 1 级隔声标准。

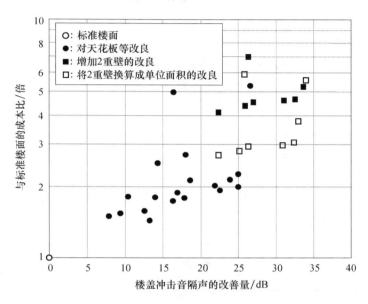

图 4.52　木结构住宅的楼面冲击音系统的性价比

参 考 文 献

[1]　中山昭雄. 温熱生理学[M]. 東京：理工学社，1981：67

[2]　今村祐嗣，川井秀一，則元京，等. 建築に役立つ木材・木質材料学[M]. 東京：東洋書店，1997：273－332

[3]　刘一星. 木质材料环境学[M]. 北京：中国林业出版社，2008：12－170

[4]　大釜敏正，則元京，小原二郎. 内装材料の調湿効果[J]. 木材研究・資料，1992：48－58

[5]　則元京，大釜敏正，山田正. 木材の湿度調節[J]. 木材学会誌，1990，(5)：341－346

[6]　日本建築学会. 建築設計資料集成—環境[M]. 東京：丸善出版，2007：133

[7]　平井信之，等. 住宅の室内気候に関する研究[J]. 木材学会誌，1983，(3)：213－219

[8]　中华人民共和国国家标准. 建筑外窗气密性能分级及检测方法 GB/T 7107—2002[M]. 北京：中国建筑工业出版社，2002：1－5

[9]　山田由紀子. 建築環境工学[改訂版][M]. 東京：培風館，1997：55

[10]　鈴木正治. 木質材料の透湿・結露・吸水性[J]. 木材工業，1974，(7)：292－296

[11]　刘一星，李坚，郭明辉，等. 我国 110 树种木材表面视觉物理量的分布特征[J]. 东北林业

大学学报,1995,(1):52-57

[12] 増田稔. 木材の視覚特性とイメージ[J]. 木材学会誌,1992,(12):1075-1081

[13] 佐道健,杉森正敏,中戸莞二. 化粧単板の色調に及ぼす単板厚さの影響[J]. 木材工業,
1986,(7):324-327

[14] 原田康裕,中戸莞二,佐道健. 木材表面の熱特性と接触温冷感[J]. 木材学会誌,1983,
(3):205-212

[15] 荒川純一,佐道健,中戸莞二. 各種下地材を被覆した単板の接触温冷感[J]. 木材学会
誌,1985,(3):145-151

[16] 安田歩,佐道健,中戸莞二. 広葉樹材面の視感及び触感粗滑特性と物理的表面粗さの対
応[J]. 木材学会誌,1983,(11):731-737

[17] 王松永,郭博文. 木质地板材料之静摩擦特性探讨(Ⅰ)[J]. 林产工业 (台湾),1996,
(3): 369-390

[18] 浅野猪久夫,都築一雄. 床材料としての木質材料の2,3の性質 [J]. 木材工業,
1974, (7): 310-313

[19] Takahashi A, et al. 衝撃曲げ吸収エネルギーの比重依存性 [J]. Mokuzai Gakkaishi,
1973, (11): 521-532

[20] 友松昭雄, 他. 木材の衝撃曲げ破壊に関する研究-2-平均ミセル傾斜角および年
輪内細胞壁率変動の影響 [J]. 木材学会誌, 1980, (10): 673-678

[21] 高橋徹, 田中千秋, 塩田洋三. 衝撃曲げ吸収エネルギーの年輪傾角依存性 [J]. 島
根大学農学部研究報告, 1980, (12): 69-75

[22] 中华人民共和国国家标准. 木材冲击韧性试验方法 GB 1940-91 [S]. 北京:中国建
筑工业出版社, 1991: 1-3

[23] 浦上弘幸, 福山萬治郎. 木材の衝撃曲げ吸収エネルギに及ぼす試片寸法、比重なら
びに含水率の影響 [J]. 材料, 1985, (8): 949-954

[24] 鈴木正治. 水分による木材の動的ヤング率の減少量と比重の関係 [J]. 木材学会誌,
1980, (5): 299-304

[25] 奥山剛. 木材の力学的性質に及ぼすひずみ速度の影響-5-衝撃曲げ強さに及ぼす温度
の影響について [J]. 木材学会誌, 1975, (4): 212-216

[26] 太田正光,浅野猪久夫,岡野健. 脆心材の力学的性質に関する研究-2-衝撃曲げ破壊
について [J]. 木材学会誌, 1979, (1): 7-13

[27] 継田視明. 合板, ハードボードの破裂強度試験 [J]. 木材工業, 1958, (6):
298-302

[28] 斉藤藤市, 橋本誠. パーティクルボードの機械的性質-1-強度, 変動および強度間の
相関 [J]. 木材学会誌, 1977, (1): 45-52

[29] 今村博之, 他. 木材利用の化学 [M]. 東京:共立出版, 1988: 33-56

[30] 伏谷賢美,小林克太郎,友松昭雄. スカーフジョイント部材の衝撃曲げ疲労 [J]. 木
材工業, 1980, (10): 461-465

[31] 小野英哲,横山裕. 居住性からみた床のかたさの評価方法に関する研究 [R]. 日本

建築学会構造系論文報告集，1987，(373)：1—8

[32]　柳孝图. 建筑物理（第 2 版）[M]. 北京：中国建筑工业出版社，2000：281

[33]　永田穂. 建築の音響設計 [M]. 東京：オーム社，1984：57—86

[34]　中华人民共和国国家标准. 民用建筑隔声设计规范 GBJ 118—1988 [M]. 北京：中国
建筑工业出版社，1988：1—9

[35]　中尾哲也，高橋徹. 床構造と衝撃音 [J]. 木材工業，1986，(11)：513—517

[36]　安岡正人. 床衝撃音防止設計法 [J]. 音響技術，1977，(4)：267—293

[37]　中华人民共和国国家标准. 建筑隔声评价标准 GB/T 50121—2005 [M]. 北京：中国
建筑工业出版社，2005：1—22

[38]　中尾哲也，高橋徹，田中千秋. 木質床上での子供の走り回り音の特性について [J].
木材工業，1988，(12)：616—619

[39]　高橋徹，他. 木造住宅における床衝撃音の遮音—天井構造と防音隔壁の効果 [J].
木材学会誌，1987，(12)：950—956

[40]　塩田洋三，田中千秋，高橋徹. 枠組壁工法による床の振動と騒音の特性：タッピン
グマシンによる衝撃の場合 [R]. 島根大学農学部研究報告，1979，(12)：57—62

[41]　塩田洋三，田中千秋，高橋徹. 床衝撃音に関する基礎研究：衝撃源と床振動の関係
[R]. 島根大学農学部研究報告，1983，(12)：68—73

[42]　中尾哲也，他. 木造住宅における床衝撃音の遮音—高剛性床を中心とした遮音シス
テムの効果と床衝撃音レベルの予測 [J]. 木材学会誌，1989，(2)：85—89

[43]　高橋徹，他. 木造住宅における床衝撃音の遮音性に関する研究—高剛性パネル床お
よびALC 版床スラブの遮音効果及び経済性からみた遮音工法の施工の優先順位につ
いて [J]. 木材学会誌，1990，(8)：609—614

[44]　高橋徹，他. 吊り床工法による2×4 工法住宅の床衝撃音の低減および31.5Hz 帯域で
のL 値の評価について [J]. 木材学会誌，1992，(3)：228—232